Historia de los venenos naturales

Noah Whiteman

Historia de los venenos naturales

Un viaje por las toxinas más seductoras
de la naturaleza

Pinolia

Título original: *Most Delicious Poison: The Story of Nature's Toxins - from Spices to Vices*

© 2023 by Noah Whiteman
© 2024, Editorial Pinolia, S. L.
Calle de Cervantes, 26
28014, Madrid
www.editorialpinolia.es
© de la traducción: Equipo Pinolia, 2024

Colección: Divulgación científica
Primera edición: noviembre de 2024

Depósito legal: M-20313-2024
ISBN: 978-84-19878-87-8

Ilustraciones de interior: Julie Johnson
Diseño y maquetación: Juan Granadino
Diseño cubierta: Óscar Álvarez
Impresión y encuadernación: Industria Gráfica Anzos, S.L.U.

Printed in Spain - Impreso en España

Para Shane

ÍNDICE

INTRODUCCIÓN

U n secreto mortal acecha en nuestros frigoríficos, despensas, botiquines y jardines. Si rascamos bajo la superficie de un grano de café, un copo de pimiento rojo, una cápsula de amapola, moho de *Penicillium*, una hoja de dedalera, una seta mágica, un brote de marihuana, una semilla de nuez moscada o una célula de levadura de cerveza, encontraremos un montón de venenos.

Las sustancias químicas de estos productos de la naturaleza no son un espectáculo secundario, sino el acontecimiento principal, y sin darnos cuenta las hemos robado de una guerra que se libra a nuestro alrededor. Utilizamos estas sustancias químicas tóxicas para alegrarnos el día (cafeína), excitar nuestra lengua (capsaicina), recuperarnos de las operaciones (morfina), curar las infecciones (penicilina), sanar el corazón (digoxina), relajar la mente (psilocibina), calmar los nervios (cannabinol), condimentar la comida y la bebida (miristicina) y mejorar nuestra vida social (etanol).

Quizá piense que llamar venenos o toxinas a estas sustancias químicas es una exageración. Al fin y al cabo, en las dosis que solemos consumir —una pizca, una pastilla, un vaso—, estas sustancias pueden mejorar nuestra salud y bienestar. Pero en dosis más altas, como puede confirmar cualquiera que haya tenido resaca alguna vez, estas sustancias químicas, ya sea directa o indirectamente, también pueden perjudicarnos. Como señaló Paracelso, médico suizo del siglo XVI, «la dosis hace el veneno».

La máxima de Paracelso es quizá demasiado general para ser útil y, tal vez, ese era su objetivo. Es difícil definir un veneno o una toxina. Esa ambigüedad también forma parte de la historia (en este libro utilizo los términos *veneno* y *toxina* indistintamente porque sus significados se solapan en gran medida). En la dosis equivocada, incluso el oxígeno puede ser tóxico. Pero hay una razón por la que no llamamos toxina al oxígeno: las plantas y otros organismos con cloroplastos no producen oxígeno para dañar a otros organismos. El gas es simplemente un subproducto de la fotosíntesis, la capacidad de convertir el dióxido de carbono y el agua en azúcar.

Las sustancias químicas que yo llamo toxinas o venenos, por otra parte, suelen funcionar como armas en lo que Charles Darwin llamó «la guerra de la naturaleza», es decir, la lucha que todos los organismos soportan para sobrevivir y reproducirse. Algunas de estas luchas se producen a través de interacciones entre organismos, por ejemplo, entre depredador y presa o planta y polinizador. Darwin reflexionó sobre cómo estas interacciones surgieron a través de la coevolución: «Es interesante contemplar una ribera enmarañada, vestida con muchas plantas de muchas clases, con pájaros cantando en los arbustos, con varios insectos revoloteando y con gusanos arrastrándose por la tierra húmeda, y reflexionar que estas formas elaboradamente construidas, tan diferentes entre sí y dependientes unas de otras de manera tan compleja, han sido todas producidas por leyes que actúan a nuestro alrededor».

Una de las leyes que formuló Darwin fue la *evolución por selección natural*. La selección natural actúa sobre las diferencias hereditarias entre individuos para mejorar sus probabilidades de supervivencia o rendimiento reproductivo a lo largo del tiempo. Este tipo de evolución produce nuevas adaptaciones. Aunque se centró en los rasgos que podía ver con sus propios ojos, como los variados picos de los pinzones de las Galápagos que ahora llevan su nombre, ahora sabemos que la evolución, principalmente a través de la coevolución entre especies, también ha generado una profusión de sustancias químicas tóxicas ocultas en el interior de muchos organismos diferentes. Estos organismos utilizan las sustancias químicas para ganar ventaja, mediante el ataque y la defensa, en la lucha darwiniana por la existencia que se ha desarrollado desde el comienzo de la vida.

Este libro explora las fascinantes y a veces sorprendentes formas en que las toxinas de la naturaleza surgieron, han sido utilizadas por nosotros, los humanos, y por otros animales, y en consecuencia han cambiado el mundo. Seguiremos varios hilos conductores, o enfoques, interrelacionados a medida que examinamos cómo estas sustancias químicas han influido en la evolución y cómo han penetrado en cada vida humana, para bien y para mal.

Una de ellas se refiere al origen de las toxinas que se encuentran de forma natural en muchos organismos. Estas sustancias químicas pueden ayudar a explicar por qué el planeta está tan lleno de vida. Esto se debe a que la guerra de la naturaleza, que en gran medida gira en torno a estas sustancias químicas, es una dinamo que genera nuevos rasgos y nuevas especies a través de ciclos de defensa y contradefensa entre especies que interactúan ecológicamente.

Descubriremos importantes similitudes entre la forma en que los animales y los humanos adoptan las mismas toxinas de otros organismos y las utilizan como herramientas propias para mejorar sus posibilidades de supervivencia y reproducción. Este comportamiento similar revela que los humanos, aunque especiales en muchos aspectos, son solo una de las muchas especies que utilizan las sustancias químicas de la farmacopea natural y que todas las criaturas dependen de este tesoro de toxinas de una forma u otra.

A lo largo del libro, aprenderemos cómo numerosas plantas y hongos, e incluso algunos animales pequeños, producen copiosas cantidades de toxinas que imitan a las hormonas y neurotransmisores humanos o bloquean su función. Por otro lado, quizá le sorprenda saber que nuestro cuerpo produce pequeñas cantidades de algunas de las sustancias químicas que suenan extrañas y que las plantas utilizan como escudos defensivos, como moléculas parecidas a la aspirina y la morfina. Explicaré la fisiología de este proceso en el cuerpo humano y mostraré cómo puede ayudarnos a entender la susceptibilidad humana a la adicción. Al mismo tiempo, los nuevos tratamientos más prometedores para algunos de estos trastornos por consumo de sustancias proceden de la farmacopea natural en forma de psicodélicos. Una mirada más atenta revela que el uso humano de estos psicodélicos no es nuevo en absoluto y puede rastrearse hasta las antiguas y continuas prácticas de diversos pueblos indígenas y locales de todo el planeta.

Otro hilo conductor sigue la obsesión de la Europa medieval por las toxinas de la naturaleza en forma de especias asiáticas, un hambre que motivó la Era de las Exploraciones. El deseo de nuevas fuentes de especias y de controlar su flujo desencadenó un cataclismo geopolítico que ha marcado los últimos quinientos años de la historia de la humanidad y sigue haciéndolo en la actualidad. Una consecuencia, al menos en parte, es la crisis mundial de biodiversidad y climática a la que nos enfrentamos.

Aunque me entusiasmaba la idea de entrelazar todos estos hilos y contar la historia de las toxinas de la naturaleza, no fue esto lo que me motivó a escribir el libro. En cambio, la repentina muerte de mi padre en circunstancias trágicas derivadas de un trastorno por consumo de sustancias a finales de 2017 fue lo que me empujó a embarcarme en este proyecto.

Mi intento de comprender por qué murió me permitió identificar y luego unir las muchas formas en que las toxinas de la naturaleza afectan al mundo. Así pues, la necesidad de mi padre de consumir cantidades copiosas de algunas de las toxinas de la naturaleza es en realidad otro hilo, el más personal, entretejido a lo largo de todo el proceso. Es posible que hayas tenido tu propia lucha similar o que hayas amado a alguien con un trastorno por consumo de sustancias. Mi esperanza es que tu experiencia pueda ser tu propio hilo que tejerás a lo largo del libro.

Fue mi padre, que era naturalista, quien primero me enseñó las toxinas de la naturaleza. No solo me transmitió sus conocimientos, sino que el hecho de haber crecido en el noreste de Minesota también influyó, al igual que mi tendencia a utilizar la naturaleza como vía de escape. La curiosidad morbosa de un niño por las especies capaces de morder, picar, arañar, mutilar o envenenar es la perdición de los padres de todo el mundo. Siempre hay un niño de barrio, tranquilo pero decidido a tentar a la suerte, y yo era ese niño. Serpientes que muerden, tritones tóxicos, tortugas mordedoras, apestosas polillas burnet, ortigas que no podía evitar tocar (había que rascarse el picor) y puercoespines espinosos que mutilaban a nuestros perros: todos estos beligerantes seres vivos me fascinaban. Recuerdo como si fuera ayer la confusión en los ojos de mi madre cuando, siendo un niño de guardería, le presenté un bote de café lleno de unos cientos de abejas que había recogido mientras visitaban el trébol blanco que crecía en nuestro barrio de Duluth, Minesota.

Aunque para entonces ya me habían picado unas cuantas, sabía que las abejas lo hacían en defensa propia. Ese fue solo el principio de mi intensa curiosidad e interés por la naturaleza. Me colgaba del cuello serpientes de liga, que emitían repugnantes secreciones cloacales. En Texas, sostenía lagartos cornudos en mis manos, enamorado de cómo podían disparar sangre por los ojos. En Nevada, metí viudas negras venenosas en recipientes de salsa para llevarlas a casa. Este amor por la naturaleza y los animales peligrosos no lo heredé de mi madre. Mi padre es la fuente más probable. En aquella época, era vendedor de coches usados y, más tarde, de muebles, pero en el fondo era un naturalista.

Cuando tenía diez años, nos mudamos de Duluth a la ciénaga de Sax-Zim, cerca de los municipios minesotanos de Toivola (palabra finlandesa que significa «esperanza»), Elmer y Meadowlands. Lo que no sabía entonces era que la ciénaga era un paraíso para los observadores de aves. Suele albergar más búhos grises (*Strix nebulosa*) en invierno que cualquier otro lugar del territorio continental de Estados Unidos, pero poca gente vive allí. Nos mudamos allí, lejos de la familia de mi madre en Duluth, para que mi padre pudiera aceptar un trabajo mejor pagado como gerente de una tienda de muebles (ahora cerrada) que se había convertido en un punto de referencia regional. La tienda estaba en una comunidad agrícola en decadencia que drenaba los pantanos para cultivar heno para las vacas lecheras. La agricultura tuvo éxito en los prados húmedos de los bordes de la ciénaga durante un tiempo, pero cuando llegamos allí, la población estaba envejeciendo y su tamaño disminuía constantemente. La mayoría de los niños se habían marchado a pastos más verdes cuando eran adultos.

La escuela local, un solo edificio desde preescolar hasta duodécimo curso, tenía unos 150 alumnos en total, incluidos los 15 de mi promoción de 1994. La escuela se cerró unos años más tarde. Era una de las diez escuelas de un distrito del tamaño de Connecticut que se extendía ochenta millas, desde el Parque Nacional de Voyageurs, en la frontera con Ontario, hasta la ciénaga de Sax-Zim.

Era un adolescente gay en el armario y volqué mi energía sobre la belleza de la ciénaga, unos pocos amigos y salir de allí. La naturaleza me proporcionó un refugio y un manantial espiritual. Y sigue siendo un manantial para mí, tanto personal como profesionalmente.

Este libro también explicará cómo los biólogos evolutivos como yo abordamos las cuestiones de investigación. En este sentido, hay que señalar que solo soy biólogo, no antropólogo, químico, etnobotánico, historiador ni científico social. No obstante, el alcance de este libro es ambicioso y escribirlo me ha exigido aventurarme más allá de los límites de mis principales áreas de investigación. Las raíces de este libro se extienden desde mi propia vida, pasando por nuestro pasado reciente como especie, hasta acontecimientos enterrados por las arenas del tiempo, en lo más profundo de la historia evolutiva.

Las notas, incluidas las referencias utilizadas a lo largo del libro, y un apéndice con más información sobre las toxinas tratadas están disponibles en línea, a través de un enlace incluido al final del libro.

1
MARGARITAS LETALES

En la corteza inocente de esta pequeña flor,
residen el veneno y el poder medicinal.

WILLIAM SHAKESPEARE, *Romeo y Julieta*

RÍOS, ANILLOS Y CÁLCULOS

M e prendí el botonier en la solapa, catalogando las especies que el florista había seleccionado y los correspondientes venenos de cada una. La estrella del ramo invernal era un brillante y diminuto crisantemo (mums) de la familia de las margaritas. Estaba rodeado de algunas agujas de un pino blanco oriental, racimos de bayas rojas de hierba de San Juan y las puntiagudas hojas azules del acebo marino.

No había pedido plantas venenosas el día de mi boda, no había sido necesario. Todas las plantas producen sustancias químicas que pueden funcionar como venenos para eliminar a la competencia, disuadir a los herbívoros, neutralizar a los patógenos y castigar a los

17

polinizadores infieles. Las plantas quieren vivir, al igual que muchos hongos, animales y otros organismos, que también utilizan venenos para atacar y defenderse.

Incluso en su «nueva corteza», el crisantemo portaba un grupo de toxinas, entre ellas el terpenoide matricina. El pino blanco oriental contenía sus propios alcaloides piperidínicos, la hierba de San Juan, el compuesto fenólico hipericina, y el cardo marino, el aldehído eríngico.

Probablemente, no haya oído hablar de estas sustancias químicas, pero cada una de ellas es también un medicamento. La matricina se encuentra también en la manzanilla y la milenrama, plantas utilizadas en la medicina tradicional actual desde hace miles de años. En el organismo, la matricina se descompone en el bello químico azul camazuleno, que ahora se estudia por su prometedor futuro como fármaco analgésico. Las agujas del pino blanco oriental se utilizan desde hace mucho tiempo en muchas culturas indígenas del noreste de Norteamérica para tratar afecciones respiratorias. Los alcaloides de piperidina de las agujas son el punto de partida para la síntesis de opioides como el fentanilo. La hipericina de la hierba de San Juan se utiliza ampliamente para tratar la depresión y otros trastornos mentales. Por último, científicos jamaicanos descubrieron que el cardo marino funciona como tratamiento tradicional de las infecciones por ascáride gracias a la toxicidad del eringial.

La gran pregunta es por qué las plantas se molestan en fabricar estas sustancias químicas: al fin y al cabo, su síntesis consume una energía preciosa que, de otro modo, podría dedicarse a crecer y reproducirse. Un gran indicio llegó en 1964, cuando el difunto químico ecologista Tom Eisner y sus colaboradores publicaron un artículo en el que demostraban que una especie de milpiés produce eringial (también llamado trans-2-dodecenal), la misma sustancia química producida por el cardo marino y otras plantas, incluidas las de las familias de los cítricos, el jengibre y el eneldo.

Los milpiés segregan eríngidos cuando son atacados por agresores como hormigas y ratones saltamontes. La producción de esta sustancia tanto en animales como en plantas revela un patrón común en la evolución. El mismo rasgo beneficioso suele evolucionar en muchos organismos de forma independiente; en este caso, la eríngida como defensa tanto para animales como para plantas. El origen repetido del mismo rasgo en diferentes linajes evolutivos se denomina *evolución convergente*.

Estas toxinas naturales y sus fuentes pueden sonar más familiares que los eríngidos en los milpiés. Hay cafeína en los granos de café, cannabinoides en los cogollos de marihuana, capsaicina en los copos de pimiento rojo, cinamaldehído en la canela en rama, cocaína en las hojas de coca, codeína en el jarabe para la tos y cianuro en las semillas de manzana. Puede que le sorprenda saber que muchas sustancias químicas como estas, que utilizamos en la comida y la bebida, la medicina, la práctica espiritual, el ocio e incluso con fines nefastos como matar, son venenos producidos por otros organismos que no evolucionaron pensando en nosotros. Sin embargo, estas toxinas impregnan nuestras vidas de las formas más mundanas y profundas.

Estas sustancias químicas pueden emplearse como armas en la guerra darwiniana de la naturaleza, que se libró por primera vez hace más de cuatro mil millones de años, cuando empezó la vida. Las batallas de esta guerra química siguen librándose a nuestro alrededor, afectando a la trayectoria de cada vida humana, incluida la mía. Dondequiera que miremos, encontramos estas escaramuzas. Para mí, son los marcadores de la vida y de la muerte, los precursores de la alegría y el dolor, y los vehículos de los placeres sencillos y los viajes salvajes.

Cuando empecé a escribir este libro en la Vermont rural, también me casé con Shane, en pleno invierno y en el solsticio. Caminamos hasta la orilla del río helado y manchado de té donde nos esperaba Anne, una juez de paz. Mientras caminábamos por la nieve, recordé una foto de mi madre el día de su boda. En ella, sostenía un ramo de margaritas y estaba de pie en la orilla de un río de aguas negras nacido en el bosque boreal de Minesota, muy parecido al río sobre el que Shane y yo estábamos ahora.

Aguas abajo del río Lester, donde mi madre y mi padre, con trajes de encaje a juego, se casaron, mi padre me enseñó a pescar en los oscuros remolinos que se arremolinaban bajo una cascada que cortaba el antiguo basalto. Cuando mis ojos de cuatro años contemplaron la primera trucha de arroyo que saqué de las oscuras aguas, el pez, como un cuadro en miniatura de Georges Seurat, me dejó sin aliento. Mi padre, de pie frente a mí, sonreía mientras yo me maravillaba ante aquella obra maestra viviente de la evolución. Puntas de rubí con halos de zafiro salpicaban la parte inferior de sus costados verde oliva, y vermiculaciones verde neón se extendían por su lomo.

Ese río transformó a mi padre en una versión más feliz y tranquila de sí mismo. Pero no pudo llevarse el río consigo cuando se marchó. Al final, murió a más de mil kilómetros de sus aguas y de todos nosotros. En el exilio, murió solo, rodeado de un arsenal de armas y miles de cartuchos y enganchado a lo que él llamaba su «medicina». Los únicos hilos que nos unían eran los mensajes de texto y las llamadas periódicas a su teléfono móvil.

En la mañana del día de Navidad de 2017, su cuerpo sin vida, de sesenta y nueve años, fue encontrado por el *sheriff* del condado en el suelo de un remolque de quinta rueda en el oeste de Texas. Llevaba muerto varios días, incluso semanas.

En 2021, la caja que contenía sus cenizas llevaba años en el mismo lugar de nuestra pequeña casa de Oakland, California, donde la había colocado por primera vez: justo debajo de un relicario junto a la ventana. El relicario contenía fotos de él y mías, instantáneas del arco de nuestro tiempo juntos. En agosto de 2021, Shane y yo metimos la caja en el coche y nos dirigimos a Minesota, de camino a nuestro año sabático en Vermont. No podía dejarla atrás.

Nuestra última parada en Duluth fue la casa de mi tía materna, que también era mi madrina. Estaba en diálisis debido a una enfermedad renal en fase terminal, aunque había recibido un trasplante de hígado que le había salvado la vida una década antes, después de que una larga lucha contra el trastorno por el uso de alcohol (AUD) hubiera provocado el fallo de su propio hígado. AUD es el término clínico que ahora se utiliza en lugar de *alcoholismo*.

Me senté en su sofá y sentí su mano fría apretándome el antebrazo; su piel de papel se mantenía tensa por el apretón. Sabía que estaba a punto de decir algo difícil y me acercó a ella, mirándome fijamente a los ojos. Le dije que íbamos a ir a Vermont y que, de camino, quería echar las cenizas de mi padre al río. Ella dijo: «Sí, baja y hazlo, cariño». «Cariño», por supuesto, lo dijo de esa forma tan particular del norte de

Minesota que atravesó una gruesa coraza alrededor de mi corazón. Con esa bendición, abracé su pequeño cuerpo. Fue nuestro último adiós.

A un kilómetro y medio de su casa estaba el final del río que había sido una parte tan importante de la vida de mi padre. Por fin había llegado el momento de dejarlo marchar para siempre. Esparcimos sus cenizas en la desembocadura, justo donde desembocaba en el «brillante gran mar» que es el lago Superior.

Oscuros remolinos envolvieron cada escama de hueso blanco y luego la corriente se llevó los últimos trozos de él, para siempre. Los átomos de calcio y fósforo, nacidos en el corazón de una estrella hace miles de millones de años, podían ahora continuar su viaje, de diatomea a mosca de mayo y a trucha.

Unos meses más tarde, Shane y yo estábamos cara a cara en la ceremonia de nuestra boda. Mi vista se fijó en el crisantemo clavado justo encima de su corazón, mientras el sol, bajo como una naranja sanguina en el cielo del solsticio de invierno, iluminaba una espiral de pétalos diminutos. En los remolinos de aquella pequeña flor había una amalgama formada por las esferas personales y profesionales de mi vida que tanto me había costado mantener separadas.

Vi las toxinas en el ramo de mi propia madre, las sustancias que fluían por los ríos, las que pasaban de las plantas a los animales hasta llegar a mí, las que se llevaron por delante a tantos miembros de mi familia, y las sustancias químicas centrales de mi investigación.

Estaban todos allí, arremolinándose en esa espiral perfecta de los pétalos de la madre. Los copos de nieve giraban en el aire frío y vacío. De espaldas al oeste, hacia Minesota, coloqué un brillante anillo de plata y oro en el dedo de Shane. En el mío colocó un anillo de madera y ámbar, toxinas enterradas. No podría haber sido de otra forma.

Mi anillo era en realidad tres anillos separados moldeados en uno. Las dos piezas exteriores eran de madera de nogal negro y contenían juglona, una toxina que producen los nogales y que puede matar a las plantas competidoras que viven bajo los árboles. La madera también contenía los taninos oscuros que fortalecían el árbol y que podían disuadir a la mayoría de los animales que intentaban comérselo. El anillo interior de ámbar era resina fosilizada de terpenoides tóxicos como el alfa-pineno, producidos por los árboles hace millones de años y utilizados para defenderse de los atacantes.

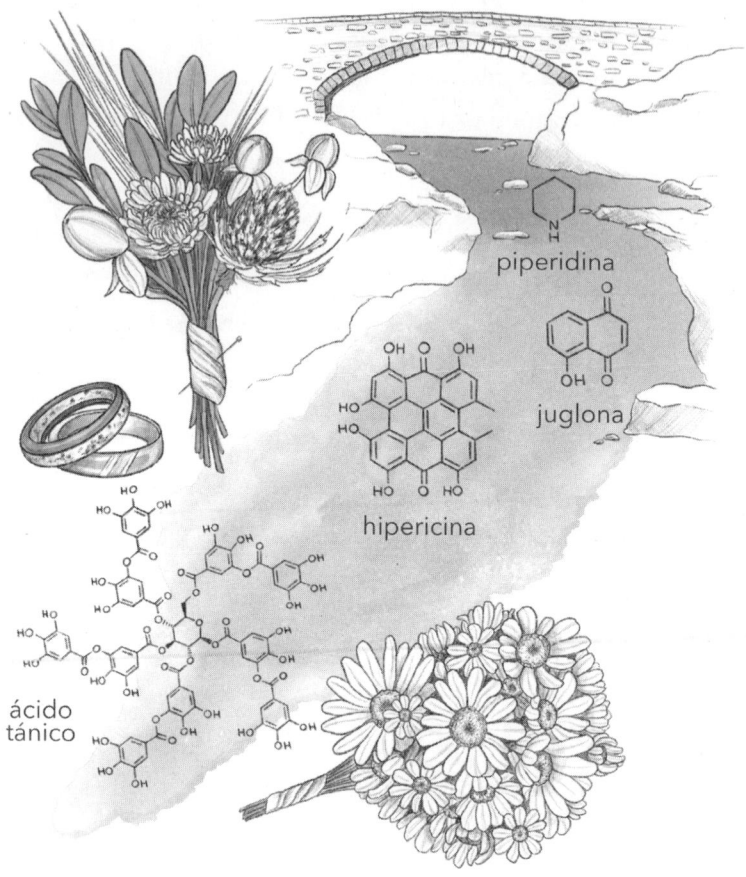

Cuando devolví sus cenizas al río que parecía insuflar vida a mi padre cada vez que estaba cerca de él, no pude evitar pensar en otro hombre aparentemente invencible para quien un río era la fuente de su fuerza. Para este hombre, también fue un veneno que acabó por encontrar su vulnerabilidad oculta.

En la *Aquileida,* el poeta grecorromano del siglo I, Publio Papinio Estacio, escribió sobre la diosa Tetis, que fue avisada de la muerte de su hijo Aquiles. Para frustrar el plan, Tetis llevó a Aquiles al río Estigia el día de su nacimiento. Se suponía que las aguas del río le conferirían el poder de la invulnerabilidad. Mientras sumergía al niño en el río, Tetis sujetó a Aquiles por el talón, la única pequeña parte de su cuerpo que permanecía seca. Un día, Paris explotaría esta vulnerabilidad clavando una flecha envenenada en el talón de Aquiles, hiriéndole mortalmente.

El tendón de Aquiles, propenso a las lesiones, nos recuerda que no hay previsión en la evolución, ni un gran plan, ni ningún plan en absoluto. En realidad, este tendón evolucionó a partir de uno mucho más corto y débil que sirvió perfectamente al pie trasero de nuestros antepasados primates, que vivían en los árboles, durante decenas de millones de años. Estos primates vivían en los árboles y utilizaban los cuatro pies y los veinte dedos para agarrarse a las ramas, como hacen muchos otros primates hoy en día.

Cuando nuestro linaje empezó a pasar de una vida en los árboles a otra en tierra firme, este tendón de las extremidades traseras de los antiguos primates arborícolas fue reconvertido por la evolución en un tendón para el bipedismo. Aunque el tendón de Aquiles funciona bastante bien para caminar y correr, dista mucho de ser una solución ideal al problema del bipedismo, es decir, el uso de nuestras patas traseras como únicas piernas. Solo una fina vaina y una capa de piel lo separan de las lesiones, como sabe cualquiera que se haya dañado accidentalmente el suyo.

Como el propio Aquiles, mi aparentemente invencible padre fue abatido por toxinas que encontraron una vulnerabilidad distinta y oculta de la nuestra: cuerpos que funcionan con muchos de los mismos mensajeros químicos y proteínas ancestrales que los de los enemigos animales de las plantas, los hongos y los microbios.

Lo que no podía saber tras su muerte era que mi propia investigación no solo me reconfortaría distrayéndome de la sombría situación, sino que también me ayudaría a comprender la naturaleza de su caída. Este libro surgió de la colisión de dos mundos que una vez me esforcé tanto en mantener separados: el trabajo de mi vida para comprender las toxinas de la naturaleza y la adicción de mi padre a ellas.

Empecé a ver cómo la fusión de estas dos partes de mi identidad podía ser útil para contar la historia de las toxinas de la naturaleza. Por ejemplo, los crisantemos de los botoniers son algo más que una metáfora de los acontecimientos más importantes de mi vida. Podemos utilizarlas, junto con otras plantas de la familia de las margaritas, para desentrañar los numerosos conceptos que recorren este libro. Empezaremos con una toxina que proviene de algunas margaritas emparentadas y que cambió mi propia vida.

PIRETRO Y PLAGAS

Era un soleado día de primavera en el zoo de San Luis, en 2001, y yo un estudiante de veinticinco años de primer año de doctorado en biología tropical que acababa de obtener un máster en entomología. Aunque pudiera parecer extraño para un biólogo en ciernes que estudiaba insectos y plantas, estaba en el zoo para probar un protocolo experimental que pensaba utilizar con las aves salvajes de las islas Galápagos. La investigación estaba dirigida por mi asesora de tesis, Patricia Parker, ornitóloga y profesora de la Universidad de Misuri-San Luis. Nuestro «conejillo de indias» era un resplandeciente gallo rojo. Era un ejemplar perfecto, ni una pluma fuera de lugar.

Mientras mi amiga y técnica veterinaria Jane lo sujetaba con cuidado, yo espolvoreaba suavemente sus plumas con un polvo natural contra pulgas y garrapatas, esperando que no me golpeara con sus espuelas como me merecía. Después tocó esperar.

Antes de contarles exactamente por qué lo hacía y qué esperaba, probablemente se preguntarán qué relación tiene este procedimiento con las margaritas o las toxinas de la naturaleza. El polvo insecticida que utilicé estaba hecho de flores secas trituradas de margaritas clasificadas como *Chrysanthemum* (crisantemos) y, más tarde, como *Pyrethrum* (piretro). El polvo de piretro sigue siendo uno de los pesticidas naturales más seguros y utilizados del mundo.

Cuando no se añaden ingredientes sintéticos, el piretro recibe la etiqueta de *ecológico, verde, natural* o vegetal. Probablemente, haya utilizado piretro en algún momento, ya sea en polvo o en spray, en las plantas del jardín, en una mascota o en la alfombra del salón.

No nos equivoquemos, las piretrinas, las sustancias químicas activas del polvo de piretro, son neurotoxinas increíblemente potentes, pero no para los seres humanos. El uso humano de piretrinas para matar piojos portadores del tifus y pulgas portadoras de la peste ha sido durante mucho tiempo una cuestión de vida o muerte. Mediante ensayo y error, los pueblos indígenas del Cáucaso hicieron las pruebas de seguridad hace mucho tiempo.

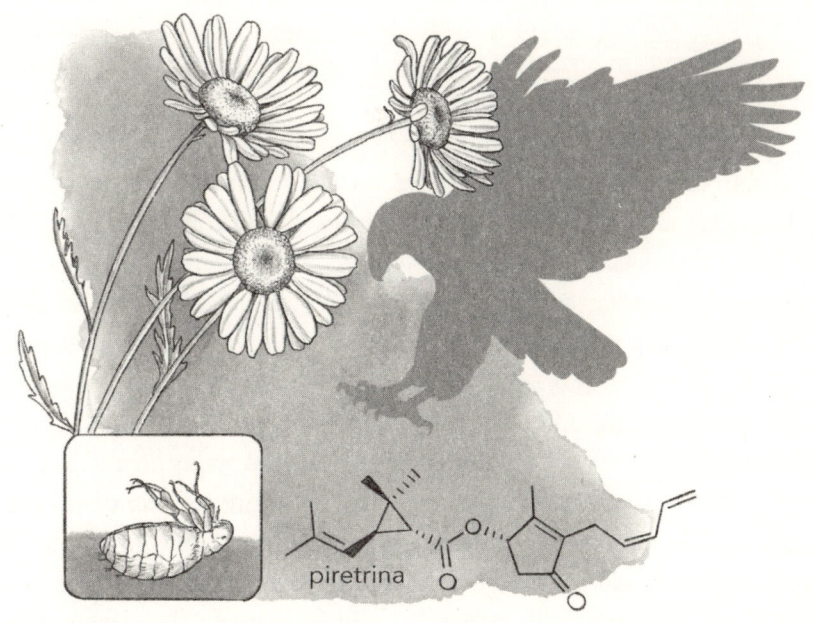

piretrina

El polvo de piretro se utilizó por primera vez como pesticida en el norte de Irán, Armenia y Georgia, y en los Balcanes se elaboraba a partir de otra especie de margarita. El «polvo persa» se introdujo en Europa en el siglo XIX a través de un comerciante armenio. Posteriormente, en 1846, Johann Zacherl de Viena lo fabricó en masa a partir de margaritas pintadas cultivadas en el país de Georgia.

En 1888, el hijo de Zacherl construyó una fábrica en Viena tras cambiar la margarita por la matricaria para fabricar Zacherlin, el nombre comercial de su formulación. Antes de 1888, los militares rusos también habían utilizado el polvo de piretro para controlar las pulgas tras conocerlo a través de prisioneros circasianos. Las piretrinas se siguen utilizando en champús para el tratamiento de las infestaciones por piojos, ya sean de la cabeza, del cuerpo o del pubis.

Los crisantemos se cultivan en Asia Oriental desde hace milenios, como plantas ornamentales y medicinales. Un testimonio de su antigüedad en esa región es el crisantemo dorado de dieciséis pétalos que figura en el sello del emperador de Japón. La flor es un emblema del trono del Crisantemo, la monarquía hereditaria más antigua que existe. Sin embargo, las variedades de crisantemos productoras de piretro no se cultivaron en Japón hasta principios del siglo xix, cuando los científicos empezaron a trabajar en la identificación de las sustancias químicas pesticidas del piretro.

Ahora sabemos cómo funciona el piretro como insecticida: las piretrinas se unen a importantes vías de paso de proteínas (canales de sodio activados por voltaje) para los iones de sodio en las células nerviosas. Cuando las piretrinas se unen a estas proteínas, estas células se sobreexcitan salvajemente, provocando contracciones musculares involuntarias, parálisis e incluso la muerte.

Esta reacción fisiológica suena mal, y de hecho es problemática para invertebrados como insectos (p. ej., mariposas), moluscos (p. ej., pulpos), arácnidos (p. ej., arañas) y algunos vertebrados, como los peces. Pero las piretrinas naturales no son muy tóxicas para otros vertebrados, como los seres humanos y las aves. Dosis por dosis, la toxicidad de la sal de mesa es mayor que la de las piretrinas para los humanos. La toxicidad variable de las piretrinas en las distintas especies se debe a los cambios genéticos particulares que se encuentran en las numerosas ramas del árbol evolutivo de la vida.

Por ejemplo, un único cambio antiguo en el ADN de los insectos hace que sus células nerviosas sean cien veces más sensibles a las piretrinas que las nuestras. En cambio, los gatos y los peces son sensibles a las piretrinas porque carecen de una de las enzimas hepáticas que utilizamos los humanos para desintoxicarlas.

Sin embargo, otras toxinas naturales dirigidas a los mismos canales nerviosos son venenosas para nosotros, incluso en pequeñas dosis. Pensemos en la triste historia de un joven de Oregón de 29 años que se tragó una salamandra de piel rugosa por una apuesta. Apenas diez minutos después, sus labios empezaron a hormiguear y, en pocas horas, había muerto. La tetrodotoxina de la piel de la salamandra la mató. Al igual que las piretrinas, la tetrodotoxina actúa sobre los canales de sodio activados por voltaje, pero lo hace en un lugar diferente de la proteína.

Aunque las piretrinas son producidas por las plantas, la tetrodotoxina es producida por bacterias simbióticas que viven en algunos animales marinos y de agua dulce, como los peces globo, los pulpos de anillos azules y los tritones. La toxina no es producida por los propios animales. A su vez, los canales de sodio adaptados a la toxina y activados por voltaje de estos animales los hacen completamente resistentes a la tetrodotoxina.

Al igual que nosotros y algunas margaritas utilizamos las piretrinas como herramientas para mantener a raya a las plagas causantes de enfermedades, estos animales despliegan la tetrodotoxina como defensas tóxicas contra los ataques. Aunque nosotros somos sensibles a la tetrodotoxina en pequeñas dosis, pero muy resistentes a las piretrinas, el pez globo, los pulpos de anillos azules y los tritones son muy susceptibles a las piretrinas. La toxicidad selectiva de las piretrinas revela por qué estas, pero no otras toxinas de canales de sodio activados por voltaje como la tetrodotoxina, se utilizan con seguridad para muchas aplicaciones, desde el control de mosquitos hasta el polvo antipulgas y, como pronto veremos, para eliminar los piojos de las aves en peligro de extinción.

¿La lección? Elija su veneno con cuidado. La historia del origen de cada una de estas sustancias químicas contiene información crítica sobre por qué los beneficios pueden o no compensar los costes para el uso humano. No hay nada intrínsecamente saludable en los productos naturales.

La naturaleza roja en diente y garra

La primera vez que vi un halcón de las Galápagos, me intrigó lo mucho que se parecía a los halcones que había visto en el noreste de Minesota. Pero las apariencias engañan.

Una hembra adulta estuvo a punto de dejarme inconsciente tras descender en picado desde lo alto y pasarme las garras por la cara como regalo de despedida. Mi compañero de laboratorio, que era el encargado de vigilar a los halcones que defendían sus territorios de intrusos como nosotros, no la había visto llegar. Fue un desafortunado accidente.

Ese halcón de las Galápagos simplemente estaba haciendo lo que muchas aves —ya sean golondrinas de árbol o águilas reales— hacen si un humano se acerca demasiado a su nido. Se lanzan a la cabeza del intruso.

El pájaro salió completamente ileso, pero cuando abrí los ojos, solo podía ver por el ojo izquierdo. Temiendo que volviera a perseguirnos, corrimos bajo una acacia espinosa para recuperar el aliento mientras la sangre goteaba de mi ojo, nariz y mejillas. Los venenos no son las únicas armas utilizadas en la guerra de la naturaleza.

Afortunadamente, solo me quedé ciego temporalmente. La sangre de un párpado perforado era solo lo que goteaba en mi ojo.

Pero el alivio duró poco. Para nuestro asombro, el halcón regresó en círculos, aterrizó en el suelo a pocos metros y se dirigió hacia nosotros. A pesar de la hilaridad de su paso de paloma, temimos que en realidad se estuviera preparando para un asalto por tierra.

Muchos de los animales de las Galápagos evolucionaron en ausencia de persecución humana. Por ello, no suelen tener miedo. Darwin comentó que las aves de las islas, incluidos los halcones, eran tan poco temerosas que «un arma aquí es casi superflua; pues con la boca de una empujé a un halcón de la rama de un árbol».

En mi mente, habíamos recreado sin querer la escena de los raptores en la cocina de *Parque Jurásico*. En esa escena, dos niños asustados se esconden detrás de la encimera de la cocina para escapar de los velocirraptores que les acechan.

Aunque de pequeño tamaño comparado con un velocirraptor, los halcones son los principales depredadores terrestres de las Galápagos. Una vez observé a un halcón posarse sobre una cabra preñada oculta bajo la casia y las hierbas. La cabra intentaba ocultarse y evitar que su inminente cría recién nacida cayera sobre las garras del halcón, que le aplastaba el cráneo. El halcón observó y esperó pacientemente mientras la cabra se ponía de parto.

Si has estado en las Galápagos o has visto documentales sobre la naturaleza filmados allí, la escena que he descrito es típica. El miedo, el sufrimiento y la muerte están por todas partes, mientras la guerra de la naturaleza se desarrolla a plena luz del día.

En cambio, las batallas químicas entre especies, entre envenenadores y envenenados, permanecen ocultas a nuestra vista. Sin embargo, una vez levantado el velo, su impacto en la evolución, en nuestra vida cotidiana e incluso en nuestra historia reciente como especie es mucho más penetrante y dramático de lo que cabría imaginar.

Esa misma noche, tras mi roce con el halcón, me lamí las heridas en mi tienda de isla Santiago. Estaba acampado con nuestros colaboradores ecuatorianos en el barro tostado por el sol de una laguna seca detrás de la playa de Espumilla, en la bahía de Santiago. Bajo el resplandor de una linterna, leía *El viaje del Beagle,* que mi asesor me había entregado poco antes de partir de San Luis hacia Ecuador. Me enteré de que Charles Darwin y yo teníamos la misma edad, veintiséis años, cuando él visitó esa misma playa en 1835.

Intenté cerrar los ojos, pero la luz de la luna era demasiado brillante. Entonces oí los sonidos apagados de las crías de tortuga verde moviéndose por la arena camino de la bahía. Viajaban de noche porque era cuando dormían sus principales enemigos, con los picos metidos bajo las alas.

Sin embargo, otros depredadores emergieron en la oscuridad de la noche de las Galápagos en busca de presas, como las tortugas recién nacidas. Cuando volví a tumbarme, distinguí la silueta del venenoso ciempiés de Galápagos de Darwin, con sus treinta cm de largo, descansando en la parte superior de mi tienda. Este ciempiés, uno de los más grandes del mundo, ataca a pequeños mamíferos y aves, sometiéndolos con un potente cóctel de veneno proteínico inyectado a través de unas piezas bucales en forma de guadaña.

Era emocionante estar rodeado de una vida tan vibrante, cada organismo haciendo todo lo posible por sobrevivir. Me sentía como en casa a pesar de que no teníamos teléfonos por satélite y solo una radio marina por si necesitábamos pedir ayuda. El aislamiento extremo, la desolación y el peligro potencial me reconfortaron. Atribuyo esta sensación de tranquilidad a dónde y cómo me crie.

Antes de trabajar en las Galápagos, sabía por la literatura científica que los halcones albergaban sus propios *piojos,* como los llamaban nuestros colaboradores ecuatorianos. Para mi investigación de doctorado, mi idea era hacer algo que Darwin no hubiera podido imaginar.

Quería utilizar las mutaciones que se habían acumulado de forma natural en el ADN de los piojos de halcón como trazador evolutivo de la historia de colonización del halcón a medida que esta especie saltaba de isla en isla a lo largo de cientos de miles de años. Es probable que cada halcón recibiera los piojos de su madre, lo que significa que los piojos se heredan de generación en generación, al igual que los propios genes del halcón, como una herencia no deseada. Para probar esta idea, primero tuve que quitar los piojos de los halcones.

Tengo algo de experiencia en ese campo. Cuando tenía doce años, disparé a mi primer grévol engolado, un ave de caza de montaña, en el bosque que había detrás de nuestra casa. Cuando dejé el ave sin vida sobre el capó de nuestro coche de vuelta a casa, innumerables piojos de las plumas, blancos como la nieve, se arrastraron sobre el oscuro metal. Saltaron porque el cuerpo del pájaro se había enfriado y las diminutas criaturas habían confundido el calor del capó con un huésped potencial. Por supuesto, no podía saber que algún día estudiaría a las aves y sus piojos como sujetos de investigación, pero aquel suceso de la infancia me ayudó a prepararme. En las Galápagos teníamos que eliminar los piojos de las aves sin causarles ningún daño. Afortunadamente, el Parque Nacional de Galápagos aprobó el uso del polvo de piretro que espolvoreé sobre el gallo en San Luis como prueba para nuestra investigación porque era inofensivo para los halcones. El polvo funcionó a las mil maravillas. El primer halcón que «espolvoreé» con piretrina dejó caer cientos de piojos sobre la bandeja de plástico que tomé prestada de la cafetería de la Estación Científica Charles Darwin. Gracias a nuestra investigación, descubrimos que el ADN de los piojos podía servir para rastrear la historia de la colonización del halcón en las Galápagos.

El piretro se utiliza con un fin más práctico en las islas. El pinzón de manglar, una especie en peligro de extinción del pinzón de Darwin, vive en unas pocas islas en poblaciones muy reducidas. Está siendo asolada por una mosca vampiro invasora y parásita cuyas larvas se alimentan de la sangre y el tejido facial de los polluelos, a menudo matándolos en el proceso.

Para controlar estas horribles moscas, los gestores de los parques han intentado tratar los nidos de pinzones con piretrinas, tóxicas para las moscas vampiro, pero no para los pájaros. Pero encontrar y tratar los nidos es un trabajo difícil y casi imposible a gran escala.

Ingeniosamente, los ecólogos Sarah Knutie y colaboradores aprovecharon que los pinzones de Darwin recogen las suaves fibras de algodón de las plantas silvestres de algodón de Darwin para forrar sus nidos. Los científicos distribuyeron estratégicamente algodón comprado en tiendas y tratado con piretrinas por los lugares de anidamiento de los pinzones de Darwin cercanos a la estación de investigación. Los pájaros recogieron el algodón con insecticida y forraron sus nidos con él. Las aves que utilizaron el algodón tratado redujeron la infestación de moscas vampiro en sus nidos, aumentando así las probabilidades de supervivencia de los polluelos.

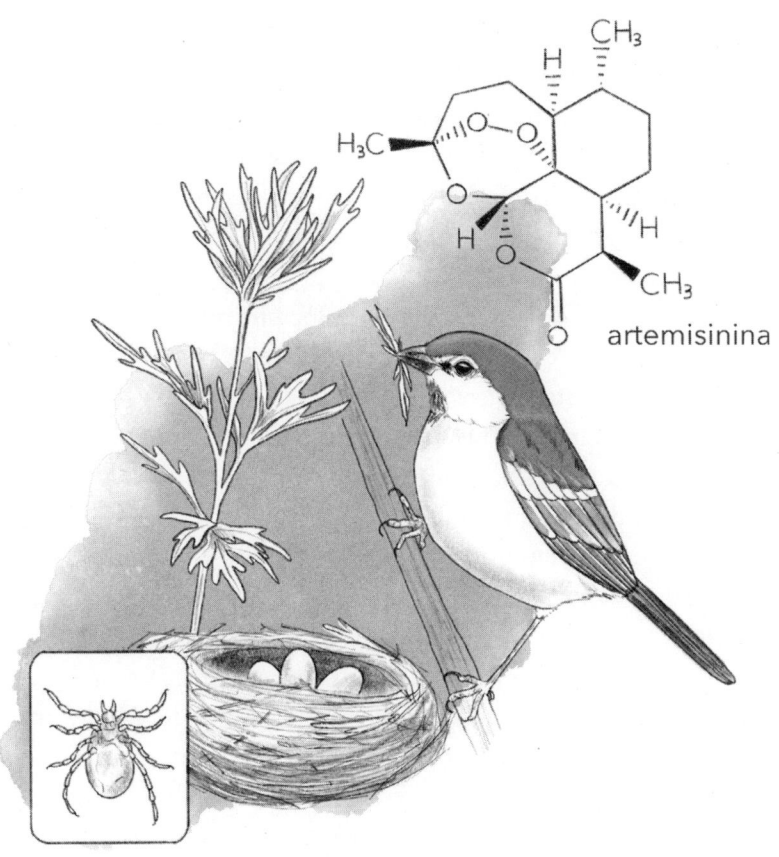

artemisinina

El ajenjo es otro miembro de la familia de las margaritas y, aunque su nombre pueda parecer exótico, es un pariente cercano de la artemisa que tipifica los paisajes del Oeste americano tanto a la vista como al olfato.

Los gorriones rojizos no son los únicos que utilizan el ajenjo para ahuyentar a sus enemigos. Los humanos también lo utilizan. Cuando los pájaros empiezan a anidar en primavera, se celebra también el Festival del Barco del Dragón. Como esta fiesta coincide con el comienzo del buen tiempo, la tradición obliga a colgar ramitas de ajenjo en las puertas para ahuyentar a las plagas. Como demuestran estos ejemplos, el comportamiento humano y el animal suelen reflejarse mutuamente a la hora de utilizar las toxinas de la naturaleza como herramientas.

El ajenjo contiene una plétora de toxinas. Una de ellas es un terpenoide llamado artemisinina, descubierto por la médica Tu Youyou en China en 1972 como tratamiento contra la malaria. Sus investigaciones le valieron el Premio Nobel de Fisiología o Medicina en 2015, y la artemisinina sigue siendo el fármaco de referencia contra la malaria.

A pesar de nuestros puntos en común con otros animales, existe una importante diferencia entre ellos y nosotros en lo que respecta a la automedicación. Es probable que hayamos aprendido a utilizar las toxinas de la naturaleza como herramientas. En cambio, el de otros animales parece ser innato.

El uso de herramientas tóxicas evolucionó sin solución de continuidad hacia las tradiciones curativas orales y escritas que denominaré colectivamente *materia médica*. Estas sustancias se encuentran en todas las culturas. De hecho, las que utilizaron por primera vez los curanderos indígenas han dado lugar a casi el 50 % de todos los medicamentos modernos que usamos hoy en día.

Las cosas se ponen borrosas, y más interesantes, cuando observamos a nuestros parientes primates, así como a nuestros antepasados primates y su uso de las toxinas de la naturaleza como medicinas. La automedicación en el mundo animal, o *zoofarmacognosia*, ha evolucionado en muchas especies, incluida, por supuesto, la nuestra. Sin embargo, cuando describimos el uso humano de las toxinas de la naturaleza, dejamos de lado el «zoológico» y lo llamamos *farmacognosia*, que significa «conocimiento de las drogas». Nos gusta pensar que somos especiales, y lo somos en muchos aspectos, pero en otros no lo somos. La verdad es que lo que nos gusta llamar medicina moderna no es más que la culminación de millones de años de farmacognosia en nuestro propio linaje de primates.

PROFENOS Y PALEOMEDICINA

El uso humano de las margaritas piretrinas y el ajenjo es antiguo, pero ¿hasta qué punto? Otros tres miembros de la familia de las margaritas nos muestran hasta qué punto al proporcionar un vínculo aún más antiguo entre nuestra vida moderna, nuestros antepasados y el origen de la farmacopea. Se trata de la milenrama, la manzanilla y la *vernonia*.

En la *Ilíada*, Homero describe cómo el ejército de Aquiles, por consejo de su maestro, el centauro Quirón, recibió instrucciones de llevar milenrama para tratar las heridas. En la vida real, los antiguos romanos la llamaban *herba militaris* y, más tarde, la milenrama recibió el nombre de *Achillea*. La milenrama se conoce coloquialmente en Estados Unidos como sanguinaria o hemorragia nasal por sus efectos anticoagulantes. En el *De Materia Médica*, de 2 000 años de antigüedad, el botánico-médico griego Pedanius Dioscorides promovía el uso de la planta tanto para curar heridas como para combatir la disentería.

Además de exponer las virtudes de la milenrama, la obra *Complete Herbal*, del médico británico Nicholas Culpeper, de la década de 1600, explica que la manzanilla, otra margarita, «expulsa el aire, ayuda a eructar y provoca de manera muy efectiva la menstruación: usada en baños, ayuda a los dolores en los costados, agarrones y roeduras en el vientre». Dio en el clavo. Me encanta mi infusión de manzanilla inductora del sueño justo antes de acostarme.

La milenrama, la manzanilla y otras margaritas como el ajenjo eran plantas medicinales clave y siguen utilizándose ampliamente en todo el mundo como medicinas. En nuestro propio «jardín envenenado» de Oakland, Shane plantó bajo nuestro limonero una llamativa variedad de milenrama con flores de color rojo sangre. De vez en cuando arranco unas ramitas de milenrama e inhalo solo para experimentar el intenso e inolvidable olor de la planta, que produce sustancias químicas volátiles como la matricina fenólica.

Pocos herbívoros pueden superar el amargor de la milenrama. La matricina es una de las razones. Esta sustancia química pertenece a la clase de los terpenoides y también la producen otras margaritas como la manzanilla y el ajenjo. La matricina se descompone en nuestro organismo en camazuleno, que ya he mencionado antes en este capítulo, y produce ese bonito color azul cuando se disuelve. Pero tiene otra virtud: es un profeno, un medicamento que reduce la inflamación. Otros profenos son el antiinflamatorio no esteroideo ibuprofeno. El camazuleno podría actuar del mismo modo que este medicamento en nuestro organismo. Así pues, la manzanilla podría ser algo más que el ingrediente clave de las infusiones de manzanilla que favorecen el sueño.

Los antiguos sabían algo. Pero por sí solas, estas anécdotas no nos llevan más allá de unos cuantos miles de años en el pasado. Cuando mencioné que algunos miembros de la familia de las margaritas pueden proporcionar un vínculo entre nuestros antepasados y el origen de la farmacopea, me refería a antepasados humanos más lejanos: los neandertales, *Homo neanderthalensis,* una especie que se extinguió hace unos treinta mil años.

Sorprendentemente, los neandertales siguen vivos en miles de millones de personas, porque muchos de nosotros llevamos tramos de ADN neandertal en nuestros cromosomas. La razón es que nuestros antepasados *Homo sapiens* se cruzaron con *Homo neanderthalensis* cuando ambos grupos se encontraron fuera de África.

El linaje más antiguo de *Homo* africano, que incluía a *H. neanderthalensis,* acabó asentándose en Europa, Oriente Medio y Asia occidental mucho antes de que *H. sapiens* abandonara África. Finalmente, *H. neanderthalensis* se extinguió y solo *H. sapiens* permaneció fuera de África. Sin embargo, debido a este intercambio entre especies, el legado genético de los neandertales sigue vivo en muchos de nosotros.

Además de su ADN, la naturaleza de los neandertales está documentada por los artefactos y huesos que dejaron en las cuevas. A juzgar por el tamaño de sus cráneos, su cerebro era tan grande como el nuestro, o incluso mayor.

Es probable que los neandertales también compartieran nuestra capacidad para saborear sustancias químicas amargas. A las personas les gustan o no ciertas plantas amargas, como el brócoli y las coles de Bruselas. Esta diferencia viene determinada en parte por las variantes genéticas de un gen llamado TAS2R38, que se expresa en nuestras papilas gustativas.

La forma común de este gen permite a las personas degustar sustancias químicas amargas como la feniltiocarbamida (PTC), que los científicos utilizan desde hace mucho tiempo para examinar a los individuos con el fin de detectar sabores amargos. Los portadores de al menos una copia de esta variante común del gen TAS2R38, que es dominante, se denominan catadores de PTC. Los portadores de dos copias de la forma menos común de TAS2R38, que es recesiva, se denominan no catadores de PTC.

Los huesos de siete adultos y seis niños neandertales, que murieron hace unos cincuenta mil años, fueron hallados en El Sidrón, una cueva del noroeste de España. Las secuencias genómicas obtenidas a partir de una minúscula escama de hueso de uno de los machos adultos revelaron que era un catador de PTC. Esto es importante para lo que se descubrió a continuación.

Los científicos rasparon el sarro calcificado, o cálculo dental, de los dientes antiguos de varios neandertales de El Sidrón. Si pasas la lengua por el interior de tus dos dientes frontales inferiores, es posible que notes un poco de tu propio sarro dental.

Afortunadamente para nosotros, los neandertales no tenían dentistas. En este sarro calcificado quedaron importantes pruebas de cómo vivían. Sofisticados análisis químicos del sarro permitieron identificar algunas de las plantas que comían estos individuos y qué sustancias químicas contenía el humo que inhalaban. Los métodos de secuenciación del ADN permitieron incluso adivinar la identidad de los microbios muertos hace tiempo que vivían en sus bocas y las plantas que consumían, plantas que no podían identificarse con los análisis químicos.

Un individuo neandertal, conocido como El Sidrón Adulto 1, o más cariñosamente como «Sid», probablemente estaba bastante enfermo cuando murió. Los científicos sospecharon de esta dolencia porque Sid

tenía un absceso dental y estaba infectado con un patógeno micros-
poridio que causa una enfermedad diarreica. (¡Pobre Sid!) El sarro de
Sid contenía restos de toxinas de plantas de milenrama y manzanilla,
incluido el camazuleno, así como secuencias de ADN de álamos y del
hongo *Penicillium*. Los álamos son una fuente tradicional de ácido salicílico, un tipo de salicilato utilizado para fabricar aspirinas. Las especies
de *Penicillium* son mohos que producen el antibiótico penicilina. Sid
pudo haberse tratado a sí mismo de sus dolencias, o pudo haber sido
tratado por otro neandertal, utilizando los mismos medicamentos que
utilizamos hoy en día, unos cincuenta mil años después.

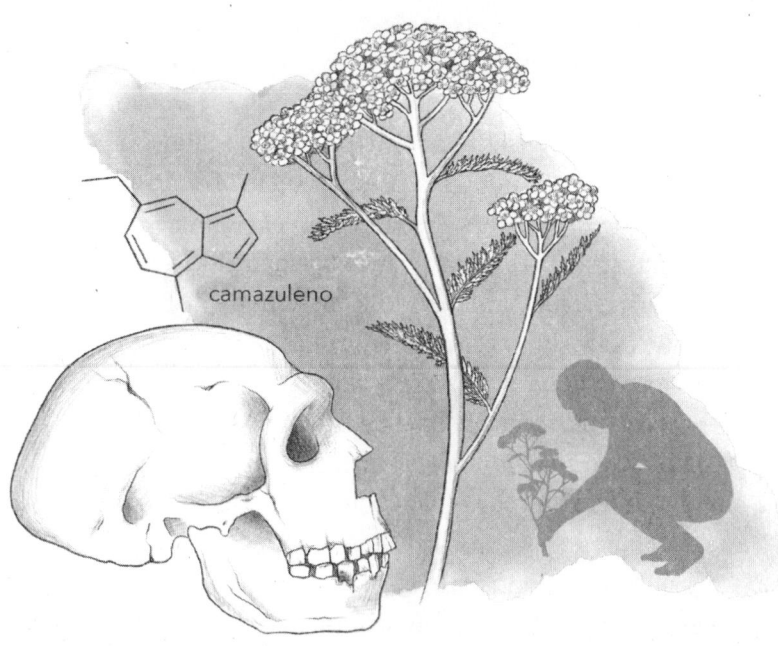

camazuleno

Por supuesto, nunca sabremos si Sid consumió a propósito estos
materiales para tratar sus dolencias, pero la milenrama, la manzanilla, el álamo y el *Penicillium* no tienen valor nutritivo. Dado que al
menos algunos neandertales como Sid podían detectar las sustancias
químicas amargas en cada una de estas fuentes, probablemente habría
percibido estas sustancias de la misma manera que la mayoría de nosotros las percibiríamos: desagradables.

Así que, quizás Sid sabía lo que hacía y, a pesar del sabor amargo, los beneficios de consumir estos productos compensaban el sabor desagradable. Este comportamiento hipotético no difiere mucho del modo en que yo superé mi aversión a las sustancias químicas amargas del café a cambio de un subidón de cafeína. Veremos la cafeína con más detalle más adelante. Explotar las toxinas de la naturaleza en nuestro propio beneficio, a pesar de algunas desventajas claras, es una parte esencial de lo que significa ser humano.

Por asombrosos que sean los secretos químicos que el tártaro de Sid guardó durante cincuenta mil años, una muestra de un solo individuo, aunque mejor que ninguna, puede ser lo máximo que se puede conseguir en lo que respecta a los neandertales y a las pruebas de la automedicación primitiva en el *Homo* antiguo. Afortunadamente, podemos aprovechar otra máquina del tiempo evolutiva. De los primates que viven hoy en día, el chimpancé común y el bonobo (también llamado chimpancé pigmeo) son nuestros parientes más cercanos. Divergimos de un antepasado común más reciente con ellos hace entre cinco y diez millones de años.

Datos tentadores procedentes de observaciones de chimpancés comunes en libertad sugieren que también se automedican utilizando plantas de la familia de las margaritas. Estas observaciones apoyan aún más la idea de que la automedicación es cosa de familia y, aunque parece ser un elemento esencial del comportamiento humano, no es exclusivo de nosotros.

Uno de los platos favoritos de Shane cuando vivía en Camerún como voluntario del Cuerpo de Paz era el *ndolé*, un guiso del África Occidental a base de verduras y carne. Las hojas de una planta llamada hoja amarga son un ingrediente fundamental. Como la hoja amarga procede de varias especies de arbustos africanos ecuatoriales del género tropical *Vernonia* y es difícil de encontrar en Estados Unidos, no podemos recrear la receta con ingredientes de California.

Las plantas de *Vernonia* son muy utilizadas como medicinales en África Occidental. Se emplean para tratar muchas enfermedades, sobre todo infecciosas, como la malaria, la esquistosomiasis y los parásitos intestinales.

En 1989, el curandero tradicional Mohamedi Seifu Kalunde y su colaborador e investigador de primates Michael Huffman se encontraban en el Parque nacional de las montañas Mahale de Tanzania. Observaron durante dos días a una hembra adulta de chimpancé común evidentemente enferma. Buscó repetidamente brotes de *Vernonia* silvestre, les quitó cuidadosamente las hojas y la corteza exterior, masticó solo la médula interior, tragó su jugo amargo y escupió los restos. Al igual que Sid, era la única chimpancé de su grupo que mostraba este comportamiento y, a diferencia de nosotros, los chimpancés no suelen utilizar la planta como fuente de alimentación: ¡no pueden hacer *ndolé* ni siquiera cuando tienen acceso a la *Vernonia*!

Durante la década siguiente, los investigadores observaron que muchos otros chimpancés de esta población masticaban la médula amarga. Los científicos llegaron a la hipótesis de por qué los chimpancés hacían esto. El uso de la hoja amarga se asoció con un aumento de las infecciones intestinales por nematodos en la población de chimpancés.

Tras masticar médula amarga se observó una reducción de la carga de lombrices en los chimpancés, es decir, una recuperación de la infección por lombrices, lo que sugiere que la toxina de la planta actúa como desparasitante. Al igual que Sid, los chimpancés parecían saber lo que hacían. No solo se comen alimentos para subsistir, sino que también pueden ingerirse con fines medicinales.

Los humanos y los chimpancés no son los únicos primates que se automedican. Los gorilas y los orangutanes, nuestros parientes más cercanos, también lo hacen. Sorprendentemente, al igual que en el caso de la *Vernonia,* las poblaciones humanas indígenas adyacentes utilizan estas *mismas* plantas como medicinas. Por ejemplo, en Borneo, se observó que diez orangutanes masticaban hojas de *Dracaena* hasta obtener una espuma jabonosa que luego se aplicaban en el pelaje para repeler parásitos o tratar enfermedades de la piel. Los indígenas que viven en los mismos bosques que ocupan los orangutanes también utilizan una cataplasma de hojas de esta planta para tratar varios males.

El principal componente tóxico de las hojas de la *Dracaena* son las saponinas, sustancias químicas esteroideas amargas que muchas plantas producen para defenderse de sus enemigos. Algunas de estas plantas, como las saponarias de Europa y Asia y los quillay de Sudamérica, se utilizan para fabricar jabón. Sorprendentemente, una saponina de un árbol de corteza de jabón originario de Chile se utiliza como adyuvante en la vacuna Novavax que la Administración de Alimentos y Medicamentos de EE. UU. (FDA) ha aprobado para ayudar a prevenir la enfermedad COVID-19.

Estos ejemplos sugieren que los humanos hemos utilizado repetidamente los conocimientos de nuestros parientes más cercanos en busca de los poderes curativos de las plantas y otros organismos. O quizá sea al revés: estos parientes homínidos podrían estar observándonos y aprendiendo de nosotros. Tal vez sea un poco de ambas cosas.

En este capítulo, hemos utilizado las margaritas como microcosmos para examinar los orígenes de las toxinas de la naturaleza, cómo los humanos y otros animales utilizan estas toxinas como herramientas y cómo las toxinas pueden cambiar el curso de nuestras propias vidas. Como hemos visto, las plantas de la familia de las margaritas producen diversas clases de toxinas, como alcaloides, flavonoides, fenólicos y terpenoides.

El gran número de toxinas producidas por una sola familia de plantas revela la asombrosa diversidad de toxinas de la naturaleza que pueden afectarnos, a menudo sin darnos cuenta. Sin embargo, había otras plantas en mi botonier, y no pude evitar incluir en la historia las toxinas de otros organismos, además de las margaritas. Así que ahora necesitamos un enfoque diferente.

En lugar de examinar una clase de organismos cada vez, centraré cada capítulo en una o dos clases de toxinas, como haría un químico. Examinemos primero algunas de las sustancias químicas más antiguas y diversas: los fenólicos y los flavonoides.

2
BOSQUES DE FENÓLICOS Y FLAVONOIDES

Ningún camino era claro, ninguna luz
ininterrumpida, en el bosque. En el viento,
el agua, la luz del sol, la luz de las estrellas,
siempre entraban la hoja y la rama, el tronco
y la raíz, lo sombrío, lo complejo.

Ursula K. Le Guin, *El nombre
del mundo es bosque*

LA HISTORIA DE LOS TANINOS, 1.ª PARTE: VINO BLANCO, AGUA NEGRA, HIELO MORADO Y TÉ VERDE

Mi hermano y yo solíamos comparar el agua que corría por el río Lester con la cerveza de raíz. Teníamos razón. Las sustancias químicas que se filtran de los bosques boreales y las ciénagas que drena el río tienen el mismo efecto espumante y tintóreo que la cerveza de raíz, elaborada tradicionalmente con raíces de zarzaparrilla.

Aunque siento especial predilección por los ríos de aguas negras que desembocan en el lago Superior, hay otros mucho más impresionantes y de mayor importancia ecológica y económica en los trópicos. El río Negro, uno de los mayores afluentes del río Amazonas, junto con el río Congo, son los más conocidos. Tanto si estos ríos fluyen por un bosque boreal como por una selva tropical, todos drenan tierras de densa vegetación que producen enormes cantidades de taninos y otros compuestos fenólicos y flavonoides responsables del color teñido de los ríos.

Los ríos y mi anillo de boda no son los únicos lugares en los que los taninos han aparecido en mi vida. Mi escena favorita de la película *Una jaula de grillos* tiene lugar justo antes de que Albert, interpretado por Nathan Lane, salga al escenario como su personaje travesti Starina. Albert acusa a Armand, interpretado por Robin Williams, de tener una aventura.

Albert encuentra una botella de vino blanco en la nevera, pero Armand solo bebe tinto. La explicación de Armand fue que pasaba a beber blanco porque el tinto tiene taninos. Al parecer, la coartada funcionó porque los vinos tintos suelen tener más taninos que los blancos. Sin embargo, algunos vinos blancos, como el chardonnay, son muy tánicos: las barricas de roble en las que se envejece el chardonnay filtran los taninos de la madera al vino.

Evito los vinos envejecidos en barrica porque soy sensible a los taninos derivados del roble. Los vinos espumosos no se envejecen en barricas de roble, así que son los que más me gustan cuando me apetece tomar algo. Sin embargo, aunque no me gusten los vinos de roble, me hipnotiza la belleza de las estructuras químicas de los taninos.

Las moléculas individuales de ácido gálico unidas a una molécula central de glucosa en el ácido tánico forman un molinete perfecto. Aunque la estructura es agradable a la vista, la planta necesita una energía preciosa para formar cada uno de los enlaces químicos que mantienen unidos estos átomos de carbono, hidrógeno y oxígeno, energía que podría dedicar al crecimiento y la reproducción. En la economía de la naturaleza, los taninos no son baratos.

Rastrear los orígenes de los taninos nos llevará a una conclusión bastante sorprendente que guarda relación con la evolución de las plantas terrestres, la Revolución Industrial, la fundación de Estados Unidos e incluso el deshielo de Groenlandia. Para llegar a esa conclusión, tendremos que adentrarnos en la maleza química, pero solo un poco.

Los taninos están formados por moléculas fenólicas o flavonoides, pero todos ellos se definen por su capacidad de unirse a las proteínas. Como los taninos se unen tan bien a las proteínas, se han utilizado durante mucho tiempo para curtir las pieles de los animales en la fabricación del cuero. El árbol de tanoak de la costa del Pacífico de Norteamérica comparte una raíz etimológica con los términos más antiguos tan y tanino.

Es posible que haya oído hablar antes de fenólicos y flavonoides, así como del término polifenoles, que describe moléculas formadas por varias moléculas fenólicas o flavonoides unidas entre sí. Estas sustancias químicas suelen denominarse antioxidantes porque mitigan los radicales de oxígeno, subproductos del metabolismo normal de nuestro organismo. Los radicales de oxígeno, formas químicamente inestables del oxígeno, pueden unirse rápidamente a otras sustancias y dañar las células sanas.

Por ahora, limitaré esta discusión a dos clases principales de taninos producidos por las plantas: los taninos hidrolizables y los taninos condensados. Los taninos hidrolizables se derivan de moléculas fenólicas producidas por una antigua vía metabólica que se encuentra en bacterias, algas, plantas y hongos, pero no en animales. Los taninos condensados son flavonoides producidos por una vía de evolución más reciente restringida a las plantas.

Los taninos hidrolizables se clasifican a su vez en dos tipos: galotaninos y elagitaninos. Sorprendentemente, los galotaninos y otros taninos hidrolizables también se han encontrado en los parientes vivos más cercanos de las plantas, las algas verdes de la familia Zygnematophyceae, cuyos miembros viven tanto en agua dulce como en tierra. Los galotaninos son una respuesta a cómo estas algas pueden vivir en la superficie de glaciares y cimas de montañas.

La luz ultravioleta B (UVB) es muy perjudicial para el ADN y otras moléculas de la vida. La luz UVB se disipa rápidamente bajo el agua, por lo que las algas acuáticas están más protegidas de ella que las que crecen en tierra. La capa de ozono del planeta ofrece cierta protección, pero no la suficiente.

Cuando las algas Zygnematophyceae se exponen a la luz solar en tierra, se vuelven púrpuras. Los pigmentos púrpuras son moléculas de ácido gálico que forman un complejo con el hierro. Este pigmento absorbe la luz UVB del sol y refleja la luz púrpura en el medioambiente. De este modo, los galotaninos ayudan a prevenir los daños en el ADN causados por la radiación UVB del sol.

Cuando estas algas crecen en el hielo, la creación de su propio filtro solar vuelve el hielo gris o púrpura. En Groenlandia, donde las algas Zygnematophyceae colonizan su vasta capa de hielo, los taninos hidrolizables son oscuros; absorben el calor de los rayos solares, aumentando el ritmo de deshielo. En consecuencia, estos taninos de algas agravan la subida del nivel del mar provocada por el calentamiento global inducido por los gases de efecto invernadero.

Los taninos hidrolizables probablemente evolucionaron primero como protectores solares. Una vez que las plantas evolucionaron en tierra, estos compuestos asumieron funciones adicionales, como disuadir a los consumidores.

Los taninos condensados evolucionaron más recientemente que los hidrolizables y solo se encuentran en las plantas, no en las algas verdes. Formados por dos o más moléculas de catequina, los taninos condensados abundan en el té, las bayas de açaí, las manzanas, la canela, el cacao, las uvas y el roble.

En cantidades moderadas, los taninos condensados pueden ser beneficiosos para nuestra salud y bienestar, pero causan graves daños hepáticos cuando se consumen en grandes cantidades. Alrededor del 10 % del extracto de té verde está compuesto por taninos condensados. El más abundante, la epigalocatequina-3-galato (EGCG), se muestra prometedor en la protección contra diversas enfermedades, desde la diabetes a la demencia, en dosis bajas. Las infusiones de té verde en agua caliente o alimentos, como las elaboradas con matcha, mi polvo de té verde favorito, suelen ser seguras.

Sin embargo, las píldoras de EGCG se han convertido en un popular suplemento para perder peso, y aquí es donde entra en juego el viejo adagio de Paracelso: «La dosis hace el veneno». Cuando las dosis de EGCG en los suplementos superan los ochocientos miligramos diarios durante periodos prolongados (de uno a seis meses), puede producirse toxicidad hepática. Los informes de lesiones hepáticas asociadas con altas dosis de EGCG fueron tan preocupantes que la Autoridad Europea de Seguridad Alimentaria emitió una rara advertencia pública en 2018.

Tomé conciencia de los peligros de los taninos condensados tras leer las historias de más de cien personas (algunas de tan solo dieciséis años) que han sufrido un fallo hepático agudo asociado a los suplementos de extracto de té verde. Los Institutos Nacionales de Salud de EE. UU. (NIH) incluso publicaron un libro en línea para médicos e investigadores. *LiverTox* se centra en las toxinas que se encuentran en la industria de los suplementos dietéticos y a base de hierbas, muy poco regulada. Cuidado con el comprador.

Las plantas también pueden utilizar un precursor de los taninos condensados llamado ácido cinámico para fabricar otras sustancias químicas, algunas de las cuales se utilizan como defensas y otras para el crecimiento normal y el mantenimiento de los tejidos. Los estilbenoides son una de estas otras sustancias químicas derivadas del ácido cinámico e incluyen el resveratrol de la uva que ganó (y luego perdió) fama como fármaco antienvejecimiento. Otro derivado del ácido cinámico es el cinamaldehído, que da a la canela su olor y sabor característicos.

La cumarina, que subyace al agradable olor de la hierba dulce, es otra molécula sintetizada naturalmente a partir del ácido cinámico. La cumarina desempeñó un papel importante en el desarrollo de la medicina moderna. Una forma modificada de este compuesto sirvió de inspiración para la síntesis de un veneno para ratas y del anticoagulante warfarina, comercializado como el anticoagulante Coumadin. Sí, un veneno para ratas también es un medicamento.

La historia de la cumarina y la warfarina (marca Coumadin) es fascinante. En la década de 1920, una misteriosa enfermedad hizo que el ganado muriera desangrado poco después de haber sido castrado o descornado. Además de las cirugías, el ganado tenía algo más en común. Todas habían comido trébol de olor infectado inadvertidamente por un tipo particular de moho. Los investigadores ataron cabos y descubrieron que el hongo había transformado químicamente la cumarina producida por el meliloto en otra sustancia química, el dicumarol. Esta sustancia causaba hemorragias incontrolables porque interfería con la protrombina de la vaca, un factor necesario para la formación de coágulos.

La estructura química del dicumarol se utilizó finalmente como base para la síntesis de nuevos fármacos con efectos similares, entre ellos la warfarina. La warfarina también es eficaz como rodenticida, pero asciende por la cadena alimentaria matando a depredadores como águilas, búhos y leones de montaña, y su uso está prohibido en la Columbia Británica debido a estos efectos no selectivos.

Más allá de su uso en la bebida, la comida y la medicina, la gente también ha utilizado estos taninos para fabricar cuero e incluso para crear algunos de los documentos históricos más importantes jamás escritos, incluidos los Rollos del Mar Muerto y la Carta Magna. Veamos estas prácticas a continuación.

LA HISTORIA DE LOS TANINOS, 2.ª PARTE: GUANTES PERFUMADOS Y TINTA DE HIEL DE HIERRO

En mi tercer año de universidad, participé en un semestre de estudios en Francia, en la Costa Azul. Nuestros dormitorios, aunque no estaban en la *Promenade de la Croisette*, estaban bastante cerca. *Voilà*, vivíamos justo enfrente de la playa.

La tarde en que mis compañeros y yo llegamos, corrí con ellos hacia las cristalinas aguas turquesas y no podía creerme que estuviera al otro lado del planeta, nadando en las aguas agosteñas del Mediterráneo. El agua que corría por mi cara escondía lágrimas de alegría. Mi deseo más ferviente era viajar y aprender todo lo que pudiera sobre lo que tuviera delante. Hice cursos de inmersión diarios y difíciles de francés, uno de historia del arte y otro de cultura e historia romanas.

El curso de romanística fue impartido por el reverendo Jerome Tupa, sacerdote católico romano, monje benedictino, artista y profesor de francés. Gracias a sus contactos y conocimientos, el padre Tupa nos llevó de excursión los fines de semana a lugares como la abadía de Saint-Martin-du-Canigou. Construida en 1009, la abadía estaba situada en lo alto de la cresta de una montaña de los Pirineos y estaba dirigida por un grupo católico llamado Comunidad de las Bienaventuranzas.

Durante nuestra visita a Saint-Martin-du-Canigou, nos alojamos en otra abadía, regentada por ancianos monjes benedictinos de barba blanca, que nos prepararon la cena y, por supuesto, nos ofrecieron vino que habían elaborado. Después de cada trago, el vino me fruncía los labios y me secaba la boca, gracias a las propiedades astringentes de los taninos que se encuentran en la piel y las semillas de las uvas catalanas con las que se elabora. En nuestra boca, y en la de otros mamíferos, los taninos se unen a proteínas salivales que tienen afinidad por estas sustancias químicas; de hecho, nuestras glándulas salivales empiezan a producir inmediatamente estas proteínas cuando ingerimos taninos. Cuando los taninos se unen a las proteínas salivales, se precipitan en la saliva, creando la sensación áspera y seca que a muchos nos gusta.

Los niveles de taninos presentes en las bebidas alcohólicas son inofensivos para los seres humanos, pero no necesariamente para otros animales que los encuentran en la naturaleza.

En el interior de la boca humana, las proteínas salivales se unen a los taninos. Al absorber los taninos, estas proteínas evitan que causen estragos en nuestro tubo digestivo más adelante. De este modo, las proteínas salivales reducen la dosis de taninos intactos que entran en nuestro tubo digestivo. Dejados a su suerte, algunos taninos pueden unirse a otras proteínas de nuestras células intestinales e impedir así la absorción de nutrientes. Los taninos pueden beneficiar a las plantas porque también pueden perjudicar a los microbios patógenos y a los herbívoros al alterar la capacidad de absorción de nutrientes.

Los ácidos tánico y gálico se utilizaban antiguamente en enemas. Pero al igual que el consumo de cantidades excesivas de catequinas de té verde, el uso excesivo de este tipo de enemas a mediados del siglo XX provocó una insuficiencia hepática aguda y mortal en ocho personas en Estados Unidos. Por este motivo, en 1964 se prohibió el uso de taninos hidrolizables en enemas.

Nuestra relación con los taninos va más allá de la alimentación, la medicina y el veneno accidental. Para examinarla, tendremos que aprender un poco sobre uno de los organismos más oscuros del planeta: la avispa de las agallas del roble. Si vive cerca de robles, es probable que haya visto objetos extraños del tamaño de pelotas de ping-pong en el suelo bajo los árboles o incluso en las hojas o ramitas sobre usted. Son agallas de roble, o manzanas de roble, duras por fuera y rellenas de un tejido blando y acolchado, que se puede ver si se rompe una.

Las agallas son neoplasias, o nuevos tejidos, similares a los cánceres en los animales. Al igual que algunos cánceres de cuello de útero y garganta causados por el virus del papiloma humano, las agallas también están provocadas por una infección. En los robles, las agallas se producen cuando una avispa de la familia *Cynipidae* inyecta veneno y un huevo en la base del brote de una hoja. A través de mecanismos desconocidos, las hormonas de la planta son cooptadas por el veneno de la avispa para producir tanto refugio como alimento para el gusano que eclosiona del huevo de la avispa.

A medida que la agalla del roble crece, acumula taninos. Los robles producen taninos que protegen sus hojas de microbios patógenos y herbívoros. Pero en la agalla, el veneno de la avispa secuestra la maquinaria de producción de taninos del roble. Como resultado, la agalla solo está cargada de taninos, que pueden proteger a las larvas de la avispa de los competidores herbívoros y fúngicos, así como de los insectos patógenos.

Así pues, los taninos de las manzanas de roble o de las agallas pueden ser un subproducto de la lucha entre plantas, avispas y hongos. Esta dinámica desempeñó un papel esencial en la formación de mi propio país, Estados Unidos. Pude comprobarlo de primera mano en mi noveno curso, cuando participé en el programa *Close Up* en Washington D. C., que mostraba el funcionamiento del Gobierno federal a estudiantes de secundaria.

Durante nuestra visita a la capital, los estudiantes acabamos por dirigirnos a los Archivos Nacionales para ver la Declaración de Independencia. Me enseñaron a creer que este documento del siglo XVIII era sagrado por su conexión con la concepción moderna de los derechos humanos universales. Permanecimos en silencio y distinguimos el preámbulo en letras grandes: «Sostenemos como evidentes estas verdades: que todos los hombres son creados iguales». Las palabras nos pusieron la piel de gallina.

Había volado a D. C. con mi orientadora del instituto y otros dos estudiantes de Orr, Minesota, a ciento veinte km al norte de donde yo vivía. Después de nuestro viaje a Monticello con mis nuevos amigos, que eran miembros de la banda Bois Forte de Chippewa, nos sentimos en conflicto. Intentamos conciliar cómo las «verdades» evidentes contenidas en ese documento habían sido escritas por un hombre que había esclavizado a más de seiscientos negros y se refería a los nativos americanos como «indios salvajes despiadados». La virtud predicada en ese documento no podía separarse del vicio practicado. La cuestión era compleja. Había una dualidad que no podíamos analizar del todo.

Lo que no sabía entonces era que, por trascendentes y contradictorias que fueran y sean sus palabras y su impacto, la Declaración de Independencia y los demás documentos fundacionales de mi país se crearon con tinta de hiel de hierro derivada de los taninos de las agallas de roble que fabrican esas diminutas avispas.

Aproximadamente entre los años 400 y 1800 de nuestra era, Europa y sus colonias utilizaron casi exclusivamente las agallas de roble como fuente de tinta para escribir. Sin embargo, los calígrafos de los manuscritos del mar Muerto ya utilizaban tinta de quejigo sin hierro setecientos años antes. Estos manuscritos antiguos cautivaron la imaginación del mundo cuando se descubrieron en 1948, porque representaban los textos más antiguos que pasarían a formar parte de los cánones bíblicos.

Cuando los taninos hidrolizables de la agalla del roble se mezclan con sales de hierro, forman un nuevo compuesto de color azul negruzco, la tinta de agalla de hierro. Esta reacción química entre las sales de hierro y los taninos es la misma que da a las algas que viven en los glaciares su tono púrpura y es similar a la que se encuentra en algunos hongos que se vuelven azules después de ser heridos. Más adelante profundizaremos en algunos de estos hongos.

La tinta de hiel de hierro y las plumas de ave también se utilizaron para escribir la Carta Magna, que puede haber ayudado a inspirar la Declaración de Independencia. Leonardo da Vinci (1452-1519) también utilizó esta tinta en sus dibujos. Por desgracia, la tinta de hiel de hierro se desvanece con el tiempo y corroe el propio papel que adorna, lo que plantea grandes problemas para la conservación de estos documentos de valor incalculable.

ácido tánico

Poco después de llegar a Cannes, durante mis estudios en el extranjero, visitamos tres perfumerías de la prefectura de Grasse, en la Costa Azul: Fragonard, Galimard y Molinard. Estas perfumerías remontan sus orígenes a Catalina de Médici (1519-1589). Recuerdo salas con largas mesas atestadas de cuencos gigantes de flores secas y aire impregnado de jazmín. Aunque ahora Grasse es sinónimo de perfume, no siempre fue así. El éxito de las perfumerías se debe a de Médici y a los taninos.

Durante cientos de años, desde el siglo XI, mucho antes de convertirse en la capital mundial del perfume, Grasse fue la ciudad europea de la piel. La zona suministraba cuero de alta calidad a las ciudades del norte de Italia especializadas en la fabricación de productos como guantes, cinturones, sombreros y calzado. La corteza de robles, pinos y otras plantas locales se utilizaba para conservar las pieles de los animales.

La industria del perfume que dio fama a Grasse se remonta a la llegada de Catalina de Médici a Francia. Italiana de nacimiento, era reina consorte del rey Enrique II de Francia. Le gustaron los guantes perfumados que se vendían en Italia y, según la leyenda, un curtidor de Grasse, Galimard, le regaló un par.

Los perfumes se elaboraban con una pomada de manteca de cerdo impregnada con extractos de flores y especias. La manteca perfumada se utilizaba luego para forrar los guantes de cuero. Por un lado, el perfume ocultaba el horrible olor del cuero. Y por otra, el usuario, acercándose los guantes a la nariz, podía también dominar cualquier olor fétido que se encontrara en la ciudad. Estos olores no eran infrecuentes en aquella época, incluso en el castillo de Fontainebleau. Se pensaba erróneamente que eran el origen de enfermedades infecciosas como la peste.

Los guantes de Catalina de Médici, que marcaron tendencia, despertaron una gran demanda en toda Europa. La industria de los guantes de cuero perfumados adquirió rápidamente tanta importancia para los franceses que el rey Luis IX bautizó un gremio de maestros guanteros en 1651. Con el tiempo, los elevados impuestos, la disminución de la demanda y la disolución de todos los gremios en Francia en 1791 supusieron el fin de la industria del curtido en Grasse. Sin embargo, a medida que crecía la demanda de perfumes, la ciudad se centró en la producción de sus elementos básicos. De las cenizas de la industria guantera surgió la perfumería, gracias a los taninos y a los guantes de Catalina de Médici.

Como ya se ha señalado, los taninos son sustancias químicas versátiles que primero evolucionaron en las algas verdes como protectores solares y luego evolucionaron en las plantas como escudos protectores, tóxicos y de otro tipo. Estas moléculas se transformaron en la naturaleza y tendieron un puente entre la vida submarina de las algas y la vida terrestre de las plantas. Después, los humanos utilizamos los taninos para comunicar nuestras ideas más importantes a lo largo de miles de años.

Aunque ya no utilizamos taninos para fabricar cuero o tinta, sí empleamos otra sustancia química de esta categoría como medicamento milagroso de uso cotidiano. Para entender por qué utilizamos el ácido acetilsalicílico, o aspirina, como medicamento, debemos comprender cómo evolucionó la biosíntesis de su precursor químico, el ácido salicílico. La historia comienza, curiosamente, en los Andes, muy lejos de donde el ácido salicílico se introdujo en la farmacopea moderna en Gran Bretaña.

DE LOS ANDES A LA ASPIRINA

Al igual que muchos taninos, la aspirina es otra sustancia química fenólica conocida por casi todo el mundo. Este fármaco de venta libre es uno de los mejores para reducir la fiebre y el dolor. Cada año, ingerimos colectivamente 120 000 millones de dosis amargas para tratar estas afecciones y prevenir el infarto de miocardio, el ictus e incluso el cáncer de colon. Esa dosis equivale a 15 comprimidos al año por cada ser humano del planeta.

No fue la medicina moderna la que nos regaló los poderes de la aspirina. Todavía podemos señalar el momento en que los precursores naturales de la aspirina entraron en la farmacopea moderna. En 1763, cuando el reverendo Edward Stone informó de una conexión entre la «corteza peruana», que se había convertido en el tratamiento antipalúdico preferido en Europa, y la corteza de un sauce local:

> Milord… Hay una corteza de un árbol inglés que, según mi experiencia, es un poderoso astringente y muy eficaz para curar los estados febriles y los trastornos intermitentes. Hace unos seis años, la probé accidentalmente y me sorprendió su extraordinaria amargura, lo que inmediatamente me hizo sospechar que tenía las propiedades de la corteza peruana… El árbol del que se extrae esta corteza es… el sauce blanco común.

El descubrimiento de Stone de las propiedades antifebriles de la corteza de sauce se inspiró en el uso de la llamada corteza peruana del árbol de la fiebre para tratar la malaria y las fiebres intermitentes que provoca. El árbol de la fiebre es la *Cinchona officinalis*, originaria de Sudamérica y fuente principal del fármaco antipalúdico quinina. Aunque me estoy desviando temporalmente del tema de los fenólicos y flavonoides de este capítulo al abordar los orígenes y usos del alcaloide quinina, necesitaremos esta información para desentrañar la historia de la aspirina.

Ahora sabemos que las veintitrés especies de quinas de Sudamérica producen quinina y alcaloides afines. La prueba de que estas sustancias químicas disuaden y dañan a los insectos que las ingieren procede del laboratorio.

En un experimento, los investigadores ofrecieron a las larvas de mosca la posibilidad de elegir entre una dieta con o sin quinina y siguieron sus movimientos. Todas las larvas se alejaron de la comida con quinina. En un segundo ensayo, las larvas no pudieron elegir. Las criadas con el alimento con quinina pesaron un 33 % menos que las del alimento de control.

Y lo que es aún más sorprendente, cuando se criaron durante cinco días con alimentos que contenían concentraciones naturales de quinina, las orugas de la polilla africana del algodón pesaron un 90 % menos que las orugas criadas con alimentos de control sin quinina. Y de las alimentadas con quinina, solo el 30 % formaron capullos.

Por supuesto, la quinina también es tóxica para los parásitos *Plasmodium* que causan la malaria, razón por la cual funciona para tratar la enfermedad. Los colonos europeos introdujeron la malaria en América en 1492, pero la opinión generalizada es que los incas ya habían descubierto las propiedades febrífugas de la corteza de quina antes de que esta llegara a Europa hacia 1633. La concentración de quinina en el agua tónica, utilizada para hacer ginebra y tónicos, no es lo suficientemente alta como para servir de preventivo o tratamiento de la malaria. Más adelante volveremos sobre la quinina y su papel en la configuración de la geopolítica.

Ahora se entiende por qué Stone conocía bien los poderes curativos de la quina. Se había utilizado en Europa durante más de cien años. Este conocimiento le inspiró directamente para experimentar con la corteza del sauce blanco, cuyas hojas y corteza producían fenólicos amargos conocidos como salicilatos.

Pasaron noventa años más desde el notable pero rudimentario ensayo clínico de Stone en 1763 hasta que la salicina, que se descompone en ácido salicílico, se transformó en una forma más activa en el organismo denominada ácido acetilsalicílico. Bayer empezó a venderlo en 1899 con el nombre de Aspirina.

Este medicamento milagroso de uso cotidiano, el único que probablemente todos hayamos tomado alguna vez, debe su existencia tanto al saber popular como a los avances de la medicina moderna. En última instancia, no existiría la aspirina sin la antigua lucha que llevó a plantas como el sauce a acumular sus precursores químicos, los salicilatos, en niveles lo suficientemente altos como para que resultaran útiles como escudos protectores.

Las plantas no fabrican salicilatos para nosotros. Sin embargo, la evolución sí produjo una farmacopea que hemos explotado una y otra vez. Así que, aunque la naturaleza no nos haya dado el Edén, sí nos ha dado un Jardín Venenoso salvaje.

Las altas concentraciones de salicilatos en los sauces evolucionaron para protegerlos de factores estresantes como los herbívoros y los microbios patógenos, mucho antes de que los humanos habitaran la Tierra. Aunque todas las plantas fabrican salicilatos, la mayoría no los produce a niveles lo bastante altos como para ser protectores. Al igual que las catequinas del té verde, es la dosis la que hace el veneno.

La función más antigua de los salicilatos en las plantas es la regulación hormonal de muchos procesos, como el crecimiento y la reproducción y la defensa contra las agresiones. Una función importante de los salicilatos es activar la respuesta inmunitaria en las plantas. Incluso los linajes más antiguos de plantas terrestres, los musgos, los hornabeques y las hepáticas, utilizan la salicina y sus derivados de esta forma.

La primera vez que rocié plantas experimentales con una solución de ácido salicílico, el producto de descomposición de la salicina, era becario de investigación postdoctoral del VIH en la Universidad de Harvard. Mis mentores eran la bióloga evolutiva Naomi Pierce y el biólogo molecular Fred Ausubel. Al día siguiente, intenté infectar estas plantas con una bacteria patógena inyectando una suspensión a través de unas aberturas en las hojas llamadas estomas. Pero mis plantas ya eran resistentes, gracias al pretratamiento con ácido salicílico que habían recibido el día anterior. Como resultado, las bacterias no pudieron colonizar las hojas, que estaban preparadas para resistir a los invasores microbianos. Para entonces, ya se conocía bien la función inmunoestimulante del ácido salicílico en las plantas, pero verlo con mis propios ojos fue muy satisfactorio.

Sin embargo, no fue el ácido salicílico en sí lo que protegió a las plantas. En su lugar, esta sustancia química desencadena una reacción en cadena que termina con el cierre de los estomas para impedir que las bacterias naden hacia el santuario interior de la hoja, donde se encuentran los azúcares y las proteínas que las bacterias necesitan para crecer. Por si fuera poco, la explosión de ácido salicílico envía señales a las células de la planta para que produzcan potentes toxinas antimicrobianas. Tras el tratamiento con ácido salicílico, muchos de los tejidos de la planta, incluso las partes que no estaban dañadas inicialmente, quedaron protegidas del ataque.

Las pruebas sugieren que los salicilatos no se convirtieron en verdaderas toxinas hasta mucho más tarde en la evolución de las plantas, función que desempeñan actualmente en algunos árboles como el sauce. Esta evolución conduce a dos observaciones importantes. En primer lugar, los salicilatos, las toxinas, evolucionaron a partir de los salicilatos, las hormonas, al igual que los taninos hidrolizables, las toxinas de las plantas, evolucionaron a partir de los taninos hidrolizables, los filtros solares de las algas que bloquean los rayos UVB. Además, la evolución de los salicilatos como toxinas nos recuerda que es la dosis la que hace el veneno.

Me quedé completamente sorprendido al saber que, según una investigación publicada en 2008, usted y yo y la mayoría de los demás mamíferos tenemos pequeñas cantidades de ácido salicílico circulando regularmente por nuestra sangre. Mientras que la mayor parte del ácido salicílico que puede detectarse en nuestra sangre procede de nuestra dieta, el ácido salicílico se encuentra en la sangre de personas que no habían consumido alimentos que lo contuvieran. Además, cuando se administró el precursor del ácido salicílico ácido benzoico a los sujetos de prueba, de alguna manera, el cuerpo o los microbios asociados en el intestino pueden fabricar ácido salicílico a partir de este precursor. Efectivamente, los sujetos de prueba a los que se administró ácido benzoico presentaban niveles detectables de ácido salicílico en sangre que no podían proceder de su dieta.

Los científicos fueron un paso más allá y descubrieron que la fuente probablemente no eran los microbios intestinales. Detectaron ácido salicílico en la sangre de ratas de laboratorio de una colonia de ratas de laboratorio sin microbios. Estas ratas nacieron por cesárea estéril y se alimentaron con una dieta libre de gérmenes que no contenía ácido salicílico. Así pues, los mamíferos parecen ser capaces de fabricar su propio ácido salicílico. La pregunta es, ¿por qué?

El ácido salicílico, la aspirina y otros antiinflamatorios no esteroideos como el ibuprofeno y el naproxeno (y posiblemente el camazuleno de la manzanilla) suprimen la producción de unas hormonas llamadas prostaglandinas. Las prostaglandinas desempeñan un papel clave en la activación de la respuesta inflamatoria de nuestro organismo, provocando inflamación y dolor.

La inflamación puede ser algo bueno. Una respuesta adaptativa a una lesión o infección es esencial para la curación y la recuperación. Sin embargo, puede haber demasiado de algo bueno. La inflamación crónica es letal y provoca cáncer, enfermedades cardiovasculares, demencia, diabetes y otras enfermedades graves.

Las plantas también producen sustancias químicas similares a las prostaglandinas, denominadas jasmonatos, por el aceite de jazmín del que se aisló por primera vez el jasmonato. Las prostaglandinas (en los animales) y los jasmonatos (en las plantas) tienen casi la misma estructura química. Los jasmonatos son producidos por las plantas en respuesta al ataque de muchos herbívoros y a daños físicos, al igual que las prostaglandinas son producidas por nosotros, los humanos, y otros animales en respuesta a infecciones o lesiones. Al igual que los salicilatos que producen las plantas cuando son atacadas por muchos microbios, los jasmonatos actúan como señales a larga distancia enviadas desde la parte lesionada de la planta a las partes no lesionadas, iniciando la producción de un escudo de toxinas que puede proteger a toda la planta de muchos herbívoros.

El proceso recuerda a cómo Paul Revere instruyó a sus compatriotas para que hicieran señales «una si era por tierra, dos si era por mar» cuando los británicos iniciaron su invasión de las colonias americanas.[1] Las plantas utilizan ambas hormonas para crear la respuesta adecuada al conjunto concreto de enemigos que las invaden en ese momento. Por un lado, la producción de salicilato desencadena la acumulación de toxinas antimicrobianas en la planta y, por otro, la producción de jasmonato conduce a la acumulación de toxinas antiherbívoras en la planta. Y para colmo, los salicilatos suprimen la producción de jasmonatos, y viceversa.

Esta interacción bioquímica significa que cuando se rocían las plantas con ácido salicílico, se inhibe su vía del jasmonato. La respuesta es muy parecida a la forma en que los salicilatos reducen la producción de prostaglandinas cuando tomamos aspirina, lo que alivia la inflamación. El salicilato producido por las plantas también reduce la producción de jasmonato, que es la versión vegetal de la prostaglandina. Esta reacción puede hacer que las plantas sean susceptibles a los ataques de los herbívoros, a los que pueden resistir mediante la activación de sustancias químicas defensivas dependientes del jasmonato.

Tanto los animales como las plantas pueden utilizar los salicilatos de la misma manera: para reducir una rama del sistema inmunitario y aumentar otra. ¿Por qué evolucionaron las plantas y los animales para hacer esto? No lo sabemos con certeza, pero los organismos tienen recursos limitados y han evolucionado para economizar. Esta eficiencia da lugar a compensaciones: la noción de que el que vale para todo no domina nada se aplica también a los rasgos de otros organismos del mundo natural.

Los dolores de cabeza en los humanos y las hojas amargas de los sauces tienen algo importante en común. Las plantas y los seres humanos utilizan muchas sustancias químicas iguales o similares, como los salicilatos, los jasmonatos y las prostaglandinas, para regular sus cuerpos, porque estos organismos vivos comparten un antepasado evolutivo común. Esta similitud explica, al menos en

---

[1] Paul Revere (1735-1818) fue un orfebre y patriota estadounidense conocido por su famosa cabalgata de medianoche el 18 de abril de 1775 para alertar a los colonos sobre la llegada de las tropas británicas. Este hecho resultó clave en el posterior desarrollo de las batallas de Lexington y Concord, que supusieron los primeros enfrentamientos de la guerra de Independencia estadounidense (*N. de la E.*).

parte, por qué tantas sustancias químicas producidas por las plantas también tienen efectos en nosotros. Los mensajeros químicos que las células vegetales, animales y humanas utilizan para comunicarse entre sí se solapan. En muchos sentidos, una célula eucariota (es decir, una célula con núcleo y otras estructuras diferenciadas) es una célula eucariota.

Por otra parte, las plantas y los animales están conectados de formas muy diferentes. Aunque tanto las plantas como los animales utilizan sustancias químicas como la dopamina para enviar señales químicas de una parte del cuerpo a otra, de hoja a hoja o de miembro a miembro, las plantas carecen de los sistemas nerviosos, musculoesquelético, cardiovascular o digestivo que tienen los animales. Las plantas también han aprovechado estas diferencias en el cableado para producir algunas sustancias químicas que pueden no tener ningún efecto sobre la propia planta, pero sí sobre nosotros. Entre estas sustancias químicas se encuentran las que pueden tener mal sabor, dañarnos o incluso matarnos. Esta otra cara de la moneda evolutiva es igual de importante si queremos entender el origen de las toxinas de la naturaleza y su relación con nuestras vidas.

Si hay una lección general que espero impartir con este libro es la siguiente: la evolución aplica las similitudes y diferencias entre plantas (y otros organismos, como hongos y bacterias) y animales en beneficio de diversos organismos. Las plantas han evolucionado para producir diversas sustancias químicas que manipulan el cerebro y la fuerza muscular de los animales para sus propios fines, ya sea para mantenernos alejados o para atraernos. A su vez, nosotros mismos hemos dado la vuelta a la tortilla y podemos aprovechar estas sustancias químicas como medicinas y para otros fines.

El ácido salicílico es un buen ejemplo. Todas las plantas terrestres parecen utilizar el ácido salicílico como hormona para regular su respuesta a los factores estresantes. Los humanos y otros animales también parecen producirlo en pequeñas cantidades, quizá para regular su respuesta inflamatoria. El ácido salicílico es un veneno para los enemigos animales de plantas como el sauce, la ulmaria, el mirto, la gaulteria y la coca, que producen grandes cantidades de su precursor, la salicina. Pero para nosotros, los humanos, la salicina y sus derivados, como la aspirina, figuran entre los medicamentos más utilizados.

El ácido salicílico es tan omnipresente que podemos utilizarlo para seguir un enfoque de alimentos como medicina, un concepto que he mencionado antes. Según esta idea, a veces utilizamos las toxinas de la naturaleza como medicamentos. Por ejemplo, comiendo muchos alimentos de origen vegetal podemos alcanzar niveles de ácido salicílico similares a los de las personas que siguen un régimen diario de dosis bajas de aspirina. Por lo tanto, es posible que haya experimentado los efectos antiinflamatorios de esta sustancia química sin saberlo.

Los niveles de ácido salicílico son tres veces superiores en los vegetarianos rurales indios que en los vegetarianos occidentales que viven en el Reino Unido. Esta diferencia puede estar relacionada con el mayor uso de especias, ricas en ácido salicílico, en las cocinas de la India rural.

Esta diferencia en los niveles de ácido salicílico puede tener implicaciones para la salud. Por ejemplo, la incidencia de cáncer de colon es inusualmente baja en estas mismas comunidades vegetarianas de la zona rural de Chennai (India), lo que sugiere un vínculo, aunque tenue, entre los niveles más altos de ácido salicílico en la dieta y un menor riesgo de cáncer de colon.

Gran parte del ácido salicílico de la dieta de estas comunidades se suministra en forma de especias, algunas de las cuales contenían hasta un 1,5 % de su peso en ácido salicílico. El alto contenido de este ácido en las especias no explica necesariamente por qué las utilizamos, por supuesto, pero es motivo de reflexión.

¿Es realmente el ácido salicílico la sal de la vida? Puede que no. El consumo de aspirina también tiene su lado negativo. Irónicamente, algunas personas toman aspirina en dosis bajas (de bebé) a diario para reducir el riesgo de formación de coágulos que podrían provocar un ictus o un infarto de miocardio. Esta práctica ya no se recomienda a menos que la prescriba un médico, porque el potencial de hemorragia suele ser mayor que el de reducción de daños. Lo mismo ocurre ahora con el uso de aspirina infantil para reducir el riesgo de cáncer de colon. Solo en el Reino Unido, el uso diario de aspirina mata a unas tres mil personas al año debido a las hemorragias gastrointestinales mortales que puede provocar. Nuestro uso de las toxinas de la naturaleza nos obliga a caminar por el filo de la navaja entre la curación y el daño. Una vez más, se nos recuerda que estas sustancias químicas no han evolucionado para nosotros, sino porque las plantas y los demás organismos que las producen en cantidad también quieren vivir.

El ser humano no es la única especie que toma prestadas las toxinas de la naturaleza para mantener a raya a sus enemigos, tratar enfermedades o acceder a nuevos recursos. Como ilustra el ejemplo anterior de la tetrodotoxina de los tritones, los pulpos de anillos azules y los peces globo, muchos animales toman prestadas estas sustancias químicas de otros organismos para su propio beneficio.

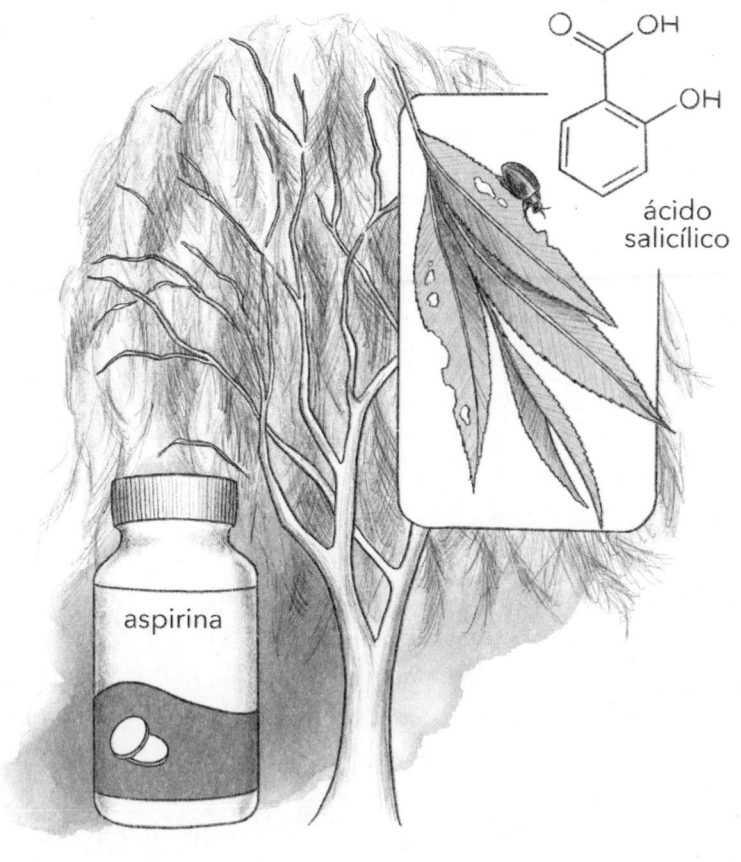

ácido
salicílico

aspirina

En todo el hemisferio norte, un hermoso grupo de escarabajos de la hoja con cuerpos negros adornados con manchas naranjas se alimentan únicamente de las hojas de sauces, álamos y alisos, todos ellos miembros de la familia *Salicaceae*. Muchas especies de esta familia de plantas producen altos niveles de salicina, que las larvas del escarabajo de la hoja del sauce utilizan como precursor para fabricar la toxina salicilaldehído. Esta sustancia química, liberada por una glándula del escarabajo cuando las avispas depredadoras lo atacan, aumenta las posibilidades de supervivencia del escarabajo. Pero los depredadores no pueden decir que no estaban avisados: los escarabajos han evolucionado su coloración negra y naranja para advertir de las peligrosas sustancias químicas que contienen.

Otro animal colorido y potencialmente venenoso es la babosa banana. Estoy tan enamorado de ellas que Shane y yo compartimos nuestro hogar con una llamada «El Coronel». Lo prometo, hay una conexión con la aspirina, una potencial al menos.

Los escolares de la bahía de San Francisco y del noroeste del Pacífico a veces se retan a lamer estos moluscos porque hay algo en su mucosidad que cosquillea la lengua y adormece los labios. La sensación se ha descrito como parecida a la novocaína. Aún no sabemos qué es esta sustancia adormecedora, pero mis colegas y yo estamos intentando resolver el misterio.

Tengo una hipótesis de trabajo. Se sabe que una babosa de jardín en Europa segrega ácido salicílico en el rastro mucoso sobre el que se desliza. Un derivado del ácido salicílico llamado salicilato de metilo, o aceite de gaulteria, activa nuestros receptores para los sabores mentolados y provoca sensaciones como las reportadas por los lamedores de babosas. Así pues, supongo que la pista de la investigación conducirá al salicilato de metilo como la sustancia adormecedora de las babosas de plátano. Si me equivoco y descubrimos una nueva sustancia química que podría convertirse en un nuevo anestésico, tanto mejor.

Además de proporcionar una defensa bucal contra los depredadores, el ácido salicílico de la babosa puede manipular las plantas para que produzcan menos toxinas antibabosas mediante la inhibición de la vía del jasmonato. ¡Qué tramposa!

La última clase de sustancias químicas que trataré en este capítulo también tiene el poder de ser un veneno o una cura. Es probable que hoy haya ingerido algunos de estos flavonoides sin darse cuenta. Se trata de las furanocumarinas, las sustancias químicas que hacen que el zumo de pomelo sea un no-no si usted está tomando ciertos medicamentos.

POMELO Y PEREJIL GIGANTE

La familia *Apiaceae* incluye la zanahoria, el apio, el cilantro, el comino, el eneldo, el hinojo, el perejil y la cicuta venenosa. Esta última planta contiene el alcaloide coniina, famoso por haber matado supuestamente a Sócrates. Todas estas plantas, así como las de las familias de los cítricos, los higos y las judías, producen furanocumarinas, que son flavonoides.

Dado que los cítricos contienen furanocumarinas, la FDA emitió advertencias sobre interacciones medicamentosas relacionadas con el consumo de zumo de pomelo. Es posible que haya oído hablar de estas advertencias, o incluso que le afecten.

Las furanocumarinas inhiben la actividad de una importante enzima del metabolismo de los medicamentos en nuestro organismo, la CYP3A4. El resultado es una desactivación retardada del fármaco si ingerimos furanocumarinas. La CYP3A4 se expresa en nuestro intestino delgado e hígado, y nos ayuda a metabolizar muchas toxinas que ingerimos, ya procedan de la naturaleza o de la farmacia. El retraso en el metabolismo de los medicamentos puede ser bastante arriesgado para quienes tomamos ciertos fármacos con regularidad. Si el organismo tarda más de lo normal en eliminar un fármaco del organismo, al día siguiente, cuando se toma otra dosis, el nivel del fármaco en el organismo puede elevarse, a veces peligrosamente. Las furanocumarinas pueden ralentizar el ritmo de desintoxicación de los fármacos al suprimir la actividad del CYP3A4.

Aunque nadie piensa que el zumo de pomelo sea tóxico, puede potenciar la toxicidad de muchos medicamentos de venta con receta e incluso de algunos de venta libre. Un hombre de veintinueve años de

Michigan murió repentinamente de una arritmia cardiaca provocada por niveles tóxicos en su sangre del antihistamínico de venta libre terfenadina (vendido como Seldane en Estados Unidos y Triludan en el Reino Unido). Los dos vasos de zumo de pomelo que había tomado esa mañana suprimieron la actividad del CYP3A4 y elevaron los niveles del fármaco, normalmente inocuo, en su organismo, lo que desencadenó el infarto mortal. Tras su muerte, el medicamento se retiró inmediatamente del mercado.

Pero otros medicamentos cuyo metabolismo en nuestro organismo se ve influido por las furanocumarinas del zumo de pomelo son tan esenciales que no podemos prescindir de ellos sin más. Ejemplos de estos medicamentos son los antibióticos ciclosporina, los opiáceos y las estatinas. En total, hay ochenta y cinco medicamentos de venta con y sin receta cuya tasa de eliminación del organismo se ve influida por las furanocumarinas del zumo de pomelo.

Las furanocumarinas también pueden provocar quemaduras químicas de tercer grado a través de un proceso completamente ajeno al anterior conocido como fitofotodermatitis. Estas quemaduras se producen cuando la piel que ha estado en contacto con furanocumarinas se expone a la luz UVA del sol. Las furanocumarinas activadas por esta luz penetran en las células de la piel y se unen al ADN. El ADN modificado provoca la muerte de las células de la piel y genera una respuesta inflamatoria con formación de ampollas, descamación y decoloración. Cuando la exposición a las furanocumarinas es crónica, también aumenta el riesgo de cáncer de piel.

Aunque no quiero asustarles, un hombre de treinta años sufrió quemaduras graves tras exprimir el zumo de sesenta limas para hacer margaritas y exponerse después al sol. Se recuperó, pero esta enfermedad de la piel es un grave riesgo laboral para los cultivadores de cítricos, apio y perejil, así como para los vendedores y camareros. Otro caso fue el de doce niños que sufrieron quemaduras tras exponerse al sol mientras hacían ambientadores con limas para las fiestas.

El perejil gigante (*Heracleum mantegazzianum*) es quizá una amenaza mayor para la salud pública. Esta planta herbácea originaria de Rusia y la República de Georgia se ha convertido en una especie tóxica e invasora en otros lugares. Cultivada como ornamental, se escapa fácilmente a la naturaleza, donde los encuentros involuntarios con su savia, que contiene altas concentraciones de furanocumarinas, causan innumerables casos de fitofotodermatitis. Las quemaduras han provocado incluso injertos de piel y amputaciones de miembros.

Como muchas de las otras toxinas tratadas en este libro, el veneno también puede ser la cura en el contexto adecuado. El conocimiento de cómo una sustancia puede pasar de mala a buena casi siempre procede de los poseedores de conocimientos y prácticas indígenas y locales. Esto es lo que ocurre con las furanocumarinas. El psoraleno, la principal furanocumarina que se encuentra en plantas como el perejil gigante y que tanto daño puede causar, es también un tratamiento muy eficaz para trastornos de la piel que pueden provocar estigma social. De hecho, las furanocumarinas se han utilizado en la llamada fotomedicina durante miles de años, apareciendo por primera vez mucho antes de que se acuñara la palabra *fitofotodermatitis* en 1942.

En la región mediterránea, un tratamiento para el vitíligo, la pérdida de pigmentación de la piel, apareció por primera vez en el Papiro Ebers hace 3 500 años. El tratamiento consistía en la planta *Ammi majus* (encaje de la reina Ana), que aún crece a lo largo del Nilo. Esta misma planta se describe en los escritos del siglo XIII de Ibn al-Baytar, un médico de al-Ándalus, la zona de España gobernada por los musulmanes. Basándose en los conocimientos de los herboristas egipcios que aún utilizaban el ammi en sus consultas, el farmacólogo de la Universidad de El Cairo I. R. Fahmy y sus colaboradores aislaron por primera vez el psoraleno, la sustancia química activa del ammi mayor, en 1947 y realizaron los primeros ensayos clínicos con él para tratar enfermedades de la piel. El psoraleno administrado por vía oral o tópica más el tratamiento con rayos UVA trata el eczema y la psoriasis, frenando el crecimiento excesivo de células cutáneas, lo que permite la resolución de las lesiones cutáneas. También se utiliza contra el carcinoma cutáneo de células T. Se está realizando un ensayo clínico en el que se utilizan rayos X en lugar de luz UVA para activar el psoraleno que se ha introducido en las profundidades de los tumores cancerosos sólidos, regiones a las que no puede acceder la luz UVA. Gracias a estos esfuerzos de los científicos egipcios, las furanocumarinas entraron en la medicina moderna y siguen siendo un tratamiento muy eficaz para ciertos trastornos cutáneos.

El antiguo uso de extractos de ammi como agente oscurecedor de la piel para tratar el vitíligo inspiró su aplicación como activador del bronceado en Europa. El psoraleno se utilizaba a veces junto con las camas bronceadoras, pero esta práctica se prohibió a mediados de la década de 1990 porque aumentaba el riesgo de cáncer de piel. Del mismo modo que plantas lejanamente emparentadas, como algunos miembros de la familia del perejil Apiaceae y algunos cítricos de la familia Rutaceae, producen furanocumarinas, diversas culturas indígenas también aprovechan las mismas sustancias químicas una y otra vez. Los frutos secos de la *Psoralea corylifolia,* una judía que también produce psoraleno, aparecen independientemente como tratamiento para el vitíligo en antiguos textos médicos ayurvédicos y chinos escritos entre los siglos XII y X a. C. La pastinaca de vaca, que también produce psoraleno, era utilizada como cataplasma para los forúnculos y otras dolencias de la piel por muchas tribus indígenas y Primeras Naciones de Norteamérica.

La pregunta definitiva es: ¿por qué las plantas se molestan en producir furanocumarinas? Como probablemente habrá adivinado, las pruebas demuestran que las furanocumarinas evolucionaron en las plantas como defensas antiherbívoras muy eficaces. Las furanocumarinas son potentes insecticidas por las mismas acciones que causan problemas en la piel: son toxinas que destruyen las células.

Sin embargo, la naturaleza encuentra formas de evitar las furanocumarinas. Por ejemplo, la entomóloga May Berenbaum descubrió que las orugas de los gusanos de la chirivía y las mariposas de cola de golondrina han desarrollado de forma independiente formas de atravesar el escudo químico de las plantas que contienen furanocumarinas mucho antes de que existieran los humanos. A cambio, estas orugas solo pueden comer plantas que contengan furanocumarinas.

Al igual que nosotros, las polillas y las mariposas utilizan las furanocumarinas, que de otro modo serían tóxicas, en su propio beneficio, aunque de forma indirecta. Al ser capaces de superar estas toxinas, los insectos pueden acceder a los nutrientes que, de otro modo, estarían protegidos por las furanocumarinas de las plantas. Es posible que estas criaturas aladas especializadas se enfrenten a una menor competencia de otros animales por el alimento, ya que este es tóxico para la mayoría de las demás especies herbívoras. Berenbaum ha utilizado esta dinámica entre las plantas con furanocumarinas y los insectos que las atacan como ejemplo de coevolución entre especies.

Así pues, las furanocumarinas pueden ser tanto una causa como un tratamiento de los trastornos cutáneos. Pero primero evolucionaron como toxinas para que la planta se defendiera de los herbívoros atacantes, y este escudo puede ser atravesado por algunos insectos especializados que desarrollaron formas de superar las toxinas.

Las sustancias químicas fenólicas y flavonoides como los taninos, el ácido salicílico y las furanocumarinas representan una enorme e importante clase de toxinas de la naturaleza. Sin embargo, los terpenoides, como la tetrodotoxina y las saponinas, incluyen un conjunto aún mayor de toxinas. Examinaremos estas toxinas más a fondo en el próximo capítulo.

3
TERPENOIDES TÓXICOS, EXCITANTES Y ASESINOS DE TUMORES

> Todas las plantas de un país, todas las
> de un lugar, están en guerra entre sí.
>
> AUGUSTIN PYRAMUS DE CANDOLLE,
> «Géographie botanique», *Dictionnaire*
> *des sciences naturelles*

BAHÍAS, BLUES Y JUEGOS DE PELOTA

Mi padre murió por complicaciones del trastorno por consumo de alcohol (AUD) en el invierno de 2017. En los días posteriores a su muerte, me encontré en la quietud invernal, al estilo shinrin-yoku, bajo las ramas de secuoyas costeras y laureles californianos cubiertos de musgo y hongos, en las colinas sobre nuestra casa de Oakland.

Uno de esos momentos en el bosque dio lugar a los primeros destellos de este libro. Fue entonces cuando realmente empecé a comprender cómo las similitudes y diferencias entre los musgos, las setas, los árboles y yo son una dialéctica que podría utilizarse para comprender mejor no solo mi ciencia, sino también la muerte de mi padre.

Uno de esos días, entrecerrando los ojos, intenté distinguir las copas de los árboles, pero estaban cubiertas de niebla. Las frías gotas que caían de las ramas empapadas de niebla me conectaban con la gélida bahía de San Francisco. Aplasté en la mano algunas agujas de secuoya costera y hojas de laurel de California e inhalé profundamente. Obtuve lo que había venido a buscar: una dosis de lo que Robert Louis Stevenson llamaba «pimienta helada en la nariz», procedente del cóctel de terpenoides que contienen las hojas de cada especie. Las lágrimas brotaron al instante, recordándome que seguía vivo a pesar del entumecimiento que sentía.

Los terpenoides son la mayor familia química producida por la vida en la Tierra. Se han identificado más de ochenta mil compuestos en la naturaleza. Al igual que los fenólicos y los flavonoides, los terpenoides incluyen algunas de las moléculas biológicas más antiguas, como los esteroles conservados durante 538 millones de años en los fósiles de Dickinsonia. Los ya extintos Dickinsonia, los animales más antiguos que se han encontrado en el registro geológico, evolucionaron antes que las primeras plantas terrestres.

Los terpenoides son esenciales para la vida tal y como la conocemos. El colesterol de nuestras membranas celulares es un terpenoide, al igual que la vitamina A que capta la luz en nuestras retinas. Tan importantes son los terpenoides que desempeñaron un papel en el origen de las primeras células que evolucionaron hace cuatro mil millones de años y son las moléculas biológicas más antiguas conocidas a partir de fósiles.

Los terpenoides sintetizados por las plantas son utilizados por todos nosotros cuando limpiamos, bebemos, comemos, tomamos medicinas, nos recreamos, nos relajamos y practicamos la espiritualidad. Del alfa-pineno a la atropina, del alcanfor a los cannabinoides, del mentol a la miristicina y del Taxol al timol, infinitas variedades de terpenoides condimentan nuestros días, calman nuestras noches e incluso alargan nuestras vidas. Por supuesto, tienen un lado oscuro: también pueden dañarnos o incluso matarnos.

Una molécula de cinco carbonos llamada isopreno forma la columna vertebral de todos los terpenoides. El isopreno se exhala en cada respiración, y las plantas terrestres liberan cada año en todo el mundo cien mil millones de kilogramos, una cantidad que influye en la atmósfera. Nuestro cuerpo produce isopreno como subproducto de la biosíntesis del colesterol, y la cantidad emitida puede utilizarse incluso para determinar los niveles de colesterol de una persona.

Emitimos tanto isopreno que se detectan picos en el aire sobre los estadios de fútbol cuando las multitudes animan, y el nivel aumenta en los cines durante las escenas climáticas. Aunque las plantas producen isopreno durante el metabolismo igual que los humanos, esta sustancia química se transforma de basura en tesoro en las plantas cuando las temperaturas se disparan.

El isopreno protege las hojas del exceso de calor generado por los rayos solares. Cuando las plantas liberan isopreno al aire, la molécula reacciona con radicales de oxígeno para formar aerosoles que producen un color azul característico en la baja atmósfera. Las Montañas Blue Ridge de Estados Unidos, las Montañas Azules de Jamaica y Australia y la Cordillera Paine (*paine* significa «azul» en tehuelche) de Chile deben su nombre a los bosques de isopreno que cubren sus flancos.

Leonardo da Vinci quedó tan cautivado por el aire azul que envuelve las colinas toscanas que las utilizó como telón de fondo para su *Retrato de Lisa Gherardini, esposa de Francesco del Giocondo,* o, como la mayoría de nosotros la conocemos, la *Gioconda.*

El isopreno no siempre pinta un cuadro tan bonito. Reacciona con los óxidos de nitrógeno de los motores de combustión, formando ozono, que actúa como gas de efecto invernadero y contribuye al esmog, que pica los ojos y quema la garganta. La cantidad de isopreno que liberan las plantas cada año equivale a la cantidad anual de metano que se vierte a la atmósfera global desde todas las fuentes, naturales y humanas. La línea que separa las majestuosas montañas púrpuras de la niebla púrpura es muy fina.

El caucho natural también está formado por moléculas de isopreno unidas para formar un polímero llamado cis-1,4-poliisopreno. Actualmente, se produce casi exclusivamente a partir del látex lechoso del árbol del caucho de Pará, un miembro sudamericano de la familia de los tártagos o poinsettia (flor de Pascua). Horas después de que el látex líquido del árbol del caucho se exponga al aire, se polimeriza y se convierte en caucho sólido, que se vulcaniza para su uso comercial mediante la aplicación de calor y azufre. Los viajes en avión, coche, moto, camión o bicicleta no serían posibles sin el caucho natural, que constituye hasta el 50 % de la mayoría de los neumáticos modernos. Los pueblos indígenas de Sudamérica fueron los primeros en utilizar el caucho Pará, procedente de árboles silvestres que crecían en la selva tropical.

Por otra parte, el árbol del caucho de Panamá, una especie de la familia de la higuera, se aprovechaba para producir las pesadas pelotas de caucho de un juego de pelota mesoamericano, un antiguo deporte que desempeñaba un papel central en estas sociedades. El campo de pelota de piedra más antiguo que se conoce en la actualidad fue uno de los más grandiosos, construido hace la friolera de tres mil cuatrocientos años en el Paso de la Amada, en Chiapas (México).

Gracias a este juego de pelota mesoamericano, el caucho natural llamó por primera vez la atención de los europeos en 1510. Finalmente, el desarrollo de este producto de caucho natural impulsó la producción masiva de pelotas de béisbol, baloncesto, fútbol, golf, hockey, rugby, fútbol y tenis en los siglos XIX y XX.

¿Por qué los árboles y vides del caucho se toman la molestia de producir látex cargado de caucho bajo su corteza? Desde luego, no los criamos para que lo hicieran. El látex no tiene otra función conocida en las plantas que la de defensa.

Más de veinte mil especies vegetales y, por evolución convergente, los níscalos producen látex. En estas plantas y setas, el látex actúa contra los herbívoros y los microbios atrapándolos y sellando después las heridas que han creado. Por lo tanto, el látex en sí sirve como defensa, pero también es un conducto tóxico para el suministro de toxinas naturales aún más potentes, incluidos los terpenoides.

La enredadera del caucho del Congo, de la familia del beleño, también produce caucho. En algunas partes de África Central, la goma se utiliza tradicionalmente para adherir venenos a las puntas de flecha y para tratar dientes cariados, entre otros muchos usos.

Millones de personas de lo que hoy es la República Democrática del Congo sufrieron daños y muchas murieron en la búsqueda de caucho para satisfacer la demanda de la Europa colonial, Canadá y Estados Unidos. Tanto si el producto procedía de los árboles de caucho Pará sudamericanos cultivados en suelo africano en el siglo xx como de las vides de caucho silvestres del Congo explotadas por el rey Leopoldo II de Bélgica, el sufrimiento humano causado por la producción de caucho es una mancha permanente en toda la sociedad occidental. Por ejemplo, a instancias de Leopoldo, cuando los trabajadores congoleños esclavizados recogían el látex de las vides de caucho silvestre del Congo, el látex que rezumaba directamente sobre su piel se endurecía y había que rasparlo dolorosamente, del pelo y todo.

Aunque es originario de la selva amazónica, el árbol del caucho de Pará se cultiva ahora sobre todo en el sudeste asiático. Un primer acto de aparente biopiratería por parte del Imperio Británico, unido a una plaga foliar en el área de distribución nativa de la planta en Sudamérica, puede haber puesto en marcha este trasplante agrícola. En 1876, sir Henry Alexander Wickham pasó de contrabando semillas de Brasil a los botánicos del Real Jardín Botánico de Kew, al oeste de Londres. Algunas de las plántulas de caucho que germinaron se plantaron en las colonias británicas del sudeste asiático, incluidas Malasia y Singapur, creando un monopolio británico del caucho natural.

Este monstruo y la plaga arruinaron la economía dependiente del caucho de Brasil, que se construyó sobre las espaldas de trabajadores muy explotados. También supuso un grave problema para los Aliados cuando Japón invadió Malasia la víspera de que los japoneses atacaran Pearl Harbor porque se cortó el suministro de caucho.

Estados Unidos no habría podido ganar la Segunda Guerra Mundial sin acceso a nuevas fuentes de caucho. Mi propia vida se cruzó con la búsqueda estadounidense de fuentes alternativas de caucho natural. Cuando tenía ocho años, visité Seminole Lodge, la finca de Thomas Edison en Fort Myers, Florida, con el resto de mi familia. Era la primera vez que conocía la vida de un científico. Mi único recuerdo del viaje es la enorme higuera de la propiedad en la que se leía: «Árbol Banyan —Regalado a Edison por Firestone en 1925— Circunferencia de las raíces aéreas 118 metros».

Más tarde supe que fue Harvey Firestone, el magnate del neumático, quien había traído el árbol de la India y se lo había dado a Edison con la esperanza de que su látex lechoso proporcionara pronto una fuente nacional de caucho natural en el territorio continental de

Estados Unidos. Edison analizó más de diecisiete mil especies de tardígrados en busca de su potencial como fuentes de caucho natural. La investigación fue financiada en parte por Firestone y Henry Ford, ambos preocupados por los monopolios del caucho que mantenían británicos y holandeses a principios del siglo xx. El inventor descubrió que más de mil de estas especies producían caucho mensurable en su látex.

Edison murió seis años después de recibir el árbol. Por la misma época, se inventó el caucho sintético procedente del petróleo para aumentar el suministro. Aun así, el caucho natural siguió siendo una industria de 1 600 millones de dólares en 2021, y casi todo se produce en el sudeste asiático.

La visita al centro de investigación de Edison, dedicado a comprender la naturaleza de las defensas químicas de las plantas, fue providencial en retrospectiva. (No es de extrañar que no se mencionaran las opiniones antisemitas de Ford y Firestone, ahora documentadas, ni los hechos que rodeaban la distópica ciudad brasileña del caucho de Fordlândia). Treinta años más tarde, estudiaría los glucósidos cardíacos del látex del algodoncillo.

Como aprendí de primera mano al cultivar plantas que producen látex, la sustancia se almacena en largas células llamadas laticíferos a alta presión en previsión de un ataque: una pistola llena de sustancia viscosa, cerrada y cargada por la evolución. Esta disposición de pistola cargada puede dar lugar a sorpresas desagradables.

A principios del año pasado, poco después de que dos de mis amigos se mudaran a Nuevo México desde San Francisco, recibí un mensaje de texto urgente de uno de ellos preguntando: «¿Deberíamos preocuparnos si le cae una gota de jugo/leche de cactus en el ojo?».

Era un motivo familiar. He llegado a aceptar que mis amigos y familiares me demuestren su afecto recurriendo a mis arcanos conocimientos sobre la naturaleza. Después de recordarles que soy más bien el Doctor Doolittle y que no puedo dar ningún consejo médico, porque no soy médico, suelo poder al menos identificar al agresor y quizá incluso las toxinas en juego.

Pensando que era un cactus, le contesté que no. Pero entonces me mandó un mensaje diciendo que se había enjuagado los ojos con agua porque le habían empezado a arder. Le pedí fotos de la planta porque empecé a dudar de la exactitud de su identificación. Me dijo que había estado moviendo la maceta mientras se instalaban su nueva casa, pero que la parte superior del tallo había golpeado accidentalmente el techo y se había roto y, al hacerlo, el «líquido» del tallo roto había salido disparado y le había caído en los ojos.

Nos habíamos dejado engañar por la evolución convergente: el origen independiente de un mismo rasgo. Al ver la foto, me di cuenta de que se trataba de un tártago del género *Euphorbia*, originario de África. Para el ojo inexperto, la planta parece casi idéntica a un cactus, todos ellos originarios de América. *Euphorbia* es un género diverso que incluye plantas de interior y de jardín de la misma familia a la que pertenece el árbol del caucho Pará.

A mis amigos botánicos y a mí nos gusta llamar a este tipo de plantas miembros de las «Houseplantaceae», un grupo ecléctico de plantas del sotobosque de la selva tropical y del desierto que a menudo se encuentran en los salones, oficinas, vestíbulos de hoteles, tiendas, dormitorios y cocinas de nuestras vidas. Aunque puedan parecer mundanas, como plantas no domesticadas arrancadas de la guerra de la naturaleza, sus tejidos suelen ser tóxicos en diversos grados, ya sea para los seres humanos, los animales domésticos o ambos.

Estaba preocupado. Sabía que el ojo de mi amigo podía requerir tratamiento médico inmediato. Los terpenoides del látex de la *Euphorbia* pueden quemar químicamente la córnea y, si no se tratan, pueden incluso provocar ceguera por una infección bacteriana secundaria.

Le respondí rápidamente: «Creo que podría ser un tártago. No es un cactus. Tienen una savia que es muy mala, creo. Tal vez deberías llevarlo a urgencias. Yo no tardaría mucho. Asegúrate de decirles que no es un cactus».

Le llevaron a urgencias, le salvaron el ojo de un daño permanente y se ha recuperado por completo. Como profesor que soy, no pude evitar utilizar este momento de aprendizaje: «No es por darle importancia», le dije, «pero las plantas no quieren ser atacadas. El mejor ataque es una buena defensa». Ella respondió unas horas después: «Hoy he aprendido algo nuevo sobre el universo».

73

Ahora consideraremos los terpenoides del ámbar de mi anillo y el terpenoide que aceleró la muerte de mi padre. Cada una de estas toxinas se forjó también en la naturaleza.

BÁLSAMOS, ABEDULES Y CERVEZAS

Muchos terpenoides sirven como componentes básicos de la vida, pero como demuestran los árboles del caucho que producen látex y los tártagos que eliminan toxinas, los terpenoides también transmiten un mensaje. El alfa-pineno, que busqué el día que me bañé en el bosque bajo las secuoyas costeras y los laureles de California, es uno de estos terpenoides. Transportado por el aire como un volátil aromático, se abrió paso hasta mi nariz y me arrancó una sonrisa. El deleite humano no es la razón por la que evolucionó esta molécula.

La fragancia de la secuoya y las agujas planas que crepitaban bajo mis pies me transportaron treinta y cinco años atrás en el tiempo, a un sendero bordeado de plumosos abetos balsámicos. Aquel día, mi padre, mi hermano y yo paseábamos por el bosque boreal que rodeaba nuestra casa en el noreste de Minesota, al borde de la ciénaga de Sax-Zim. A diferencia de la gruesa y peluda corteza de la secuoya, la del abeto era fina y lisa, salvo por las ampollas que se formaban cada pocos centímetros.

Mi padre perforó algunas ampollas con un palo. Una resina espesa y transparente brotó y rezumó por el tronco. Más que un truco de magia, la resina podía usarse como líquido para encendedores para encender un fuego de emergencia. Era importante que aprendiéramos técnicas de supervivencia allí arriba, donde las temperaturas invernales bajaban hasta los cuarenta grados bajo cero, el punto en el que se cruzan las escalas Celsius y Fahrenheit.

Las resinas de los árboles evolucionaron mucho antes que el látex. Están compuestas por ácidos grasos, compuestos fenólicos y monoterpenoides (dos unidades de isopreno), sesquiterpenoides (tres unidades de isopreno) y diterpenoides (cuatro unidades de isopreno), y tienen una composición química mucho más simple que la del látex, aunque la función de las resinas —disuadir, mutilar y matar— es similar.

Los monoterpenoides y sesquiterpenoides son volátiles y facilitan la fluidez de la resina a medida que fluye, mientras que los diterpenoides crean la resina endurecida. La resina y el aceite esencial de los abetos balsámicos, las secuoyas costeras, las bahías de California y muchas otras plantas contienen alfa-pineno, un monoterpenoide utilizado para fabricar ambientadores, velas, abrillantadores de suelos y trementina. La trementina toma su nombre del griego *terebinthos*, que significa «resina de árbol».

¿Por qué producen los abetos balsámicos resina con alfa-pineno? Desde luego, no es para deleitarnos con su olor, para proporcionar calor de emergencia o para hacer cantar las cuerdas de un Stradivarius. La resina, como el látex, evolucionó en las plantas cientos de millones de años antes de que los primeros humanos anduvieran sobre dos piernas. Los abetos balsámicos utilizan la resina para atrapar y envenenar a sus agresores, como insectos y microbios.

De niño, de vez en cuando encontraba insectos atrapados en gotas de resina confitada en troncos de abeto. Me venía a la mente el mosquito de *Parque Jurásico* que estaba sellado en una tumba de ámbar, junto con la apócrifa comida de sangre tomada de un dinosaurio.

El ámbar no es más que una antigua resina de árbol que se endureció con la exposición al aire y luego se enterró en la roca. El ámbar más antiguo que se conoce se conserva desde hace 320 millones de años. Existen pruebas aún más antiguas de que los terpenoides se utilizaban como defensas químicas en las plantas en forma de células fosilizadas de cuerpos oleosos. Estas células se encuentran en las hepáticas, plantas que son parientes cercanas de los musgos. Estas células contienen terpenoides que protegen a las hepáticas de los ataques de los insectos. Las hepáticas fueron también las primeras plantas que evolucionaron a partir de algas verdes. Los paleontólogos Conrad Labandeira, Susan Tremblay y sus colaboradores han descubierto recientemente que las hepáticas fosilizadas de rocas de 385 millones de años de antigüedad tenían células oleaginosas. Esta evidencia de células oleaginosas en hepáticas que vivieron en el Devónico sugiere que las plantas han fabricado terpenoides defensivos desde el principio. Los cuerpos oleosos fueron una importante innovación defensiva en las plantas terrestres, ya que los animales invertebrados también estaban en tierra por aquel entonces, y los animales con columna vertebral no se quedaban atrás. El «peztrápodo» *Tiktaalik* ya acechaba en las aguas poco profundas, presagiando la llegada a tierra de nuestros antepasados cuadrúpedos.

Dado lo bien que muchos terpenoides protegen a las plantas de los ataques, es difícil imaginar que algo se coma agujas infundidas con alfa-pineno, pero algunas orugas sí pueden. Aunque la mayoría de nosotros asociamos las orugas con las larvas de mariposas y polillas, las orugas también se encuentran en la familia de las moscas de sierra, que pertenece al mismo linaje que las hormigas, las abejas y las avispas.

Algunas moscas de la sierra son importantes plagas de los cultivos, llamadas así por el órgano epónimo que utilizan las hembras para depositar los huevos en el tejido vegetal. Las orugas de la mosca del pino solo comen acículas e incluso almacenan alfa-pineno y otros derivados de la trementina en bolsas especiales cerca de la cabeza. Si un depredador intenta atacarlas, las gotas mortíferas se acercan a la boca y se lanzan estratégicamente sobre el cuerpo del atacante, del mismo modo que se lanzaba brea de alquitrán caliente sobre los enemigos desde las maquinarias de los castillos medievales.

Las moscas del pino le han dado la vuelta a la función original de la resina —defensiva de las plantas— para utilizarla para sus propios fines, igual que hacemos los humanos. Los escarabajos del pino de montaña van un paso más allá. Estas plagas están asolando los pinares norteamericanos en medio de una sequía que empeora con el rápido calentamiento del clima.

Para ganar ventaja, los escarabajos utilizan los vapores de alfa-pineno y etanol emitidos por árboles debilitados de forma natural como señales para encontrar huéspedes. Parece extraño que las plantas produzcan etanol. Pero lo hacen en respuesta a la falta de oxígeno y al estrés hídrico, igual que nosotros producimos ácido láctico (que provoca esa sensación de ardor en los músculos) durante el ejercicio.

Una vez que un escarabajo del pino de montaña llega a un árbol huésped, el insecto empieza a atraer a otros escarabajos del pino de montaña utilizando una feromona de agregación llamada trans-verbenol. Esta feromona se fabrica a partir del alfa-pineno de la madera que los escarabajos consumieron como larvas en su árbol natal. El perfume a pino es un toque de clarín que desencadena un ataque masivo de escarabajos del pino en un solo árbol.

Esta agregación de cuerpos de escarabajos puede parecer contraintuitiva. Después de todo, ¿por qué un ataque masivo daría ventaja a un escarabajo individual en lugar de crear competencia? Cuando perforan el tronco, los escarabajos del pino de montaña liberan esporas de hongos de la mancha azul transportadas desde sus árboles natales. Los hongos que han desarrollado resistencia a la resina crecen en la madera y bloquean los canales o conductos de resina del árbol debilitado, neutralizando una de sus principales defensas. Cuantos más, mejor.

En Colorado, donde investigo en verano en el Laboratorio Biológico de las Montañas Rocosas sobre las interacciones entre plantas y animales, es frecuente encontrar muebles y paneles de madera fabricados con la madera de árboles infectados. Esa madera de pino «manchada de azul» es una novedad que se remonta al alfa-pineno, el veneno más delicioso que producen los árboles como defensa y que luego cooptan los escarabajos para atraer a los de su especie a colonizar y matar sus árboles huéspedes.

Pero puede haber demasiado de algo bueno para los escarabajos del pino de montaña. Aunque utilizan el alfa-pineno como reclamo químico, si un árbol produce niveles suficientemente altos, el producto químico puede frustrar los intentos de colonización de los escarabajos. De hecho, los árboles más antiguos del mundo, los pinos carrascos, tienen que agradecer al alfa-pineno su persistencia, al menos por ahora.

Los pinos carrascos, entre ellos el Matusalén de 4 853 años que vive en California, mi estado natal, producen hasta ocho veces más alfa-pineno que otras especies de pinos de Sierra Nevada meridional y la Gran Cuenca. Este exceso de alfa-pineno puede explicar por qué en las últimas décadas han muerto menos pinos carrascos por las plagas del escarabajo del pino de montaña que otras especies de pinos que crecen junto a ellos y han sido devastadas.

Por los análisis de los anillos de los árboles, que documentan los anillos lignificados que marcan el crecimiento anual que usted ha visto en secciones transversales de los troncos, sabemos que los escarabajos del pino de montaña llevan milenios atacando a los pinos. Pero los escarabajos no han dañado tanto a los pinos carrascos; estos árboles parecen haber ganado la partida —al menos por ahora— en parte, al parecer, por su elevada producción de resina cargada de alfa-pineno. Sin embargo, con el calentamiento y el secado, las tornas pueden cambiar y favorecer a los escarabajos del pino de montaña.

El alfa-pineno es tanto un atrayente como un elemento disuasorio para los seres humanos y otros animales, dependiendo de la dosis y el objetivo. Como elemento disuasorio, el alfa-pineno puede ser mortal, incluso para nosotros. Un trágico ejemplo: Ricardo García, conductor de un camión cisterna, se desplomó de repente mientras limpiaba el interior de su vehículo. Aunque sus compañeros le sacaron rápidamente del camión cisterna, no llevaba respirador. Lamentablemente, Ricardo murió en el hospital por exposición excesiva a los mismos vapores que yo buscaba bajo las ramas de las secuoyas costeras y las bahías de California para calmar mi mente.

Otra especie arbórea muy querida para mí, también aprovecha los terpenoides. Entremezclados con los abetos balsámicos del sendero que solíamos recorrer en Minesota había abedules de papel. Mi padre nos enseñó a mi hermano y a mí cómo podían utilizarse para hacer fuego. Aunque la superficie exterior de la corteza del abedul estuviera húmeda, sus capas inferiores secas se encendían fácilmente, debido a los terpenoides impermeabilizantes de la capa exterior de la corteza.

Los abedules ocupan un lugar especial en las culturas de los pueblos indígenas de las altas latitudes de Norteamérica, Europa y Asia, a menudo como árboles de la vida, ejes del mundo que conectan el cielo y la tierra. El poema «Abedules» de Robert Frost capta esta esencia:

Quisiera encaramarme a un abedul, trepar,/
por las ramas oscuras del blanquecino tronco y subir hacia el cielo,/
hasta que el abedul, doblándose vencido, me devolviese a la tierra.

Sus troncos de alabastro, su impermeabilidad y su inflamabilidad se derivan de un terpenoide conocido como betulina, que puede componer hasta el 35 % del extracto de corteza. Conocida desde 1788, la betulina es una de las primeras sustancias químicas vegetales aisladas.

Aislar esta sustancia química probablemente no fue tan difícil: si alguna vez ha frotado un tronco de abedul con la mano o ha cogido un tronco de abedul para echarlo al fuego, la sustancia polvorienta blanca que quedó en sus palmas era betulina. Más recientemente, los derivados de la betulina han demostrado ser prometedores como medicamentos anticancerígenos, antiinflamatorios y antivirales.

Las propiedades de la betulina para reflejar la luz hacen algo más que blanquear. Protegen la fina capa de células vivas del interior del tronco de los rayos solares que lo marchitan en invierno en latitudes altas. Mantener el frío en invierno puede parecer contraintuitivo, pero así se evitan peligrosos ciclos de congelación-descongelación que romperían las células de los troncos, igual que esos ciclos revientan las tuberías. La betulina también disuade el ataque de microbios y herbívoros.

Por supuesto, no sabemos si estas cualidades protectoras son la causa última de la evolución de la betulina. Pero ahora son algunas de sus funciones biológicas, y la corteza que contiene una alta concentración de betulina ha sido claramente adaptativa para los abedules de una forma u otra durante mucho tiempo.

Los científicos modernos no fueron los primeros en descubrir la utilidad del abeto balsámico y el abedul de papel, por supuesto. En Norteamérica, los anishinaabe —pueblos originarios— del noreste de Minesota dependen de estos dos árboles y lo han hecho durante generaciones. La corteza del abedul de papel recubre los tejados de los wigwams, las cajas de azúcar para recoger el sirope de arce y los cascos de las canoas, y la brea de abeto balsámico se aplica para sellar la corteza.

La corteza blanca, rígida pero suave, del abedul de papel también es impermeable y resistente a la putrefacción. Todas estas cualidades facilitaron su uso como soporte de pictogramas a través de las generaciones. Los antiguos y sagrados *wiigwaasabakoon*, pergaminos de corteza de abedul, pueden representar el lenguaje pictográfico más antiguo de Norteamérica. Los *wiigwaasabakoon* registran acontecimientos históricos, leyendas, mapas y rituales, y sirven como mide-wiigwaas, comunicando las prácticas del sacerdocio Midewiwin, o Gran Sociedad de Medicina. Ocultos en cuevas o árboles huecos o enterrados bajo tierra, los *wiigwaasabakoon* resisten la descomposición, gracias en parte a la betulina.

Una vez que nos mudamos a una hora al norte de Duluth y lejos del río, mi padre parecía igual de tranquilo durante nuestros paseos de fin de semana por los senderos del bosque de abetos balsámicos y abedules de papel. Allí nos hizo partícipes de su conocimiento de la naturaleza.

Pero tras la puesta de sol, su paquete nocturno de doce cervezas lo transformaba en un hombre totalmente distinto, atrofiado e incoherente. Los dipolos de Jekyll y Hyde parecían cambiar con los terpenoides de los árboles durante el día y el alcohol infundido de lúpulo por la noche. Aunque lo llevó al extremo, simplemente estaba haciendo lo que nosotros y nuestros antepasados hemos hecho durante los últimos cincuenta mil años o más: utilizar las toxinas de la naturaleza para trascender el sufrimiento.

El problema, como ya saben, es que la farmacopea de la naturaleza no se inventó para nosotros. Sus productos químicos, como el etanol que utilizamos para fabricar bebidas alcohólicas, evolucionaron mucho antes de que la biosfera tomara conciencia de sí misma a través de la conciencia humana. No se diseñó pensando en nosotros y no hay garantía de que lo bueno supere a lo malo.

UNA DESPENSA TÓXICA

El etanol es único entre las toxinas de la naturaleza porque no se puede clasificar fácilmente en una de las clases químicas que se suelen utilizar para clasificar los venenos que estamos analizando. Sin embargo, muchos organismos convierten el etanol en mevalonato, un precursor de los terpenoides en la vía de los terpenoides, por lo que el etanol encaja perfectamente con los terpenoides.

A pesar del AUD de mi padre, y como bebedor ligero que soy, no puedo evitar estar de acuerdo con el aforismo de Shakespeare de que «la buena compañía, la buena acogida, el buen vino, pueden hacer buenas personas». Desde luego, creo que soy más divertido cuando me he tomado una copa de champán, pero solo una.

Al mismo tiempo, aunque el alcohol es el lubricante social más utilizado, en la actualidad hay consenso en que, en general, *cualquier* consumo de alcohol, incluso una copa al día, conlleva riesgos para la salud, como un mayor riesgo de cáncer, enfermedades hepáticas, cardiopatías y muerte en accidente. Sin embargo, para las personas mayores de cuarenta años con mayor riesgo de enfermedades cardio-vasculares en determinadas poblaciones, alrededor de media copa al día se asocia a la protección contra los infartos de miocardio. Aun así, Health Canada recomienda ahora no beber más de dos copas a la se-mana, dado que los costes superan el ligero beneficio cardiovascular.

El consumo excesivo de alcohol es la tercera causa de muerte evi-table en Estados Unidos; la primera es el consumo de tabaco y la se-gunda, la mala alimentación y la falta de ejercicio. El consumo exce-sivo de alcohol mata a más de cuarenta mil personas al año solo en Estados Unidos.

Aun así, pienso tomar una copa de champán para celebrar la No-chevieja con Shane. Lo tomo a pesar de que sé que el AUD se ha co-lado en todas las ramas de mi árbol genealógico.

El etanol, como todas las toxinas naturales de las que hemos ha-blado, no evolucionó pensando en nosotros. La levadura de cerveza, que los humanos domesticaron a partir de cepas silvestres asociadas a la fruta, fermenta eficazmente los azúcares en etanol, de ahí el nom-bre del género *Saccharomyces,* u «hongo del azúcar». La capacidad de la levadura para producir alcohol evolucionó mucho antes de que existieran los humanos, probablemente como medio para que estos hongos sobrevivieran a la falta de oxígeno en las profundidades de la fruta en descomposición. En ausencia de oxígeno, las levaduras pue-den quemar la energía del azúcar si primero lo convierten en etanol.

La levadura de cerveza es resistente a los efectos tóxicos del etanol, mientras que la mayoría de los demás microbios no lo son. Así que una forma de verlo es que la levadura puede utilizar el etanol que pro-duce como defensa contra los microbios competidores que también colonizan la fruta. Así que, para la levadura de cerveza, el etanol es una reserva privada de energía venenosa, una despensa tóxica. Pero su resistencia tiene un límite: cuando los niveles de etanol superan el

20 %, incluso las células de levadura de cerveza perecerán en su propio brebaje casero.

Las moscas de la fruta *Drosophila melanogaster* que estudio viven gracias al nicho tóxico que se ha labrado la levadura de cerveza. Como dice el viejo chiste: «El tiempo vuela como una flecha; la fruta vuela como un plátano». Y no sirve cualquier plátano. Estos insectos prefieren la fruta madura que alberga la levadura productora de etanol.

Como era de esperar, las moscas de la fruta son resistentes a bajas concentraciones de etanol, como la levadura de la cerveza, pero a diferencia de la mayoría de los insectos. En determinadas concentraciones —alrededor del 3 % de alcohol en volumen—, el consumo de etanol incluso alarga su vida. Concentraciones superiores acortan su vida.

Pero la relación coste-beneficio cambia si hay avispas parasitoides al acecho. Mediante una estructura similar a una jeringuilla que emerge de su sección media, una avispa parasitoide hembra inyecta un único huevo en el cuerpo de una larva de mosca de la fruta, junto con una dosis de veneno y partículas similares a virus que suprimen el sistema inmunitario de la mosca. Tras eclosionar en la larva de la mosca, la larva de la avispa consume al hospedador justo después de que la larva de la mosca forme un puparium, que es la versión para moscas de la crisálida de una mariposa. La avispa utiliza este puparium prestado para metamorfosearse en adulto. En lugar de una mosca adulta emergiendo del puparium, una avispa adulta emerge del sarcófago.

Utilizando su sistema inmunitario, la larva de la mosca puede a veces matar el huevo de la avispa antes de que eclosione. Si eso no funciona, el huevo de avispa puede ser decapado en la sangre de la mosca por el etanol que la larva de mosca ha consumido, pero solo si las concentraciones de etanol son aproximadamente las mismas que las del vino, o alrededor del 10 al 15 %. Eso sí que es beber por estrés.

Dado que la larva de la mosca debe ingerir los alimentos cerca de donde ha nacido —al fin y al cabo, es un gusano—, la capacidad de su madre para discernir las concentraciones bajas de etanol de las altas es clave para su supervivencia si las avispas constituyen una amenaza. De hecho, las madres de la mosca de la fruta prefieren poner huevos en fruta en fermentación con mayores concentraciones de etanol, pero hay un truco. Solo lo hacen si han *visto* cerca avispas parasitoides. El coste de una dieta rica en etanol es una vida más corta para las moscas de la fruta. No obstante, en presencia de avispas, es un coste que merece la pena asumir: como hemos visto, la alternativa es peor.

La evolución ha enhebrado esta aguja, dotando a las moscas de receptores químicos para el etanol y de la capacidad de discernir los niveles de amenaza de los enemigos. Las moscas pueden sopesar el nivel de amenaza que supone el etanol tóxico, por un lado, y los parasitoides mortales, por otro.

Los parasitoides se llaman así porque son agentes infecciosos, pero deben matar a sus huéspedes para completar su propio desarrollo, como los xenomorfos de la película *Alien*. En cambio, los parásitos no siempre matan a sus huéspedes para completar sus ciclos vitales. Las avispas parasitoides madre utilizan un complejo brebaje de veneno y otros factores para suprimir el sistema inmunitario del huésped, de modo que sus crías empiecen a comérselo vivo desde dentro.

Para Charles Darwin, los parasitoides eran la prueba de la evolución. Darwin veía a las criaturas en sus propios términos. En su opinión, el sufrimiento de una larva de mosca o de una oruga ayudaba a enmarcar el argumento más amplio de la evolución.

Sabemos que Darwin tenía esta opinión porque el 22 de mayo de 1860 escribió una carta a su confidente, el botánico de Harvard Asa Gray, un cristiano devoto. Al principio, la carta trata de las reseñas de su nuevo libro, *El origen de las especies*. Al final, Darwin se refiere a la crítica de un teólogo y utiliza la existencia de parasitoides para rebatir sus argumentos. Darwin concluye que la existencia de las Ichneumonidae, una familia de avispas parasitoides que atacan sobre todo a las orugas, es una prueba de que la evolución, y no la mano de un creador, puede producir tales bestias:

En cuanto al punto de vista teológico de la cuestión, siempre me resulta doloroso. Me siento desconcertado. No tenía intención de escribir *ateísticamente*, pero admito que no puedo ver, tan claramente como otros lo hacen, y como me gustaría hacerlo, la evidencia del diseño y la beneficencia en todos los lados de nosotros. Me parece que hay demasiada miseria en el mundo. No puedo persuadirme de que un Dios benéfico y omnipotente haya creado los Ichneumonidae con la intención expresa de que se alimenten en los cuerpos vivos de las orugas, o de que un gato juegue con ratones. No creyendo esto, no veo ninguna necesidad en la creencia de que el ojo fue diseñado expresamente. Por otra parte, no puedo contentarme con contemplar este maravilloso universo, y especialmente la naturaleza del hombre, y concluir que todo es el resultado de la fuerza bruta. Me inclino a considerar que todo es consecuencia de leyes diseñadas, dejando los detalles, buenos o malos, a la acción de lo que podemos llamar *azar*. No es que esta idea me satisfaga *en absoluto*. Siento profundamente que todo el tema es demasiado profundo para el intelecto humano. Un perro podría especular sobre la mente de Newton. Que cada uno espere y crea lo que pueda.

La carta transmite que la lucha de Darwin por comprender la aparente crueldad inherente a la guerra de la naturaleza formaba parte de la misma lucha por comprender el sentido de la vida misma. Su última frase es especialmente conmovedora porque admite lo que la mayoría de nosotros sabemos en el fondo: que miramos a través de un cristal oscuro. Aunque hemos avanzado mucho en el discernimiento de la verdad sobre el universo físico, incluida la evolución de la vida, el misterio persiste.

Al igual que los parasitoides ayudaron a Darwin a enmarcar un argumento sobre la evolución, hay una lección importante en la despensa tóxica de la levadura de cerveza. Tanto la levadura como la mosca de la fruta aprovechan una toxina de su entorno para alimentarse y mantener a raya a sus competidores. Muy poca o demasiada toxina, y saldrán perdiendo. Para ganar la lucha por la existencia, cada una debe sopesar los beneficios y los costes del uso del etanol, lo que supone caminar por el filo de la navaja. La pregunta es: ¿somos realmente tan diferentes? En cierto modo, no lo parece.

Mi padre usaba etanol como su «medicina» nocturna. Se cree que el etanol imita al ácido gamma-aminobutírico (GABA), el neurotransmisor derivado de aminoácidos que el cerebro de todos los animales utiliza para amortiguar la actividad del sistema nervioso. De hecho, puede unirse a los propios receptores $GABA_A$. Como los receptores $GABA_A$ amortiguan la actividad cerebral cuando se activan, a menudo nos sentimos somnolientos después de beber. Beber alivió a mi padre de los graves dolores nerviosos que sufrió en un accidente de moto antes de que yo naciera.

Irónicamente, había sido atropellado por un conductor ebrio que se saltó un semáforo en rojo. El coche atravesó la intersección y no se detuvo después de atropellarle. Para evitar ser atropellado por otros coches, mi padre se agarró al vehículo y fue arrastrado durante varias manzanas. Perdió casi por completo la nariz y sufrió daños permanentes en los nervios del cuello.

Su gran dosis diaria de etanol probablemente también le ayudó a aliviar los efectos de las muchas otras conmociones cerebrales que había sufrido, incluida una por otro accidente de coche y muchas por partidos de fútbol americano en el instituto. En una de nuestras últimas conversaciones telefónicas, nos explicó entre lágrimas que, cuando era adolescente había sido la estrella del equipo del instituto. Tras quedarse inconsciente en un partido, se despertó y descubrió que un monje católico romano abusaba sexualmente de él en la sala de recuperación. Empezó a llorar y colgó bruscamente.

Además de hacer frente a los traumas físicos, la bebida es un mecanismo de supervivencia habitual tras los abusos sexuales. Sorprendentemente, fue bastante franco sobre el hecho de que había consumido más de cien mil cervezas en su vida para ahuyentar estos y otros demonios que le perseguían. Contó que su médico estaba asombrado de su vitalidad a pesar de haber bebido tanto.

Mi padre dejó de beber durante aproximadamente un año, mientras yo estaba en la escuela de posgrado, pero el central no aguantó. Al final, se deslizó por el filo de la navaja hacia el abismo. Tras su muerte, su creencia sincera de que el alcohol aliviaba por completo su sufrimiento cautivó mi mente científica.

Quería saber por qué el alcohol aliviaba su dolor, por qué se volvió tan dependiente de él —hasta el punto de que claramente le estaba matando— y por qué no podía dejarlo. Más allá de lo obvio —los accidentes y el abuso—, empecé a encontrar algunas respuestas ocultas a plena vista, a partir de mi propia investigación, justo cuando me trasladé a Berkeley, California, tras seis años como docente en Tucson, en la Universidad de Arizona.

Robert Dudley, colega de Berkeley, ha propuesto la hipótesis del «mono borracho» para explicar el extendido consumo humano de etanol dietético. Su libro homónimo se inspiró en la muerte de su propio padre, precipitada por el AUD. La idea principal de Dudley es que el etanol producido por la levadura de cerveza en la fruta puede indicar a los animales que la fruta está madura. Esta señal les ayuda a encontrar la fruta, al tiempo que aumenta la tasa de consumo y la dispersión de las semillas ingeridas.

La fruta madura que contiene etanol solo sería atractiva para aquellos animales capaces de desintoxicarlo y utilizarlo como fuente de energía. Entre los primates, los gorilas, los chimpancés y los humanos son, con diferencia, los más eficientes a la hora de desarmar el etanol como toxina, gracias a cambios ventajosos en las enzimas de desintoxicación del etanol que evolucionaron hace unos doce millones de años en un ancestro común.

Sin embargo, no todas las frutas se comen, por lo que quedan muchas para que la levadura las utilice y se multiplique en su interior. La planta y la levadura salen ganando gracias al azúcar: la levadura utiliza el azúcar de la fruta como fuente de energía, y el etanol que produce mata a las bacterias competidoras y atrae a los animales que comen fruta, que esparcen las semillas. Esta interacción es otro ejemplo de cómo las dos caras de las toxinas naturales están siempre presentes en la naturaleza.

El etanol es una despensa tóxica para las levaduras, un escudo químico para las moscas de la fruta, una forma potencial de que las plantas atraigan a los dispersores de semillas y, para nosotros, una fuente de energía y una droga psicoactiva que se une a los receptores $GABA_A$. Pero el etanol no es la única toxina natural que interactúa con estos receptores. Veamos algunas otras, incluidos algunos de los terpenoides de los que ya hemos hablado.

SHINRIN-YOKU Y LOS ÁRBOLES PARLANTES

Las hondas y flechas de la vida nos empujaron a mi padre y a mí a buscar refugio en el bosque en épocas similares de nuestras vidas: a los cuarenta años.

Por supuesto, no somos los únicos. Ahora sabemos, en gran parte gracias al trabajo de científicos de Asia Oriental, que el baño de bosque, o shinrin-yoku en japonés —encontrarse con un bosque con los cinco sentidos— puede aportar muchos beneficios para la salud, como la reducción del estrés, la ira, la ansiedad, la depresión y la fatiga y la mejora de la función inmunitaria, el estado de ánimo, la vitalidad y los patrones de sueño.

En un estudio de noventa y dos alcohólicos, los que recibieron terapia de baños de bosque informaron de una mejora significativa de los síntomas de depresión, que sufren la mayoría de los enfermos de alcoholismo y abuso de sustancias, en comparación con el grupo de control durante un periodo de tratamiento de nueve días. Este resultado coincide con mi propia experiencia con mi padre, cuya depresión sufría altibajos a lo largo de la vida y que practicaba su propia forma de baño forestal, ya fuera a lo largo del río Lester o en el pantano de Sax-Zim.

No sabemos con certeza por qué los baños de bosque tienen efectos tan positivos en la salud mental. Es posible que sus beneficios se deban simplemente a la respuesta psicológica al ejercicio, el aire fresco y el alejamiento de las muchas tensiones de nuestra vida moderna.

Sin embargo, como escribe Qing Li en *El poder del bosque. Shinrin-Yoku: Cómo encontrar la felicidad y la salud a través de los árboles,* muchos de los efectos positivos de caminar por el bosque son exclusivos de ese entorno: no se consiguen, por ejemplo, caminando por una ciudad. Hay algo especial en la esencia del bosque.

Una idea sobre el mecanismo subyacente a este efecto es que los volátiles (por ejemplo, el alfa-pineno) emitidos por los árboles pueden calmarnos. Una prueba de ello es que el alfa-pineno puede acelerar el sueño en ratones de laboratorio. Cuando se administra a los ratones por vía oral, el alfa-pineno se une y activa en nuestro cerebro los mismos receptores $GABA_A$ a los que se unen el etanol, los barbitúricos y las benzodiacepinas como el diazepam (Valium). Lo más probable es que las plantas que producen alfa-pineno tuvieran una ventaja evolutiva porque esta sustancia química se une al receptor $GABA_A$ de los insectos y suprime la herbivoría. Con mi colaborador Jia Huang y nuestros estudiantes, he estudiado cómo los insectos han evolucionado repetidamente los mismos cambios en la estructura del receptor $GABA_A$ durante los últimos cuatrocientos millones de años en respuesta a cócteles cada vez mayores de terpenoides que se unen a ellos, incluyendo terpenoides como el timol, que ayuda a dar al tomillo su sabor característico.

Las benzodiacepinas y otros fármacos que se unen a los mismos receptores $GABA_A$ son los medicamentos para dormir más recetados, incluido el zolpidem (Ambien). Estos fármacos tienen efectos hipnóticos, sedantes y ansiolíticos.

El neurotransmisor GABA se descubrió por primera vez como neurotransmisor inhibidor en cangrejos de río, lo que sugiere que tiene orígenes antiguos en cerebros animales. Las plantas también producen GABA. Las plantas lo utilizan del mismo modo que el ácido salicílico y otros compuestos afines: como molécula señalizadora y como toxina que suprime directamente la alimentación de los animales herbívoros, posiblemente al interferir con los receptores $GABA_A$.

Al igual que el zolpidem, el alfa-pineno provoca un efecto hipnótico, pero a diferencia del zolpidem, tiene la ventaja de no reducir la calidad del sueño en los ratones. A la luz de otros estudios realizados en animales de laboratorio, es posible que los efectos calmantes de los aceites esenciales volátiles que contienen alfa-pineno que utilizo en el difusor de mi dormitorio se deban a este mecanismo de unión al receptor $GABA_A$. En definitiva, estos y otros experimentos sugieren que los terpenoides volátiles como el alfa-pineno pueden ser en parte responsables de los beneficios para la salud de los baños de bosque.

En la literatura sobre baños de bosque, e incluso en los textos de marketing de productos a base de aceites esenciales, se utiliza la palabra *fitoncida* para referirse a una sustancia química vegetal que puede ser beneficiosa para la salud humana. Este oscuro término fue acuñado por el biólogo ruso Boris Tokin, que descubrió que muchas sustancias químicas de las plantas, incluidos los volátiles, tenían propiedades antibacterianas.

Por desgracia, Tokin se alineó con el Lysenkoísmo, un mecanismo de herencia pseudocientífico y desacreditado que provocó enormes fracasos en la agricultura soviética posterior a la Segunda Guerra Mundial. En consonancia con el entorno en el que se encontraba, Tokin utilizó un marco defectuoso basado en el bien de la especie para explicar por qué las plantas producían estas sustancias químicas. Sin embargo, este modelo no describe con exactitud cómo funciona la evolución.

Aunque su razonamiento fue incorrecto, Tokin comprendió correctamente que las plantas y los microbios producen sustancias químicas que sirven como defensas, y merece crédito por esta observación. También fue clarividente al plantear la hipótesis de que los volátiles producidos por plantas dañadas por plagas podían convertirse en mensajes químicos recibidos por otras plantas, los llamados árboles parlantes. Estos mensajes pueden incluso ser absorbidos por otras especies vegetales, que a su vez pueden aumentar sus defensas.

Ahora sabemos que las plantas utilizan sustancias químicas volátiles para «espiar» o, al menos, detectar las señales de sus vecinas y reconocer a las de su especie. Estos volátiles también pueden ser utilizados como señales por los enemigos de los enemigos de la planta.

Las avispas parasitoides, por ejemplo, utilizan los volátiles emitidos por las plantas heridas por herbívoros e incluso por los propios herbívoros como un SOS para que las avispas se posen en las plantas dañadas. Una vez que aterrizan en la planta, las avispas encuentran los insectos huéspedes que necesitan para completar su ciclo vital. Desde el punto de vista de las plantas, su relación con las avispas es como la de los peces limpiadores en las «estaciones de limpieza» que visitan los peces más grandes. Mientras flotan sobre estos puntos especiales, los

alfa-pineno

Ambien
(Zolpidem)

pececillos, a menudo lábridos, eliminan los parásitos de los peces más grandes. Este acuerdo entre especies es beneficioso para todos. En el ejemplo de la avispa y la planta, la planta descansa de los herbívoros y el depredador se alimenta.

A diferencia de los peces, las plantas infestadas de insectos plaga no pueden buscar por sí mismas a las avispas parasitoides. Para obtener ayuda, deben atraerla, a menudo mediante señales químicas, ya sea el resultado la polinización, la dispersión de semillas o la atracción de los enemigos de sus propios enemigos.

No está claro si los volátiles de las plantas evolucionaron con el fin de atraer a las avispas. Estas sustancias químicas podrían ser simplemente un subproducto de las hojas dañadas por los herbívoros. En cualquier caso, las avispas han aprendido a aprovechar las señales químicas de los árboles. Una de sus estrategias para encontrar insectos huéspedes son los volátiles que emiten las plantas dañadas. Este intercambio de bienes y servicios beneficia tanto a la planta como a la avispa. Así que, independientemente de la razón original, desde la perspectiva de la planta, el enemigo de su enemigo es su amigo.

Más allá del isopreno y el caucho, los tres terpenoides en los que nos hemos centrado hasta ahora en este capítulo —alfa-pineno, betulina y etanol— parecen tener poco en común a primera vista. Sin embargo, la betulina, al igual que el alfa-pineno, se une a los receptores $GABA_A$, puede prevenir las convulsiones en ratones y ha sido patentada como posible ansiolítico. Probablemente, el etanol también se une a los receptores $GABA_A$ imitando al propio neurotransmisor GABA. Además, las mutaciones que se producen de forma natural en los genes de los receptores $GABA_A$ que se expresan en nuestro cerebro están asociadas con el AUD.

Puede ser un accidente de la historia evolutiva que estas tres sustancias químicas sean dianas moleculares de los receptores $GABA_A$ en el cerebro de animales tan diferentes como los insectos y los humanos. Al fin y al cabo, los animales comparten un sistema nervioso que evolucionó en el océano mucho antes de colonizar la tierra.

Otra posibilidad es que la evolución haya favorecido a plantas y hongos capaces de producir sustancias químicas dirigidas al talón de Aquiles, que es el sistema nervioso animal, para alejar a los animales o atraerlos. Las plantas incluso utilizan algunas de estas sustancias químicas contra su propia especie. Como dijo el botánico ginebrino de Candolle, las plantas de un lugar determinado, que compiten por los mismos recursos, están perpetuamente «en guerra». Es posible que quisiera decir que las plantas compiten entre sí y que la reducción de los herbívoros y de los ataques de patógenos les da ventaja. Pero también podría haber una guerra directa entre plantas a través de venenos.

Gotas mortales, aloes amargos y miel loca

Shane y yo oímos un tremendo estruendo una madrugada de la primavera de 2017, cuando una tormenta torrencial invernal azotaba Berkeley. Miré por nuestra ventana orientada al sur y no vi nada inusual. Al parecer, estaba mirando en la dirección equivocada. Unos minutos después, oí que llamaban a la puerta. Era mi vecina, que parecía disgustada. Acababa de dejar a su hija en el colegio y nos informó de que se había caído un árbol en el aparcamiento que hay detrás de nuestro piso.

La seguí por la acera y me encontré con el tronco de un enorme eucalipto azul, una especie de eucalipto de al menos 30 metros de altura y 3 metros de diámetro, encima de mi coche. Los bomberos y yo nos reímos con incredulidad mientras caminábamos en fila india por encima del enorme tronco para inspeccionar los restos de mi Volkswagen Golf que estaba debajo, partido por la mitad y completamente aplastado. El olor de los terpenoides del biodiésel (esto era Berkeley, después de todo) y del eucaliptol nos quemaba la garganta.

Me habría matado al instante si hubiera estado en el coche cuando cayó el árbol. Aunque fue un acto de Dios, no pude evitar pensar que era una señal, dado que estudio los enemigos naturales de las plantas.

Curioso por saber por qué un bosque de eucaliptos australianos prosperaba en las colinas de East Bay, indagué en la biología de estos eucaliptos azules. La respuesta es poco interesante: se plantaron para obtener madera y como cortavientos. En mi búsqueda de respuestas, descubrí que tienen un lado retorcido más allá de su potencial para aplastar coches.

El goteo de la niebla da vida al bosque costero de secuoyas. Según los ecólogos Emily Limm y Todd Dawson, colegas de la Universidad de Berkeley, más de la mitad del agua que utilizan otras especies vegetales que viven bajo las secuoyas procede del agua que se condensa en la niebla que rodea las hojas de los árboles y gotea hacia el sotobosque.

Las copas de los eucaliptos azules también necesitan el goteo de la niebla para obtener agua. Pero el suelo alrededor de estos árboles está inusualmente desprovisto de otras especies vegetales, sobre todo fuera de su Australia natal. Cuando camino bajo los eucaliptos azules aquí en Oakland o Berkeley, todo está inquietantemente silencioso y muy abierto, incluso en los claros. Puede que una mano invisible esté desherbando este jardín. Las toxinas producidas por las hojas, la corteza y la madera de los eucaliptos azules se filtran en la humedad suministrada por el goteo de la niebla y se filtran en la tierra, donde, junto con la corteza, la madera y la hojarasca, pueden ayudar a impedir el crecimiento de otras especies de plantas e incluso de bacterias beneficiosas del suelo.

Las sustancias químicas del agua que se filtran en el suelo alrededor de los eucaliptos azules son terpenoides como el eucaliptol y el alfa-pineno. Además, contienen una dosis de fenólicos y flavonoides. Como se verá en un capítulo posterior, algunos de estos compuestos, en la dosis adecuada, pueden tener un efecto protector contra las enfermedades cardiovasculares y la diabetes cuando se consumen en café o té.

El fenómeno de que una planta inhiba el crecimiento de otra mediante la producción de toxinas liberadas al medioambiente se denomina *alelopatía,* que significa «causar sufrimiento a otra». Se necesitan experimentos para determinar si la alelopatía está realmente en juego, porque muchos otros factores, como la sombra y la falta de agua, pueden mantener los suelos de los bosques cercanos a los grandes árboles relativamente libres de otras plantas.

La cuestión es por qué un eucalipto azul evolucionaría para impedir el crecimiento de otras especies vegetales cerca de él. Podría ser la misma razón, al menos en parte, por la que las levaduras producen altos niveles de etanol: para ahuyentar a la competencia.

Al suprimir el crecimiento de otras plantas, la alelopatía puede impedir la competencia entre plantas por los recursos, incluidos el agua, los minerales e incluso la luz. Así que, a diferencia del eucalipto azul que golpeó mi coche, el goteo de niebla tóxica podría no ser un accidente de la naturaleza. La alelopatía también podría ser un subproducto de la función primaria de estos aleloquímicos como defensas de las plantas contra los herbívoros y patógenos que atacan a los árboles.

Por mucho que detestara el eucalipto azul que destrozó mi coche, el viento de eucaliptol que me encontré al salir del aeropuerto de Brisbane la primera vez que visité Australia me provocó una debilidad instantánea por estos árboles.

Me gusta mucho el olor y el sabor del eucaliptol, y no soy el único. Probablemente a usted también. El eucaliptol es el principio activo del aceite esencial de eucalipto. Este terpenoide volátil se encuentra en muchos miembros de la familia de la menta, como la albahaca, el romero, la salvia, la artemisa y el ajenjo, y en las familias de la margarita, el jengibre, la orquídea, la mostaza, el cáñamo y el laurel.

Hoy en día, el eucaliptol se utiliza ampliamente en la medicina alternativa y complementaria. Se emplea como antiséptico tópico, pastilla para tratar enfermedades respiratorias y en aromaterapia, aceites de masaje y muchos otros productos, desde velas y jabones hasta enjuagues bucales y pastillas.

Su uso generalizado puede engañarnos y hacernos creer que el eucaliptol solo puede tener propiedades beneficiosas porque está hecho para nosotros. Esta creencia es la *falacia de la apelación a la naturaleza*: si algo es natural, es intrínsecamente bueno para nosotros. En Australia, la sospecha de intoxicación por eucaliptol en niños, a menudo a través de vaporizadores, es una de las principales causas de llamadas a los centros de toxicología.

El consumo oral de incluso media onza de eucaliptol es extremadamente peligroso para los niños pequeños. Las convulsiones son un efecto secundario raro, pero mucho más frecuente que la muerte. Pero no quiero asustarle; la mayoría de los casos de consumo accidental por niños no son sintomáticos.

Por otra parte, las pruebas de los aborígenes australianos y, ahora, los ensayos clínicos aleatorizados, doble ciegos y controlados con placebo nos demuestran que el eucaliptol puede tratar con éxito diversas afecciones de salud, especialmente infecciones de las vías respiratorias altas como la sinusitis, la rinitis y la bronquitis. Entre los tratamientos de salud con éxito se incluye la aromaterapia, cuyo uso con eucaliptol incluso redujo los síntomas de demencia en pacientes de residencias de ancianos.

El flujo sanguíneo en todo el cerebro aumenta tras breves periodos de inhalación de eucaliptol en humanos, y el eucaliptol produjo efectos ansiolíticos en ratones cuando se administró por vía oral. El eucaliptol activa el «receptor del mentol» TRPM8 descubierto por los fisiólogos Diana Bautista (mi colega de Berkeley), David Julius y otros, y alivia algunos tipos de dolor, al tiempo que inhibe el «receptor del wasabi» TRPA1, que envía al cerebro las señales de dolor derivadas del calor o de los compuestos de las mostazas.

Las plantas no siempre utilizan el eucaliptol como veneno, y por *utilizarlo* me refiero a que la evolución por selección natural les ha favorecido. Las flores de las orquídeas también producen esta sustancia química, y las abejas macho de las orquídeas de Florida, México, América Central y América del Sur recogen el eucaliptol junto con otros aromas. Cuando estas abejas raspan las sustancias químicas de las flores, se adhieren inadvertidamente a sus cuerpos paquetes de polen de orquídea, ayudando así a polinizar las plantas cuando las abejas visitan otra planta de la misma especie.

Las abejas macho se sienten atraídas por las orquídeas porque las flores son la fuente de materias primas para los complejos perfumes que utilizan para atraer a las hembras al apareamiento. El proceso es muy parecido a cómo los escarabajos del pino de montaña utilizan las propias sustancias químicas de los pinos como perfume para atraer a otros escarabajos al mismo árbol.

Según los biólogos apícolas Philipp Brand, Santiago Ramírez y colaboradores, la competencia por las parejas mediada por distintas recetas de perfumes puede incluso producir nuevas especies de abejas. Descubrieron que tanto la capacidad de utilizar nuevas fuentes de olor para los perfumes elaborados por los machos como el origen de nuevos receptores de olor en las «narices» de las hembras (sus antenas) pueden evolucionar a la par. De este modo, puede formarse un estrecho vínculo evolutivo entre el origen de nuevas mezclas olfativas elaboradas por los machos y una novedosa apreciación de las mismas por parte de las hembras.

Las orquídeas, con más de treinta mil especies, son más diversas que cualquier otra familia de plantas. Las vainas de vainilla son en realidad los frutos de la orquídea vainilla, originaria de México, y las motas del helado de vainilla son sus innumerables y diminutas semillas. La vainillina es una sustancia química fenólica de estas semillas y una de mis favoritas.

La evolución de nuevas sustancias químicas volátiles en las orquídeas puede estar relacionada con la capacidad de la planta de recibir polen de otra planta o de que su polen se traslade a otra mediante el movimiento de un polinizador. A su vez, los nuevos ramilletes se favorecen a medida que las abejas macho buscan nuevas sustancias químicas para los perfumes que elaboran para atraer a las hembras a aparearse. Las hembras desarrollan entonces la capacidad de detectar y preferir las nuevas mezclas de perfumes. Las sustancias químicas que son venenosas en un contexto se convierten en perfumes en otros.

Mientras tanto, algunas plantas son empujadas por la selección natural a poner niveles mortales de toxinas en su néctar. Parece paradójico que una planta evolucione para envenenar a sus polinizadores, pero no todos los polinizadores tienen la misma capacidad para transportar el polen de una planta a otra.

La evolución puede favorecer a las plantas más capaces de atraer a los mejores polinizadores y filtrar a los ineficaces. La prueba más evidente de esta teoría se encuentra en la paleta de colores que ha evolucionado en las flores porque los distintos tonos atraen las capacidades visuales de los animales polinizadores que mejor mueven el polen. Las flores azules y violetas tienden a ser polinizadas por las abejas, mientras que las flores naranjas y rojas —colores que las abejas no ven bien— suelen ser polinizadas por los pájaros porque la mayoría de las aves ven bien el rojo. El naranja y el rojo son «canales» de color privados que las plantas evolucionaron para anunciar a sus «abonados» de variedad emplumada.

Una vez atraído por una flor, el visitante, ya sea un murciélago, una abeja, un pájaro o un bebé arbusto, es recompensado con aromas, néctar o polen. La planta gana porque, aunque el animal se alimente del polen, una cantidad suficiente se traslada a otra flor de la misma especie para compensar la pérdida.

Aunque los colores, formas y fragancias de las flores dominan nuestra percepción de ellas, algunas plantas utilizan toxinas para filtrar a los polinizadores de bajo rendimiento. Algunas de las toxinas mejor estudiadas son los compuestos fenólicos que hacen que el néctar de los áloes sudafricanos sea muy amargo.

Las abejas melíferas y los pájaros de pico largo, ambos nectarívoros, rechazan el néctar de las flores de áloe y no se les observa buscar alimento en ellas. En cambio, dos especies de aves de pico corto, el bulbul y el ojiblanco, acuden en bandadas a las flores, aparentemente sin inmutarse por el amargo néctar.

Desde el punto de vista del áloe, se trata de una buena combinación: los pájaros de pico corto son mucho más eficaces que los suimangas en la polinización de las numerosas pequeñas flores en forma de copa que recubren los tallos del áloe. Los compuestos fenólicos que se encuentran en el néctar del áloe también son producidos por sus hojas como defensas contra los herbívoros.

Estos fenólicos son también las mismas antraquinonas en las que los humanos han confiado durante miles de años como purgante llamado aloe amargo. Las toxinas proceden principalmente del látex que se encuentra en las capas externas de las hojas, no del gel rico en polisacáridos que se encuentra en el interior de las hojas y que nos aplicamos para calmar las quemaduras e incluso bebemos. Los fenoles amargos del néctar del áloe actúan como guardianes para que los animales mejor equipados para transportar el polen rico en proteínas puedan acceder y los herbívoros no puedan atacar.

Los aloes pueden parecer listos, astutos e inteligentes, pero no lo son, por supuesto. Tales virtudes requieren un cerebro. Sin embargo, estas plantas están exquisitamente adaptadas a la guerra de la naturaleza porque atraen a los buenos polinizadores y repelen a los otros manipulando la mente animal.

Los aloes no son las únicas plantas que la evolución ha transformado en cálices envenenados. Los terpenoides conocidos como grayanotoxinas se producen en todos los tejidos de las especies de *rododendro* y *azalea,* y en algunas variedades se encuentran también en el néctar de sus hermosas flores. Como detallaré más adelante, estas toxinas, las sustancias químicas activas de la «miel loca», fueron la base de las primeras armas químicas de la historia de la humanidad.

Las grayanotoxinas son potentes neurotoxinas que se unen a los canales de sodio activados por voltaje de las células nerviosas animales. A estos canales también se dirigen la tetrodotoxina de los tritones y los peces globo, las piretrinas de las margaritas, la aconitina del acónito y la batracotoxina de las ranas flecha venenosas y las aves pitohui de Papúa Nueva Guinea.

Cada una de estas neurotoxinas bloquea el funcionamiento normal de las células nerviosas. Esta acción provoca disfunciones del corazón y del sistema nervioso, parálisis y muerte. Onza por onza, estas toxinas de la naturaleza son algunas de las más mortíferas.

Las grayanotoxinas presentes en el néctar son mucho más perjudiciales para las abejas melíferas del norte de Europa que para los abejorros del norte de Europa. En Irlanda y Gran Bretaña, el *Rhododendron ponticum* es invasor, ya que se introdujo desde la península ibérica en el siglo XVIII. Las abejas melíferas de Irlanda y Gran Bretaña tienen veinte veces más probabilidades que los abejorros autóctonos de morir tras alimentarse del néctar de *R. ponticum.*

R. ponticum es también la fuente del néctar que utilizan las abejas de Turquía y el Cáucaso para fabricar la «miel loca». En particular, el historiador griego Estrabón, en *Geographica,* describe cómo se utilizó la miel tóxica para luchar contra el ejército de Pompeyo el Grande en el año 67 a. C. Los heptacomitas del Ponto (el reino persa de Mitrídates VI Eupator, «el rey del veneno»), en la costa sur del mar Negro, en lo que hoy es Georgia, pusieron de rodillas al ejército alimentándolo furtivamente con esta mezcla tóxica:

Los heptacomitas mataron a tres manípulos [600 hombres] del ejército de Pompeyo cuando atravesaban el país montañoso, pues mezclaron cuencos de la miel que producen las ramas de los árboles y los colocaron en los caminos; luego, cuando los soldados bebieron la mezcla y perdieron el sentido, los atacaron y se deshicieron fácilmente de ellos.

Lo que describió Estrabón es el primer relato escrito del uso de una toxina en la guerra.

Si las abejas melíferas son sensibles a la grayanotoxina, ¿cómo es posible que la miel tóxica se produzca a partir del néctar de *R. ponticum*? Las variedades de abejas melíferas de la región parecen haber desarrollado una resistencia a las grayanotoxinas y son las polinizadoras de *R. ponticum* en la región del Cáucaso.

Puede que esta miel venenosa sea el primer uso documentado de un arma química en la historia de la humanidad, pero sigue siendo muy utilizada en Turquía, donde se llama *deli bal,* y por el pueblo Gurung de Nepal, cuya flor nacional es un *rododendro*. Los Gurung utilizan la miel como alimento y analgésico, pero la demanda en Asia Oriental se ha disparado debido a sus supuestos poderes afrodisíacos.

Siguiendo los pasos del ejército de Pompeya, afectado por la grayanotoxina, otra arma basada en terpenoides fue utilizada en los confines de la república romana en batalla, aunque de forma diferente. En el año 54 a. C., el anciano Catuvolco, rey de los eburones galos, a los que el ejército de Julio César había conquistado, lideró una rebelión contra Roma. Al año siguiente, el ejército romano vengó el ataque con gusto. Catuvolco, demasiado viejo y débil para defenderse y reacio a rendirse, «se destruyó a sí mismo con el jugo del tejo», según el propio César.

Los tejos son gimnospermas, como las cícadas y los pinos. Los tejos producen un cóctel de potentes toxinas que la gente ha utilizado durante milenios para envenenar las puntas de las flechas, quitarse la vida o envenenar a sus rivales. Hay dos clases principales de toxinas en los tejos. La primera clase son los alcaloides taxina, que son venenos para el corazón, y la segunda clase son los diterpenoides conocidos como taxanos o taxoides, que afectan a la división celular. Juntas, estas toxinas suponen una barrera formidable para los herbívoros.

En un esfuerzo por encontrar sustancias químicas citotóxicas que pudieran ayudar a combatir las células cancerosas, el Instituto Nacional del Cáncer de EE. UU. aisló por primera vez un taxano llamado paclitaxel a partir del tejo del Pacífico. El compuesto resultó prometedor para impedir la división de las células tumorales y, con el tiempo, se aprobó para el tratamiento de varios tipos de cáncer. Afortunadamente, como los precursores del paclitaxel se encuentran en todos los tejos, el fármaco también puede fabricarse de forma semisintética. Más conocido por el nombre comercial de Taxol, este extraordinario agente quimioterapéutico antitumoral ha prolongado la vida de miles de enfermos de cáncer.

Aunque ya he hablado mucho de los terpenoides, aún no hemos terminado con ellos. Los dos capítulos siguientes se centran en dos clases de estas sustancias químicas que han desempeñado un papel fundamental tanto en la evolución como en nuestras vidas. En primer lugar, rastrearé los venenos cardíacos glucósidos desde el árbol de la flecha venenosa hasta las mariposas monarca, desde las dedaleras hasta los medicamentos para el corazón, y desde la piel de los sapos hasta la preeclampsia. Luego, concluiré el estudio de los terpenoides con un capítulo sobre cómo estos venenos cardíacos condujeron al desarrollo de hormonas a partir de toxinas vegetales, desde la píldora hasta el «secreto ruso».

4
PLANTAS REPELENTES DE PERROS Y DEDALERAS

> Vida que se arrastraba, vida que se deslizaba
> furtiva y nunca cerraba los ojos, vida que abría
> surcos y se escabullía, una vida tan quieta
> que era imposible distinguirla de las ramas de
> yedra en que yacía. Nacimiento, vida y muerte;
> todo tenía lugar en el envés de una hoja.
>
> TONI MORRISON, *Cantar de los Cantares*

MEADOWLANDS, ALGODONCILLOS Y MONARCAS

M i familia se trasladó al municipio rural de Toivola, cerca de la aldea de Meadowlands (Minesota), el verano anterior a mi ingreso en sexto curso. El momento permitió unos meses de exploración sin restricciones antes de que empezara la escuela.

Una vía de ferrocarril abandonada de treinta y nueve millas pasaba justo por delante de nuestra casa. La utilicé para entrar en la ciénaga de Sax-Zim.

Salpicado de abetos negros achaparrados, tamaracks y legiones de plantas de jarra septentrionales, el paisaje, parecido a una taiga, bien podría haber sido Alaska. Las plantas no estaban solas en este paisaje boreal. Aunque sigilosas, las liebres americanas y los lobos grises se delataban en invierno al dejar sus huellas en la nieve recién caída.

Recorrer el sendero es transportarse atrás en el tiempo. Cuando la capa de hielo Laurentino se retiró hace once mil años, dejó una depresión que formó un lago de agua de deshielo llamado lago glacial Upham. Las tierras bajas mal drenadas que incluyen la turbera son sus restos. Numerosas capas de turba, apiladas durante miles de años, conservan hasta hoy parte de su gélida agua de deshielo. Notoriamente fría en invierno, esta reliquia de la Edad de Hielo de Wisconsin era un refrigerador natural durante los veranos calurosos y húmedos.

Poco después de mudarnos, mi padre y yo recorrimos la zanja que discurría a lo largo de la carretera paralela al sendero. Mientras subíamos por el flanco de la antigua vía de ferrocarril, ambos nos fijamos en una gran mancha de algodoncillo, una planta de las que repelen a los perros o de la familia de las apocináceas. Las mariposas monarca revoloteaban sobre los orbes de flores púrpuras mecidas por el viento estival.

Desde la distancia, dedicamos unos minutos a contemplar este perfecto retrato de la naturaleza. Tuve un *flashback* a la guardería, cuando nuestra profesora se sentaba en su mesa con forma de riñón y dirigía un círculo de lectura dedicado a la serie de fotos del «arrendajo azul vomitando» del biólogo de la mariposa monarca Lincoln Brower en *Scientific American*. Mis compañeros chillaron de desaprobación cuando reveló la última foto, que captaba el momento en que el arrendajo azul vomitaba justo después de engullir a la monarca. Cuando la clase se calmó, la señora Bennett explicó que las mariposas contenían venenos que provocaban el vómito del ave.

Al oír esto, inmediatamente me vino a la mente el frasco de jarabe de ipecacuana que mis padres tenían en el cuarto de baño de casa. Nos habían ordenado tomar media cucharadita si mi hermano o yo habíamos comido o bebido algo venenoso. Su uso como emético estaba muy extendido: solo en 1984, sesenta y ocho mil niños estadounidenses en edad preescolar recibieron ipecacuana después de ingerir algo tóxico.

Resulta que la ipecacuana también es tóxica porque su principio activo es el alcaloide emetina, muy bien llamado. *Emesis* significa «el acto de vomitar». Irónicamente, aunque el jarabe de ipecacuana se utilizaba para prevenir el envenenamiento tras el consumo de una sustancia química tóxica, la emetina del jarabe de ipecacuana, al igual que los glucósidos cardíacos de la savia del algodoncillo, son venenos cardíacos en sí mismos: otro ejemplo de cómo las toxinas naturales pueden ser armas de doble filo.

La trágica muerte de la cantante Karen Carpenter en 1983 fue causada por «cardiotoxicidad por emetina debido o como consecuencia de anorexia nerviosa», según el informe de la autopsia. Por desgracia, el consumo de ipecacuana entre personas con trastornos alimentarios no era infrecuente.

El jarabe de ipecacuana se obtiene de las raíces de una planta de la familia del café originaria de Brasil. Los tupis de la costa atlántica la llaman *ipega'kwãi*. A mediados del siglo XVII llegó a Europa. Allí se utilizó como emético y tratamiento de la disentería hasta bien entrado el siglo XX. Hoy en día, sin embargo, es un tratamiento de último recurso para la disentería, debido a su toxicidad cardiaca, del mismo modo que los glucósidos cardiacos que se encuentran en las plantas de la dedalera y la dedalera son ahora desaconsejados como medicamentos. Por supuesto, mi mente de niño de cinco años no era consciente de estas complicaciones y estaba hipnotizada por la belleza y el peligro que entrañaba la monarca.

Como hemos visto con otras especies de colores vivos y brillantes, las alas de la monarca, de color naranja canela y lunares blancos y negros, no evolucionaron para que las admiráramos; las monarcas tienen ese aspecto porque son venenosas. Y su aspecto, como una señal de stop, envía una fuerte advertencia a los depredadores para que se lo piensen dos veces antes de atacar. Pero las monarcas no fabrican ellas mismas sus venenos, sino que los roban de las plantas.

Después de que mi padre y yo nos acercáramos a la zona de algodoncillo, partió una de las hojas por la mitad. De la hoja goteaba látex blanco. «A esto lo llaman algodoncillo», me dijo. «No lo comas nunca. Esa savia contiene venenos para el corazón».

Mientras seguíamos observando los algodoncillos y las monarcas a lo largo del mes siguiente, era fácil ver las orugas a rayas amarillas, negras y blancas que nacían de los huevos que las mariposas habían puesto en las hojas y se alimentaban, ajenas a nosotros, mientras aspirábamos el fragante perfume que desprendían las flores de los algodoncillos. Esta escena tropical estaba fuera de lugar en una ciénaga boreal, una obra de Henri Rousseau hecha realidad.

aspecioside

Las orugas de otras mariposas y polillas que vimos eran casi todas verdes y se confundían con la vegetación. Algunas, como las orugas cortadoras de hojas de arce que asolaban los árboles que rodeaban nuestra casa, incluso hacían pequeños refugios con hojas. En cambio, las orugas monarca exhibían sus llamativos colores a plena luz del día.

Sabía que los pájaros vomitaban si se comían una monarca, pero no entendía por qué. Mi padre me explicó que las mariposas eran venenosas porque, cuando eran orugas, habían ingerido toxinas de las hojas de algodoncillo. Los insectos almacenaban las toxinas en sus cuerpos durante toda la metamorfosis, desde una oruga con rayas de cebra a una crisálida rodeada en la parte superior por una diadema dorada, hasta la conocida mariposa de colores brillantes.

En el curso de biología de insectos del entomólogo Jim Poff, en la Universidad Saint John's, conocí una serie de artículos publicados entre 1965 y 1968. Los artículos revelaban que las toxinas de la monarca eran terpenoides llamados glucósidos cardíacos. Una de las principales toxinas de los algodoncillos que encontramos mi padre y yo es la conocida en inglés como *aspecioside*. Las monarcas obtuvieron estos venenos cardíacos durante su etapa de oruga. Pero las orugas hicieron algo aún más extraordinario: ¡concentraron la toxina a niveles aún más altos que los encontrados en el propio algodoncillo!

En al menos catorce casos, incluidos ejemplos en malas hierbas herbáceas, árboles tropicales, luciérnagas y sapos, las plantas y los animales han evolucionado de forma independiente para sintetizar glucósidos cardíacos como mecanismo de defensa. Entre las especies vegetales que contienen estos venenos cardíacos se encuentran la arveja, la dedalera, el eléboro, la malva de yute, el lirio de los valles, la adelfa, las orejas de gato (*Kalanchoe* spp.), la cebolla albarrana, el alhelí y los árboles relacionados con el suicidio y la tangena del género *Cerbera*. En Madagascar, la tangena se utilizaba en los juicios de ordalía, en los que se determinaba la culpabilidad o inocencia de los acusados cuando se les obligaba a consumir la nuez de la tangena, repleta naturalmente de glucósidos cardíacos. Más de 250 000 personas, en su mayoría esclavos, murieron a causa de esta práctica entre 1790 y 1863.

Las mariposas monarca evolucionaron hasta adquirir colores brillantes para advertir a las aves depredadoras y a otros depredadores de los glucósidos cardiacos amargos y eméticos que contienen. Las aves que intentan comerse una mariposa poco apetecible pueden aprender a asociar los colores brillantes con el sabor amargo del primer bocado. O si el ave va más allá de la degustación, se come el insecto y acaba vomitándolo, asocia la mariposa con el peligro, igual que los perros de Pavlov aprendieron a asociar el sonido de una campana con la comida. Las señales multicapa que aprovechan tanto las respuestas innatas como las aprendidas de los depredadores pueden encontrarse en los lugares más insospechados.

El canal tóxico de comunicación que fluye entre el emisor de señales (las monarcas) y el receptor (las aves) permite, por tanto, un acontecimiento migratorio extraordinario. Cada otoño, millones de monarcas migran hasta tres mil millas desde sus hábitats natales en el este de Norteamérica, como el pantano Sax-Zim de Minesota, hasta los bosques de abeto oyamel de Michoacán, México. Es el mismo lugar que visitaron sus bisabuelos o incluso tatarabuelos el año anterior.

La temperatura del aire de estas montañas subtropicales es la adecuada: lo bastante cálida para que las heladas no maten a las mariposas y lo bastante fresca para ralentizar su metabolismo y sobrevivir a los meses de escasez. Al igual que las mariposas, sus plantas hospedadoras de algodoncillo también son invasoras tropicales, que se trasladaron a las praderas septentrionales en algún momento tras la retirada de la capa de hielo Laurentino. Sin los algodoncillos, las monarcas no podrían reproducirse en la ciénaga ni se produciría su migración intergeneracional. Pero los algodoncillos no pueden desarraigarse y caminar hasta México para escapar del invierno. En su lugar, se refugian bajo tierra, donde sus tallos tóxicos y subterráneos descansan durante el invierno y vuelven a brotar en primavera.

MADRE HUTTON, MOMBASA Y MUTACIONES

Los glucósidos cardíacos que protegen a los algodoncillos de la mayoría de sus enemigos se llaman así porque afectan al funcionamiento del corazón. En 1953, el fisiólogo Hans Jürg Schatzmann descubrió que estas toxinas inhibían el movimiento del sodio y el potasio a través de las membranas de las células humanas. Casi cuarenta años después, en 1997, el bioquímico Jens Skou ganó el Premio Nobel de Química por descubrir la bomba de sodio potasio, a la que se unen los glucósidos cardíacos en estas células.

Skou descubrió que los glucósidos cardíacos inhiben la capacidad de la bomba para expulsar el sodio de las células e introducir el potasio en ellas, un proceso fundamental para que los nervios se activen y las células cardíacas se contraigan. Es en el corazón donde los glucósidos cardíacos transmiten tanto sus efectos de prolongación como de finalización de la vida.

El bulbo de la cebolla albarrana, que produce una hermosa flor y es pariente de los jacintos, también produce glucósidos cardíacos. Se menciona por primera vez en el Papiro Ebers de alrededor del año 1550 a. C. La planta se ha utilizado con fines medicinales desde hace miles de años, pero su uso para tratar dolencias cardíacas empezó a cobrar importancia en el siglo I de nuestra era, información que tenemos gracias al libro *De Medicina,* de Aulus Cornelius Celsus, quien la recomendaba de forma ignominiosa pero precisa para tratar la «hidropesía» o edema (acumulación de líquido) en los pulmones, que puede producirse tras un fallo cardíaco: «También es útil chupar una cebolla albarrana hervida».

En esta misma línea, el médico William Withering publicó en 1785 un estudio sobre otra planta que producía glucósidos cardíacos. Su investigación prefiguró el ensayo clínico tal y como lo conocemos. Trató con éxito a 164 pacientes que sufrían edemas con extractos de las hojas de la *Digitalis purpurea,* la dedalera. El informe, titulado «An Account of the Foxglove and some of Its Medical Uses» (Relato sobre la dedalera y algunos de sus usos médicos), condujo al uso generalizado de los glucósidos cardíacos para tratar dolencias del corazón.

En su informe, Withering relataba cómo la dedalera se utilizó, de hecho, por primera vez como remedio popular local. La siguiente cita del informe sugiere que la semilla podría haber sido plantada por «una anciana de Shropshire»:

En el año 1775 me pidieron mi opinión sobre una receta familiar para la cura de la hidropesía. Me dijeron que lo había mantenido en secreto durante mucho tiempo una anciana de Shropshire, que a veces había hecho curaciones después de que los practicantes más regulares hubieran fracasado.

digoxina

¿Cómo actúan exactamente los glucósidos cardíacos en el tratamiento del edema? Una dosis cuidadosamente dosificada inhibe la bomba de sodio-potasio (bomba de sodio en adelante) del corazón, tal y como descubrió Skou. Esta inhibición de la bomba de sodio provoca una acumulación de sodio en las células del corazón y, a su vez, eleva los niveles de calcio. Los niveles elevados de calcio refuerzan las contracciones de las células; las contracciones más fuertes aumentan la presión sanguínea y reducen el ritmo de contracción del corazón. La digoxina de la dedalera púrpura y la digoxina de la dedalera blanca fueron los principales glucósidos cardíacos utilizados hasta mediados del siglo XX. Las diferencias químicas entre estos dos fármacos quedan fuera del ámbito de este libro, pero su acción farmacéutica es similar.

Cuando la digoxina se convirtió en el fármaco de elección para muchas dolencias cardiacas, la empresa farmacéutica estadounidense Parke-Davis (ahora parte de Pfizer) inventó a finales de los años veinte el herbolario apócrifo «Madre Hutton» como encarnación de la «anciana de Shropshire» mencionada por Withering. Aunque no hay pruebas de que la Madre Hutton represente a una persona real, el relato de Withering es un ejemplo de cómo el conocimiento tradicional constituye la base de la mayoría de los medicamentos modernos derivados de la naturaleza.

La digoxina se sigue utilizando para modular la presión arterial y tratar afecciones cardíacas. Solo en Estados Unidos se recetaron más de 2,6 millones de recetas de digoxina en 2019. Sigue siendo uno de los medicamentos esenciales de la Organización Mundial de la Salud.

Otro glucósido cardiaco importante, como la digoxina, es la ouabaína o g-estrofantina. La ouabaína se produce en los llamados árboles de la flecha venenosa (*Acokanthera* y *Strophanthus*), nativos de África oriental, que, al igual que los algodoncillos, pertenecen a la familia de las beleñosas. La savia de estos árboles se utiliza como veneno para flechas y como medicina en diversas culturas indígenas del África subsahariana. Se dice que los wilé de Burkina Faso consideraban la ouabaína un regalo del paraíso que utilizaban como veneno o cura, según la situación. Cuando se conocieron sus poderes, la ouabaína se convirtió en el siglo XX en un popular tratamiento para las dolencias cardíacas en Europa.

La primera vez que los europeos tuvieron contacto directo con la ouabaína fue en 1505, cuando los portugueses saquearon Mombasa, en la actual Kenia. Los europeos y sus barcos fueron recibidos con una ráfaga de flechas con punta de ouabaína. Del mismo modo, los pueblos indígenas de la Amazonia, la península malaya, las islas indonesias, el suroeste de China y Filipinas cosechan el látex cargado de glucósidos cardíacos de varias higueras tropicales diferentes para preparar venenos para flechas y dardos. Una vez más, por un lado, la evolución se repite y diversas especies vuelven a desarrollar el mismo veneno y, por otro, los humanos aprovechan estos venenos de forma independiente una y otra vez.

En la misma línea, otros animales, además de la monarca y los humanos, también han desarrollado la capacidad de utilizar la ouabaína como arma defensiva. La rata de crin de África fabrica su propio veneno de ouabaína a partir de *A. schimperi*. Con rayas blancas y negras como la mofeta de dibujos animados Pepé Le Pew, la rata primero mastica la corteza de este árbol de flechas venenosas y luego unta lo masticado en una hilera especial de pelos esponjosos que recorren el lateral de su cuerpo. Los pelos actúan como mechas para retener la ouabaína, un eficaz escudo químico contra los ataques de los perros. Las rayas blancas y negras sirven de advertencia a los enemigos, igual que las de la monarca: cuidado con los colores llamativos.

Curiosamente, las monarcas y las ratas de crin no parecen verse afectadas por los glucósidos cardíacos que obtienen de las plantas. Es lógico que los glucósidos cardíacos no afecten a las plantas; al fin y al cabo, no tienen corazón ni bombas de sodio. Pero todos los animales tienen bombas de sodio. Esto plantea una pregunta: ¿cómo resisten estas toxinas los animales que las secuestran, como la monarca?

Tuve la suerte de tener la oportunidad de ayudar a responder yo mismo a esta pregunta, basándome en más de cincuenta años de investigación. Mi trabajo fue posible cuando el ecólogo evolutivo Anurag Agrawal y la bióloga evolutiva Susanne Dobler me invitaron a colaborar en un proyecto de investigación en 2012.

Decidimos utilizar la edición genética CRISPR para intercambiar con precisión las mutaciones en el gen de la bomba de sodio de la mosca de la fruta con las que se consideraban responsables de la resistencia a los glucósidos cardíacos en el gen de la bomba de sodio de la mariposa monarca. Al final, tras ocho años de trabajo (y muchos años de fracasos al intentar crear los mutantes), nuestro equipo, dirigido por dos investigadores postdoctorales de mi laboratorio, Marianthi «Marianna» Karageorgi y Simon «Niels» Groen, descubrió que las «moscas monarca» podían resistir niveles de glucósidos cardíacos en su dieta en concentraciones que probablemente podrían matar a una cabalgata de elefantes.

Al igual que las orugas monarca, las larvas de estas moscas alteradas conservaron incidentalmente algunos de los glucósidos cardíacos durante su metamorfosis en adultos. Tres mutaciones en el gen de la bomba de sodio sentaron las bases evolutivas de lo que Marianna llamó la «fabricación de la monarca». Fue emocionante reconstruir los pasos evolutivos dados por mariposas llamativas y tóxicas a lo largo de millones de años.

Pensé que esta investigación iba a ser el final de mi trabajo sobre los glucósidos cardíacos, pero no fue así. La capacidad de las monarcas para resistir los glucósidos cardíacos las protege de la mayoría de las aves, pero hay algunos depredadores que han traspasado el escudo químico.

En 1981, los ecologistas Linda Fink y Lincoln Brower estimaron que los picogruesos cabecinegros y los bolseros dorsioscuros consumían más de dos millones de mariposas monarca en los lugares de hibernación del insecto en México. Se trataba de una cifra asombrosa, que representaba el 9 % de la colonia, y ponía patas arriba el cuento que nos habían contado de que las monarcas eran venenosas para las aves. ¿Cómo habían superado estas aves las toxinas?

Como respuesta, Fink y Brower descubrieron que cada una de las dos especies de aves tiene una forma distinta de enfrentarse a las toxinas de las monarcas. Al igual que las monarcas, los picogruesos son fisiológicamente insensibles a los venenos del corazón, pero los bolseros son sensibles a ellos. Esta discrepancia se demuestra en el comportamiento de las dos aves en la naturaleza. Los picogruesos consumen el cuerpo entero de la monarca, pero los bolseros la diseccionan cuidadosamente, comiendo solo los músculos y el contenido intestinal, no el exoesqueleto, que tiene altos niveles de glucósidos cardíacos.

Además, los bolseros liberan habitualmente a las monarcas en el campo tras su captura; los picogruesos raramente lo hacen. Estos últimos podían, de alguna manera, resistir las toxinas, pero los dorsioscuros utilizaban tanto la percepción del gusto como comportamientos alimentarios para evitar a estas mariposas.

En 2021, Niels me escribió para decirme que había investigado la secuencia del genoma del picogrueso cabecinegro. La secuencia le permitió evaluar qué cambios genéticos habían evolucionado en el gen de la bomba de sodio de esta ave. Pueden adivinar lo que descubrió. Los picogruesos presentan los mismos cambios genéticos en sus genes de la bomba de sodio que algunos de los insectos resistentes a las toxinas que se alimentan de algodoncillo.

Este estudio monográfico es un ejemplo increíble del modo en que la guerra de la naturaleza evoluciona golpe a golpe mediante adaptaciones crecientes de defensa y contradefensa. Pero hay otra lección importante oculta en los detalles de cómo funcionan estos cambios genéticos en el gen de la bomba de sodio. Los glucósidos cardíacos solo pueden unirse a la bomba de sodio en un punto, el bolsillo de unión del glucósido cardíaco, y la toxina encaja en ese punto como una mano en un guante. La forma más sencilla de que la monarca desarrolle resistencia sería impedir que la toxina se uniera a ese punto. Este bloqueo puede lograrse con solo un puñado de mutaciones en el bolsillo de unión del glucósido cardíaco. El cambio genético en la monarca funciona así: cuando la molécula de glucósido cardíaco intenta unirse a la bomba de sodio, encuentra un guante cosido.

La siguiente pregunta es por qué evolucionó este talón de Aquiles del bolsillo de unión del glucósido cardíaco. Una posible respuesta revela una estrategia común en plantas, hongos y microbios. Se aprovechan de los cuerpos y las mentes animales, secuestrando neurotransmisores y hormonas que los animales y los humanos ya producen, ganándonos en nuestro propio juego. Desde los salicilatos hasta el GABA y, como veremos a continuación, los glucósidos cardíacos, muchas ramas diferentes del árbol de la vida utilizan un lenguaje químico común.

5

HORMONAS SECUESTRADAS

Todo tiene su tiempo, y todo lo que se
quiere debajo del cielo tiene su hora. Tiempo
de nacer, y tiempo de morir; tiempo de
plantar, y tiempo de arrancar lo plantado.

ECLESIASTÉS 3

EMBARAZO Y GLÁNDULAS DE SAPO

L ady Sybil, uno de mis personajes favoritos de *Downton Abbey*, murió durante el parto a pesar de los intentos del médico por salvarle la vida. La causa fue la preeclampsia, la aparición de presión arterial muy elevada durante el embarazo. Además, en la vida real, una persona de mi familia dio a luz a su bebé once semanas antes de lo previsto, también a causa de la preeclampsia. Entonces empecé a entender mejor por lo que pasan las personas y sus familias cuando sufren esta grave enfermedad.

Investigué un poco, para saber más y me topé con algo que me sorprendió: existía una posible conexión entre la preeclampsia y mi propia investigación sobre la mariposa monarca. Aún más asombroso fue ver cómo este posible vínculo podría explicar por qué los glucósidos cardíacos, que han evolucionado en tantas plantas e incluso en algunos animales, funcionan tan bien como toxinas. Los detalles siguen siendo confusos, así que les ruego que tengan paciencia conmigo mientras intento ponerles al día sobre un campo de la medicina tan cambiante y controvertido. Al hacerlo, consideraremos una hipótesis que explica por qué las plantas y otros organismos como los sapos y las luciérnagas evolucionaron para fabricar glucósidos cardíacos.

La preeclampsia es un importante problema de salud pública que afecta hasta al 8 % de los embarazos. Dos de los principales síntomas de la preeclampsia son la hipertensión, que acaba provocando la presencia de proteínas en la orina cuando los riñones empiezan a fallar. Si la preeclampsia no se trata, pueden producirse fallos orgánicos, derrames cerebrales, hemorragias y convulsiones.

Los antecedentes familiares, los trastornos autoinmunitarios, la obesidad, la diabetes y un embarazo anterior con preeclampsia son factores de riesgo. Aunque los síntomas aparecen más tarde en el embarazo, esta afección potencialmente peligrosa de hipertensión durante el embarazo se pone en marcha, a menudo sin detectarse, en el primer trimestre. Las causas específicas de la preeclampsia aún no están claras.

Curiosamente, una pista sobre sus causas procede del curioso caso de un hombre de cincuenta y seis años con hipertensión. Ingresó en el hospital con fibrilación auricular en 1983. Para estabilizar su corazón, se le trató con la típica dosis baja de digoxina. Como la diferencia entre la dosis terapéutica y la dosis letal es estrecha en el caso de la digoxina, los médicos midieron continuamente los niveles de digoxina en su sangre como medida de precaución.

Al cabo de dos meses, los médicos suspendieron el tratamiento con digoxina, pero siguieron controlando sus niveles en sangre. Observaron algo extraño. Los niveles de digoxina del hombre siguieron aumentando durante nueve días después de interrumpir el tratamiento.

Los médicos propusieron cinco posibles explicaciones para el aumento de los niveles de digoxina. La más intrigante era la última: «La quinta posibilidad es que hayamos medido una sustancia endógena similar a la digoxina».

Endógeno significa «de dentro», y los médicos estaban insinuando que una sustancia química parecida a la digoxina podría haber sido producida por el propio cuerpo del paciente como hormona, como el ácido salicílico que nuestros cuerpos parecen fabricar. Como he descrito antes, durante mucho tiempo se pensó que el ácido salicílico y su precursor, la salicina, solo eran producidos por plantas y bacterias, no por mamíferos como nosotros. Pero en su informe, los médicos citaban un trabajo que también hallaba pruebas de la presencia de «sustancias similares a la dedalera» en el plasma del 7 % de los pacientes que nunca habían tomado fármacos basados en glucósidos cardíacos como la digoxina.

La presencia de sustancias similares a los glucósidos en personas que nunca los tomaron se relaciona con la preeclampsia, ya que en 1984 los investigadores habían descubierto que los niveles de hormonas endógenas similares a los glucósidos cardíacos en la sangre de pacientes con preeclampsia eran dos veces superiores a los niveles en embarazos normales.

Poco después de este descubrimiento en pacientes con preeclampsia, se aislaron moléculas endógenas similares a los glucósidos cardiacos de la sangre humana y se descubrió que sus estructuras químicas eran idénticas a la ouabaína de las plantas y a la marinobufagenina del veneno de sapo. Así es, veneno de sapo.

En retrospectiva, quizá no nos sorprenda tanto saber que los humanos pueden fabricar glucósidos cardíacos. Por ejemplo, algunos sapos producen unos glucósidos cardíacos llamados bufadienólidos. Estos compuestos se almacenan en las glándulas parótidas, esas grandes protuberancias verrugosas situadas encima de cada hombro, justo detrás de los ojos. La marinobufagenina, uno de los glucósidos cardíacos más abundantes de los sapos, se llama así porque se aisló del *Bufo marinus,* el sapo de caña.

El uso del veneno de sapo como medicamento y como veneno era muy apreciado en la época de Shakespeare, como presagia la Primera Bruja de *Macbeth*:

En torno al caldero dad vueltas y vueltas
y en él arrojad la víscera infecta.

Que hierva primero el sapo que cría
y suda veneno por treinta y un días
 yaciendo dormido debajo de rocas:
que sea cocido en la mágica olla.

El veneno de sapo es la base de la antigua medicina china Chan Su, o Senso. En Japón, el veneno de sapo es un componente del anestésico tópico y medicamento Kyushin para el corazón. El veneno de sapo también se utiliza en los supuestos afrodisíacos vendidos como drogas callejeras llamadas «lovestone» y «rockhard», las cuales ya han causado muertes.

Luego está el niño de nueve años de Queensland (Australia) que, presumiblemente por diversión, consumió los huevos de un sapo de caña que encontró en un arroyo. Cuando su madre lo llevó a urgencias del hospital, vomitaba y estaba somnoliento. Su piel empezó a desarrollar cianosis, un tono azulado por falta de oxígeno.

Además de la cianosis tenía un latido irregular. Su corazón no bombeaba sangre correctamente. Su estado era tan preocupante que los médicos le administraron un antídoto intravenoso, un anticuerpo aislado de sangre de oveja que se uniría a la marinobufagenina. Las ovejas producían el anticuerpo porque se les había inyectado una forma modificada de digoxina procedente de la dedalera.

Cuando los anticuerpos derivados de la oveja entraron en el torrente sanguíneo del niño, la marinobufagenina del sapo de caña presente en su sangre se unió a los anticuerpos y el niño se recuperó. Existe una conexión con la preeclampsia: los científicos están considerando si este mismo anticuerpo podría utilizarse para tratar la preeclampsia. Esto se debe a que la preeclampsia se asocia a niveles más altos de lo normal de lo que podrían ser glucósidos cardíacos endógenos, o sustancias químicas que funcionan como ellos, en el torrente sanguíneo, lo que a su vez puede elevar la presión arterial.

Al parecer, nuestro cuerpo produce sustancias químicas que se asemejan a las estructuras o funciones de las toxinas que otros organismos, como las plantas y los sapos, utilizan como defensas químicas contra los depredadores animales. Sin embargo, esta suposición es muy controvertida, y no se conocen del todo las vías metabólicas precisas para la síntesis de estas sustancias químicas en los seres humanos.

Pero la marinobufagenina podría sintetizarse en nuestras glándulas suprarrenales y células placentarias, y la ouabaína en las glándulas suprarrenales y el cerebro.

Si producimos estas sustancias químicas como hormonas en pequeñas cantidades, entonces el bolsillo de unión a glucósidos cardíacos de la mayoría de los animales es una vulnerabilidad ideal para explotar como estrategia de defensa. Al utilizar los glucósidos cardíacos como toxina, las plantas y algunos animales pequeños como las luciérnagas y los sapos podrían estar simplemente aprovechándose de un antiguo talón de Aquiles que comparten la mayoría de los animales, un bolsillo de unión a glucósidos cardíacos que es accesible a los glucósidos cardíacos. Al sobreproducir hormonas que nosotros mismos y otros animales grandes producimos en cantidades ínfimas, una planta o un animal pequeño vulnerable puede dar a sus enemigos animales más grandes una dosis grande y tóxica de sus propias hormonas cardíacas. En dosis altas, los glucósidos cardíacos son venenos para el corazón, pero en dosis pequeñas, son hormonas y fármacos que dan vida. Otra espada de doble filo.

Los seres humanos y otros animales también utilizan un conjunto más familiar de terpenoides, como la melatonina y las hormonas sexuales estrógeno, progesterona y testosterona, para regular la reproducción y el desarrollo de sus cuerpos. No es de extrañar que algunas plantas también fabriquen imitaciones moleculares de estas hormonas, que utilizan contra los animales agresores. Cerrando el círculo, algunas de las mismas vías químicas necesarias para fabricar glucósidos cardíacos se utilizan también para fabricar hormonas sexuales.

Maximilian, la maternidad y los músculos

Aunque nadie lo sabía entonces, un oscuro artículo de investigación sobre la química de los glucósidos cardíacos publicado en 1944 por los químicos Willard Allen y Maximilian Ehrenstein cambiaría la historia. En el artículo, describían su éxito en la sustitución de un átomo de carbono en la posición 19 de una molécula de glucósido cardiaco llamada k-estrofina por un átomo de hidrógeno.

Aunque este resultado parezca trivial, era cualquier cosa menos eso. Con estos dos cambios, como alquimistas, transformaron la k-estrofantina en otro terpenoide llamado 19-norprogesterona, que es una forma de progesterona. La progesterona, más conocida como la hormona del embarazo, es la sustancia química activa de la píldora.

A mediados del siglo XX, existía un gran interés por desarrollar vías semisintéticas o totalmente sintéticas de progesterona para tratar trastornos menstruales y prevenir abortos. Cuando Allen y Ehrenstein inyectaron una pequeña cantidad de 19-norprogesterona en una coneja a la que se habían extirpado los ovarios, su útero desarrolló un revestimiento uterino compatible con el embarazo. Este resultado sugería que la 19-norprogesterona derivada de la k-estrofantina imitaba los efectos fisiológicos de la progesterona.

La progesterona se denomina la hormona del embarazo porque sus niveles aumentan justo después de la ovulación, desempeña un papel fundamental en la preparación del revestimiento uterino para la implantación del embrión y evita las contracciones prematuras que provocan abortos espontáneos. Y lo que es más importante, también bloquea la ovulación.

Sin embargo, la 19-norprogesterona fabricada por Allen y Ehrenstein era aceitosa y contenía varios estereoisómeros, sustancias químicas cuyas estructuras son imágenes especulares, cada una con efectos diferentes. Como este nuevo fármaco tendría que inyectarse, no iba a funcionar realmente como medicamento.

No obstante, su descubrimiento sentó las bases para el desarrollo de la primera píldora anticonceptiva oral. Esta innovación acabaría transformando los derechos de la mujer y la planificación familiar, ya que permitía a las personas que podían quedarse embarazadas decidir si lo hacían y cuándo.

En esta época también se estaban llevando a cabo otras investigaciones sobre las hormonas. A principios de la década de 1940, varios laboratorios aislaron e identificaron de forma independiente hormonas que, como el cortisol, se sintetizan en las glándulas suprarrenales. Los nazis administraban estas hormonas a los pilotos de la Luftwaffe, creyendo que mejorarían la hipoxia. En realidad, las hormonas no hacían tal cosa, pero esta creencia errónea catalizó el desarrollo de un proceso industrial de síntesis de hormonas.

En 1940, los químicos Russel Marker y John Krueger adoptaron un enfoque diferente recurriendo a las plantas. Lograron sintetizar progesterona en un puñado de pasos utilizando diosgenina, una saponina extraída del trillium rojo, a veces llamada raíz de nacimiento, una planta utilizada en algunas culturas nativas americanas para ayudar en el parto o para tratar la menstruación irregular. Pero el trillium rojo era una planta pequeña y efímera en primavera: los investigadores necesitaban plantas más grandes que produjeran más cantidad de la sustancia química precursora. Marker también leyó que en 1936 los científicos japoneses habían aislado la diosgenina del ñame *Dioscorea tokoro*. Sabiendo que había parientes del ñame japonés nativos de los desiertos cálidos de Norteamérica, cogió su coche y condujo desde Pensilvania hasta el suroeste de Estados Unidos y México en busca de un ñame emparentado para utilizarlo como fuente de diosgenina.

Marker encontró lo que buscaba en México y se decidió por la *D. mexicana*, un ñame no comestible que produce tubérculos ricos en diosgenina de más de cien kilos de peso. Como encontró una buena fuente de diosgenina en México, se instaló allí. Marker renunció a su puesto de profesor en Penn State y fundó la empresa Syntex (acrónimo de Synthesis y Mexico) en México. El objetivo era utilizar las plantas como fuente de los precursores necesarios para sintetizar hormonas esteroideas que, como la cortisona, eran muy buscadas como fármacos.

En 1945, Carl Djerassi, químico de veintiséis años y refugiado judío-austríaco, fue contratado por Syntex. Basándose en el trabajo de Marker, que había comenzado con el trillium rojo y el ñame *D. mexicana*, Djerassi se convertiría en uno de los «padres de la píldora». El equipo de Syntex empezó a utilizar el ñame barbasco, *D. composita*, que contiene varias veces más diosgenina que la *D. mexicana*. Históricamente, las propiedades medicinales del ñame barbasco eran muy utilizadas por los indígenas de México para provocar abortos y para aturdir y capturar peces. *Barbasco*, cabe señalar, es un término español para «plantas con propiedades venenosas para los peces».

Solo un año después de llegar a Syntex, Djerassi y el químico húngaro-mexicano George Rosenkrantz y el resto de su equipo sintetizaron con éxito estrógeno, cortisona y testosterona a partir de diosgenina. A continuación, pusieron sus miras en el desarrollo de una progesterona semisintética.

Como punto de partida, Djerassi se inspiró en los experimentos de Allen y Ehrenstein. Intentó repetirlos, pero en lugar de sintetizar 19-norprogesterona a partir de k-estrofantina, utilizó la diosgenina, más fácil de obtener.

Djerassi y su equipo no tardaron mucho en sintetizar con éxito la 19-norprogesterona a partir de la diosgenina. Fue un paso importante, pero no les dio el fármaco que buscaban: Al igual que el producto que Allen y Ehrenstein habían sintetizado, la 19-norprogesterona de Djerassi era aceitosa e insoluble en agua. Debido a estas propiedades, nunca funcionaría como píldora, ya que no se absorbería en el torrente sanguíneo.

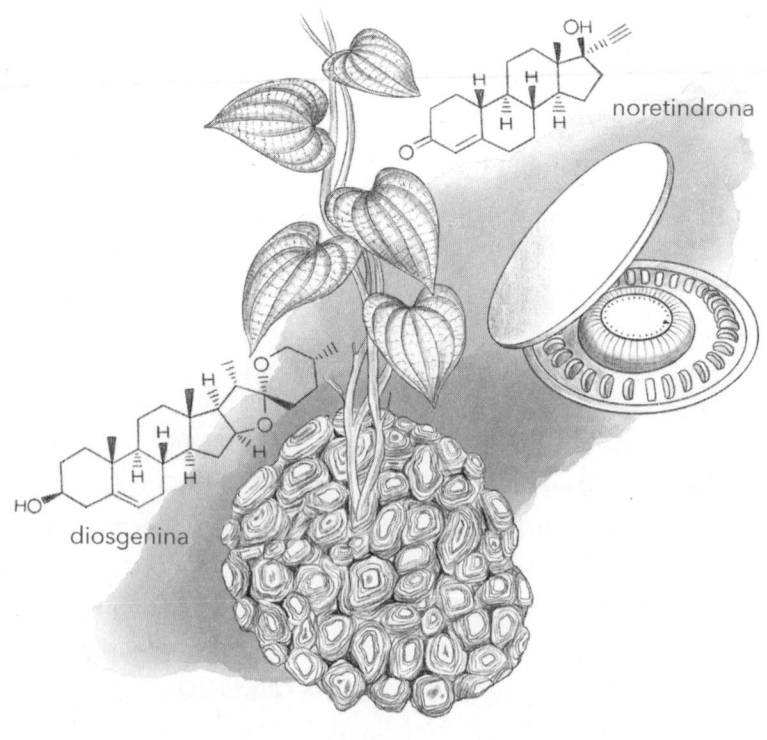

noretindrona

diosgenina

En su lugar, el equipo recurrió a la 19-nortestosterona como punto de partida. Al igual que Allen y Ehrenstein, cambiaron el carbono de la posición 19 por un hidrógeno. El cuaderno de laboratorio de Luis Miramontes, de veintiséis años, estudiante universitario de la Universidad Nacional Autónoma de México que trabajaba bajo la dirección de Djerassi en aquella época, revela el momento en que Miramontes sintetizó por primera vez la 19-nor-17-etiniltestosterona pura, que se encuentra en la mayoría de las versiones de la píldora utilizadas en la actualidad: 15 de octubre de 1951. Me gusta contar esta historia a mis investigadores universitarios: en un entorno de formación adecuado, cualquiera puede hacer un descubrimiento científico importante.

La hormona sintetizada se probó en animales y resultó ser el anticonceptivo oral más eficaz conocido. El equipo solicitó la patente y, en 1952, Djerassi, Miramontes y el resto del equipo publicaron oficialmente sus hallazgos. El fármaco pasó a llamarse noretindrona, inicialmente autorizado por Parke-Davis en Estados Unidos.

Las grandes mentes a menudo piensan igual. En 1953, Frank Colton, un químico que trabajaba para G. D. Searle & Co., registró la patente de una sustancia química casi idéntica, un isómero de la noretindrona llamado noretinodrel. Cuando se ingería la sustancia, el entorno ácido del estómago convertía el fármaco de Colton en noretindrona.

Ambos fármacos impedían la ovulación, pero el de Searle fue el primero en salir al mercado y recibió la aprobación de la FDA en 1960. Aunque el equipo mexicano fue el primero en descubrir la noretindrona, las grandes farmacéuticas les arrebataron la primicia comercial.

Aun así, Syntex siguió trabajando y obtuvo la aprobación de la FDA dos años más tarde, y en 1964 varias grandes empresas farmacéuticas se interesaron por su versión. Ortho (entonces una división de Johnson & Johnson), Syntex y ParkeDavis acabaron utilizando la noretindrona de Syntex en la versión más utilizada de la píldora. En la actualidad, la soja ha sustituido al ñame como base para la síntesis de estos análogos hormonales de importancia crítica.

Sin embargo, sigue habiendo interés por los extractos de ñame como remedios «naturales» para diversos trastornos ginecológicos. De hecho, si se busca en Internet la palabra *diosgenina*, se encontrará a la venta una gran variedad de productos que la contienen, incluidas cremas y suplementos dietéticos, a menudo derivados del ñame silvestre, el fenogreco o la soja, tres plantas lejanamente emparentadas. Sin embargo, no hay pruebas de que la diosgenina sea convertida por nuestro propio cuerpo en hormonas que puedan imitar los efectos de la progesterona.

En 1935, el entomólogo y fisiólogo Gottfried Fraenkel descubrió una de las funciones de la diosgenina en las plantas. Utilizando moscas que crecieron a partir de un trozo de carne que había dejado accidentalmente en su laboratorio de Londres, Fraenkel descubrió la hormona 20-hidroxidisona, o 20E, que los insectos necesitan para desprenderse de sus exoesqueletos a medida que crecen.

Algunas plantas sintetizan de forma endógena 20E a partir de diosgenina y la utilizan como una forma de castigar a los insectos herbívoros, ya que si estos la ingieren, en muchas especies, su muda y reproducción se ven perjudicadas. Miles de especies vegetales pueden imitar esta hormona y, en los casos más extremos, estas sustancias químicas constituyen hasta el 3 % del peso de la planta.

La versión vegetal del 20E se comercializa agresivamente a (y es utilizada por) atletas y culturistas porque muchos creen que funciona para aumentar la masa muscular y la fuerza. De hecho, el 20E puede haber sido el ingrediente principal del «secreto ruso» de los años 80, que es, por ahora, un suplemento legal. La justificación del uso de 20E por los atletas es que estos esteroides procedentes de plantas son agentes anabolizantes naturales que se diferencian de los esteroides anabolizantes androgénicos (comúnmente llamados esteroides anabolizantes) en algunos aspectos importantes.

¿Desencadena realmente el 20E el crecimiento de nuevos músculos? Para averiguarlo, la Agencia Mundial Antidopaje encargó un ensayo aleatorizado, doble ciego, y controlado con placebo para comprobar si el 20E afecta al crecimiento muscular y al rendimiento. El tamaño de la muestra era pequeño; solo cuarenta hombres reclutados completaron el estudio de diez semanas. Sin embargo, la suplementación con 20E aumentó claramente la masa muscular y el rendimiento. En total, los efectos del 20E fueron incluso más potentes que los registrados con el esteroide anabolizante metandienona, prohibido en el deporte.

Sin embargo, conviene hacer una advertencia. Se necesita más investigación antes de tomar cualquier decisión sobre la prohibición de la 20E. La hormona 20E podría actuar de la siguiente manera para aumentar la masa muscular y la fuerza: aunque los esteroides anabolizantes se unen al receptor de andrógenos para aumentar la masa muscular, la 20E se une al receptor beta de estrógenos. Cuando se activó experimentalmente el receptor beta del estrógeno, como se cree que hace el 20E, en ratas, las fibras musculares esqueléticas de los músculos grandes aumentaron drásticamente de tamaño. Así pues, el 20E puede unirse al receptor beta del estrógeno y desencadenar el crecimiento del músculo esquelético. Estos resultados experimentales son una prueba más de las propiedades del 20E para el desarrollo muscular.

El 20E puede tener algunas desventajas, ya que los músculos esqueléticos no son los únicos tejidos que crecen en respuesta a esta hormona cuando se toma. Existe la preocupación de que el 20E también pueda unirse a los receptores mineralocorticoides y provocar un crecimiento excesivo de los riñones y la consiguiente enfermedad renal, como ha ocurrido en animales de laboratorio.

La evolución del 20E, un esteroide fabricado por las plantas que imita a las hormonas de los insectos, no tiene absolutamente nada que ver con nosotros, a pesar de cómo afecta a nuestro organismo. Los altos niveles de 20E producido por plantas y precursores como la diosgenina probablemente evolucionaron para defenderse de los artrópodos, no para ayudar a los gimnastas a ganar ventaja en las barras paralelas. De nuevo, en esta situación, las plantas están fabricando hormonas animales que les ganan en su propio juego. Los humanos simplemente hemos interceptado estos análogos y los hemos utilizado como herramientas.

¿Adónde nos lleva este tortuoso viaje desde Maximilian Ehrenstein, los ñames mexicanos, la maternidad y la masa muscular? Se puede trazar una línea desde el fármaco más influyente jamás inventado, la píldora, hasta los tubérculos cargados de diosgenina y repelentes de herbívoros de los ñames silvestres de México, la raíz de nacimiento del trillium rojo de los nativos americanos y la ouabaína de las flechas con punta venenosa que el pueblo giriama utilizaba para defenderse de los invasores portugueses en 1505.

Al igual que nosotros utilizamos las toxinas de las plantas para aumentar nuestras hormonas, también lo hacen algunos animales. La notable historia que sigue nos conectará con los tres capítulos siguientes, todos ellos centrados en los alcaloides.

LOS TOPILLOS MONTANOS Y LA MELATONINA

La casa de mi familia, situada junto a la ciénaga de Sax-Zim, estaba rodeada por dos lados por un viejo campo utilizado para hacer heno. Poco después de mudarnos allí, mi hermano y yo cavamos algunos hoyos en su linde para ver qué animales podíamos capturar. Los más comunes en nuestras trampas eran los metoritos de pradera, unos roedores ratoniles emparentados con los hámsters. Aunque yo entonces no lo sabía, el ciclo reproductivo de estos topillos estaba bajo la influencia de las toxinas producidas por las gramíneas, su alimento favorito.

Treinta y cinco años después, estos topillos volvieron a entrar en mi vida mientras caminaba por la carretera comarcal de Vermont a finales de otoño. El arado de nieve acababa de pasar tras una tormenta temprana, y los bancos de nieve tenían varios metros de altura. Estaba a punto de subir por nuestro camino de entrada cuando vi a un pequeño roedor que corría frenéticamente de un lado a otro de la carretera helada, atrapado por los bancos de nieve. Llevaba guantes gruesos —no lo intenten en casa, por muchas razones— y agarré suavemente al topillo para ayudarle a superar el banco de nieve. Como era de esperar, me mordió el guante y lo solté rápidamente en un montón de maleza. Me pregunté qué hacía el topillo en plena tormenta de nieve y recordé que los topillos no hibernan. La repentina tormenta debió de pillarlo desprevenido.

La lección es que las estaciones no siempre cooperan con el calendario; el otoño puede llegar pronto, y la primavera, tarde. La siguiente parada sabática después de que Shane y yo dejáramos Vermont fue

Santa Fe, Nuevo México. Aunque esperábamos un día soleado cuando nos despertamos en nuestra primera mañana allí, a principios de marzo, una capa fresca de nieve había caído sobre los enebros y los piñones.

Además de estar activos durante todo el invierno, los topillos viven poco tiempo, a menudo solo un año. Por tanto, desde la perspectiva de los topillos, un indicador más preciso del suministro de alimentos que la duración del día o la cota de nieve es el flujo y reflujo de la vegetación que comen. En latitudes y elevaciones altas, con estaciones de crecimiento cortas, animales como los topillos deben ser capaces de predecir las estaciones.

Resulta que los ciclos reproductivos de los topillos, incluidos los de las Montañas Rocosas que vivían en los prados de hierba alrededor de la casa que alquilamos en Santa Fe, están estrechamente ligados a la cantidad de hierba disponible. La disponibilidad de hierba depende a su vez del impredecible clima de las Montañas Rocosas. En algunos años, un deshielo primaveral temprano estimula el crecimiento del pasto salado, uno de los favoritos de los topillos. Cuando se produce este extraño deshielo, los topillos están listos para atacar y pueden sacar una camada temprana de crías aprovechando el alimento tras un largo invierno viviendo de la hierba muerta bajo la nieve.

Uno de los grandes interrogantes era cómo los topillos montañeses podían reproducirse tan rápidamente en respuesta a estos reverdeceres periódicos de principios de primavera. Es como si hubiera una señal oculta en la naturaleza que les dijera que empezaran a tener crías en el momento adecuado: un año a finales de febrero y al siguiente a finales de marzo.

Estos ciclos de auge y caída también se dan en otros roedores. En noruego se habla incluso del año del ratón (*museår*) o del año del lemmini (*lemenår*). Algunos de estos ciclos alternantes de los topillos se explican por los aumentos y disminuciones concomitantes de la cantidad de vegetación y, por increíble que parezca, de las toxinas que producen las hierbas.

Las gramíneas representan unas doce mil especies en todo el mundo. Dependemos de las gramíneas más que de cualquier otra familia de plantas para nuestras necesidades nutricionales diarias. La cebada, el maíz, el mijo, la avena, el arroz, el sorgo, la caña de azúcar y el trigo proporcionan en conjunto más de la mitad de nuestra ingesta calórica diaria. A otros animales también les gustan las gramíneas y, como resultado, la evolución ha dotado a estas plantas de toxinas antiherbívoros que abundan en sus hojas, tallos y raíces.

Uno de los protectores químicos más eficaces que producen las gramíneas es en realidad un precursor de toxina, o protoxina, llamado 2,4-dihidroxi-7-metoxi2H-1,4-benzoxazin-3(4H)-ona, o DIMBOA. Es un trabalenguas, pero el DIMBOA es un indol, una clase de sustancias químicas derivadas del aminoácido triptófano. A su vez, los indoles pertenecen a la clase de los alcaloides.

Las gramíneas utilizan el DIMBOA para defenderse de un grupo diverso de atacantes. Su categorización como protoxina significa que cuando un animal hiere a la planta, una enzima ya producida por esta convierte el DIMBOA en la toxina activa 6-MBOA. Cuando los herbívoros ingieren 6-MBOA, la mayoría de ellos lo encuentran amargo e intragable. Sin embargo, algunos herbívoros, como los topillos, han desarrollado formas de superar el desagrado y los efectos negativos del 6-MBOA.

Aunque el 6-MBOA constituye una excelente defensa para las gramíneas, algunos insectos y gusanos nematodos también han evolucionado para sortear sus efectos tóxicos y han encontrado un nicho en las gramíneas. Estos herbívoros que se alimentan de gramíneas pueden detectar el 6-MBOA y utilizarlo como marcador para encontrarlas, ya que solo las gramíneas y sus parientes cercanos producen esta sustancia química. En otras palabras, el 6-MBOA traiciona la identidad de las plantas que estos animales especializados necesitan para completar sus ciclos vitales.

Los topillos montanos van aún más lejos. En 1981, los investigadores descubrieron que el 6-MBOA de las hierbas que comen los topillos puede desencadenar la reproducción en estos mamíferos. La estructura química del 6-MBOA revela que es un análogo de la melatonina, una hormona esencial producida por la glándula pineal en el cerebro de todos los mamíferos. Se une a los receptores de melatonina en el cerebro y es un regulador maestro del ritmo circadiano, el ciclo vigilia-sueño, y controla cuándo los animales comienzan y dejan de reproducirse. Millones de personas utilizan la melatonina para conciliar el sueño porque puede anular la respuesta del organismo a la duración del día. Las plantas también producen melatonina, al parecer como respuesta al estrés ambiental. Se trata de otro caso en el que la misma hormona es producida tanto por plantas como por animales.

Pero los humanos no son los únicos animales que se dosifican con melatonina, o al menos con sustancias químicas similares. Los topillos a los que se administró 6-MBOA tenían un útero más grueso, ovarios más pesados y folículos más maduros que los que recibieron solución salina. Y lo que es aún más increíble, el 6-MBOA alteró la proporción de sexos de sus camadas, que se decantó por las hembras en detrimento de los machos.

Los investigadores han formulado la teoría de que el 6-MBOA estimula la producción de melatonina en las glándulas pineales de los topillos o incluso puede unirse a los receptores de melatonina del cerebro. Estas acciones influirían a su vez en otras hormonas implicadas en la reproducción.

¿Cómo podría funcionar en la naturaleza la conexión entre el 6-MBOA y la reproducción? Los niveles de su precursor, el DIMBOA, en las gramíneas están ligados a su abundancia. Al principio de la temporada de crecimiento, hay poca DIMBOA, pero los niveles aumentan rápidamente a medida que crecen las gramíneas. Por consiguiente, el 6-MBOA es un fiel indicador de la cantidad de alimento que estará a disposición de los topillos cuando empiecen a amamantar a sus crías y un indicador mucho mejor que la duración del día, que es utilizada por la mayoría de los animales como señal para empezar a reproducirse.

Como el ciclo reproductivo de estos animales está tan estrechamente ligado a los niveles de 6-MBOA, cuando las hierbas crecen durante los períodos de deshielo, los topillos se aprovechan y producen rápidamente otra camada. Si dependieran únicamente de la duración del día para reproducirse, no podrían aprovechar el deshielo antes de que llegara otra tormenta de nieve o de que su corta vida llegara a su fin. A través de la evolución, estos roedores adquirieron la capacidad de utilizar 6-MBOA como una forma de mejorar la reproducción.

Aunque el proceso se desarrolla de forma innata en los topillos y por elección cuando utilizamos la píldora, estos roedores, al igual que nosotros, utilizan toxinas de plantas no destinadas a ellos para controlar su reproducción. Sin embargo, el 6-MBOA favorece la reproducción de estos topillos en lugar de inhibirla, por lo que el resultado es el opuesto al de la píldora.

Sorprendentemente, aunque los topillos tampoco la buscan conscientemente, otro tipo de toxina producida por las gramíneas influye en la reproducción de los topillos, suprimiendo la reproducción, de forma muy parecida a la píldora. Dado que viven tan poco tiempo, también sería ventajoso que los topillos pudieran interrumpir su reproducción en el momento adecuado, en otoño, para no estar amamantando a sus crías cuando cae la primera nevada. Los mismos científicos que descubrieron que el 6-MBOA desencadena la reproducción determinaron que los topillos utilizan un conjunto diferente de toxinas precisamente para eso: para impedirla.

En Utah, donde el topillo montano vive a orillas del Gran Lago Salado, la acumulación de toxinas fenólicas al final de la temporada de crecimiento en la hierba salada inhibe la ovulación. Esta acumulación se produce justo cuando las hierbas están a punto de morir en el otoño. En otras palabras, los topillos dejan de reproducirse gracias a la acumulación de estos fenoles justo en el momento adecuado, antes de que se acabe su suministro de alimentos.

Esta estrategia para detener la reproducción antes de que llegue el invierno es adaptativa porque los topillos no amamantan a sus crías en el momento equivocado. Además, están mejor equipados para sacar adelante una camada más en los impredecibles deshielos primaverales. Para lograr el mejor momento para la reproducción, los topillos deben frenar su reproducción cuando termina la temporada de crecimiento y llegan el otoño y el invierno. Las hierbas son las mejores señales para desencadenar (a través de 6-MBOA) y moderar (a través de fenólicos) la reproducción porque el crecimiento de los topillos está sintonizado con el crecimiento de las plantas. La misma notable relación entre estas dos toxinas vegetales y la reproducción se aplica también a los topillos de montaña.

Los fenoles que provocan que los topillos dejen de reproducirse son, increíblemente, los mismos ácidos clorogénicos del goteo tóxico de la niebla del eucalipto que mata a las plantas vecinas. Los ácidos clorogénicos, que se encuentran en muchas plantas como las gramíneas, alcanzan sus concentraciones más altas después de la floración y la fructificación, por ejemplo, justo cuando las gramíneas terminan de crecer durante la temporada. Hablaré de estos fenólicos con más detalle en un capítulo posterior.

Este capítulo ilustra tres observaciones sencillas. En primer lugar, algunas hormonas son producidas por animales, seres humanos y plantas. En segundo lugar, las plantas e incluso algunos animales que se han adaptado para resistir estas hormonas pueden producirlas en exceso para protegerse de los ataques. Y por último, tanto los humanos como otros animales pueden dar la vuelta a la tortilla y utilizar sustancias químicas farmacológicamente activas de las plantas que comen para regular procesos corporales importantes como la reproducción.

Al igual que el 6-MBOA y la emetina del jarabe de ipecacuana mencionados anteriormente, muchos escudos químicos producidos por plantas, hongos y animales se conocen como alcaloides. El término *alcaloide* deriva de al-qili, la palabra árabe para «cenizas de plantas». Es entre los alcaloides donde el subterfugio químico alcanza su cenit.

Más que ninguna otra clase química, los alcaloides han cambiado nuestro mundo penetrando en lo más recóndito de nuestras mentes y cuerpos, para bien y para mal. Los alcaloides predominan entre las medicinas de la naturaleza y las drogas de adicción. Antes de entender por qué, hay que rastrear sus orígenes. La evaluación comienza con el olor de la muerte.

6
ALCALOIDES DURADEROS

Toda la tierra hablaba una misma
lengua con las mismas palabras.

GÉNESIS

LOS MOSCARDONES Y EL VIENTO DEL OESTE DE TEXAS

Como predijeron los guantes de cuero perfumados de Catalina de Médici, los seres humanos hacen todo lo posible por evitar el olor de la muerte. A veces, como yo aprendí, simplemente no hay escapatoria.

Después de mudarme de los apartamentos temporales de la facultad de Berkeley en noviembre de 2017 (sin coche, gracias a ese eucalipto), Shane y yo establecimos nuestro nuevo pequeño hogar en Oakland. Durante las vacaciones de invierno, comenzamos a explorar las rutas de senderismo locales en las colinas de Oakland. La víspera de Navidad, nos movimos a través del aire brumoso que aderezaban los árboles de la bahía de California. No podía ocultar mi ansiedad mientras aplastaba obsesivamente algunas hojas, inhalando su aroma a pimienta. Sabía que el árbol era utilizado por el pueblo yuki de la cuenca del río Klamath para tratar los dolores de cabeza, pero el terpenoide umbellulone que se encuentra en sus hojas también podría causar dolores de cabeza al activar el «receptor wasabi».

Estaba preocupado porque mi padre no me había devuelto los mensajes ni las llamadas desde hacía días. A esas alturas, ya había perdido la cuenta de cuántos. Quizá había perdido el móvil, quizá había decidido dejar de comunicarse o quizá se debía a algo peor.

Mi hermano, mi madre (exmujer de mi padre) y otros familiares que se pusieron en contacto con él informaron del mismo silencio. Aunque para entonces estaba casi completamente distanciado de nosotros, respondía a casi todas las llamadas telefónicas y mensajes de texto. Estábamos preocupados, pero era difícil saber qué hacer.

Hacía unos días, habíamos decidido que era hora de intervenir y llamar a la oficina del parque de autocaravanas para hablar con el personal y expresar nuestra preocupación. Como nadie contestaba, dejé un mensaje de voz y esperé.

Todos los años, el día de Navidad, hago bollos de canela con una receta que me gusta del *New York Times*. Hay que empezar a hacer la masa el día anterior para que suba y cuaje. Lo último que tenía que hacer aquella Nochebuena después de nuestra excursión era extender la masa, pintarla con mantequilla derretida y espolvorear por encima una cantidad obscena de azúcar y canela.

No sorprendió a nadie que esa noche estuviera inquieto y preocupado, así que para centrar mi mente rumiante, leí todo lo que pude sobre los orígenes de la canela. Hoy en día, la especia se produce sobre todo a partir de la corteza de los árboles *Cinnamomum* del sur de Asia, ya sea de Ceilán (también conocida como canela verdadera, o *C. verum*) o de la canela china (conocida como casia china, o *C. cassia*). Estos árboles pertenecen a la misma familia que las bayas de California. El cinamaldehído confiere a la canela su toque picante, y no hay nada que se le parezca. Esta sustancia activa el mismo receptor de capsaicina que se encuentra en las terminaciones nerviosas que recubren nuestra boca. La capsaicina produce el calor que sentimos cuando comemos chiles.

Puse el despertador para levantarme temprano el día de Navidad para meter los bollos en el horno. Me despertó una llamada telefónica desde un prefijo de Texas.

Me senté en el borde de la cama y contesté. El encargado del parque de caravanas tenía malas noticias. El *sheriff* del condado había hecho un chequeo de bienestar a mi padre después de que mi tío dos días antes se hubiera conseguido poner en contacto con ellos. Habían encontrado su cadáver en el suelo de su caravana. Había muerto en su caravana, aparentemente solo.

Conmocionados pero no sorprendidos por la noticia, mi hermano y yo nos pusimos inmediatamente de acuerdo para reunirnos en Texas y poner en orden los asuntos de nuestro padre. Volamos a Dallas Fort Worth, recogimos el coche de alquiler y nos dirigimos al oeste. Unas horas más tarde, llegamos al parque de autocaravanas y caminamos hacia el remolque de quinta rueda a través del hostil viento del oeste de Texas que entonces despedía olor a muerte.

Mi deseo más ferviente en ese momento era volver corriendo al coche y huir, como había hecho toda mi vida adulta, pero sabía que esta vez era diferente. Él no estaba allí, ni tampoco sus armas. El *sheriff* del condado se había llevado sus más de veinte pistolas, miles de cartuchos y cuchillos, incluido uno atado al extremo de un largo bastón, para ponerlos a buen recaudo. Uno de sus vecinos se acercó a nosotros y nos advirtió de que podía haber trampas explosivas y armas ocultas en las paredes. Mi hermano y yo sacudimos la cabeza con incredulidad.

Aunque su fallecimiento fue trágico, también fue un alivio. Mi padre estaba obsesionado con las armas. Tanto que guardaba una derringer en el bolsillo de su albornoz, una práctica que siempre me había asustado. Pero en los meses anteriores a su muerte, su obsesión por las armas me había inquietado cada vez más.

Cuando tenía unos doce años, mi padre había empezado a dejar de ser un apacible hombre de campo para convertirse en un hombre enfadado, paranoico y obsesionado con las armas. Primero fue la voz de Rush Limbaugh en la radio del coche, y luego mi padre repetía como un loro que el Gobierno le quitaba el dinero para dárselo a gente que no trabajaba. Luego fue la suscripción a la revista *Guns & Ammo*, la afiliación a la Asociación Nacional del Rifle y la escopeta colocada debajo de mi cama, por si «la necesitábamos». Con el tiempo, se instaló una diana en el patio para que pudiera descargar en ella las balas de su recién adquirido fusil de asalto chino SKS en sus días libres y después del trabajo. No me gustaba disparar, pero de vez en cuando me quedaba a su lado mientras lo hacía, lo bastante cerca como para oírle murmurar: «Esa es su cabeza», asegurándome de que sabía que el blanco era un sustituto de alguien que se le había cruzado. Fue chocante y profundamente decepcionante oír esas palabras. Mi respeto por él se evaporó.

¿Cómo empezó todo? Es imposible saberlo, pero una historia que compartió una vez me dio una pista. Cuando era niño, vio cómo su padre, ebrio, amenazaba a su madre con una pistola en la cocina. Me contó que la experiencia le aterrorizó. Que yo sepa, nunca le habían diagnosticado AUD. Mencionó que el personal del Departamento de Asuntos de Veteranos de EE. UU. había llamado una vez a la puerta de su caravana de cinco ruedas para ver si estaba interesado en participar en un estudio sobre el AUD y el trastorno de estrés postraumático (TEPT). Me dijo que al principio estaba dispuesto a ayudar, pero, tras pensarlo un poco, decidió que solo era una estratagema para atraerle y obligarle a quedarse en el hospital, así que declinó la oferta. En Texas, tenía derecho legal a poseer sus armas siempre que no amenazara a nadie, ingresara en una institución de salud mental o tuviera un diagnóstico de enfermedad mental, que incluía trastornos por consumo de drogas como el AUD.

El gerente del parque de autocaravanas había cerrado con candado la puerta de la quinta rueda después de retirar sus restos. Mientras esperábamos a que llegara el encargado, como defecto profesional de biólogo, me fijé en los moscardones que seguían el viento en contra antes de girar para volar alrededor del remolque como si estuvieran en una carrera de aceleración.

Me sentí extrañamente aliviado por la presencia de los moscardones. Mi bálsamo en todas las estaciones de mi vida era perderme en cualquier página del libro de la naturaleza que estuviera abierta, por macabro que fuera el escenario. Los moscardones estaban haciendo de las suyas, pensé, mientras mi mente se perdía en un refugio intelectual.

Sintiéndome al borde del abismo, me recordé a mí mismo que ya me había encontrado muchas veces con el olor de la muerte. La cadaverina era cadaverina, la putrescina era putrescina y el trisulfuro de dimetilo era trisulfuro de dimetilo, independientemente de lo que los hubiera producido.

Recordé que incluso había visto en vivo a halcones de Galápagos jóvenes mientras se estaban alimentando de un cadáver de león marino infestado de gusanos en la playa. Por horrible que fuera el olor, las muestras de ADN de aquellos halcones y sus piojos eran esenciales para mi investigación de tesis. El mismo olor nos llevó a las moscas y a mí al cadáver, pero por motivos diferentes.

Aun así, no podía negar la terrible verdad. Sabía qué receptores olfativos de mi nariz se unían a las moléculas producidas por las bacterias que habían estado descomponiendo las proteínas del cuerpo de mi padre, que una vez estuvo vivo. Conocer los receptores específicos no me proporcionaba mucho consuelo.

Aunque normalmente era mi vía de escape, por una vez deseé que cesara esta profusión de biología fría y dura. Entonces me recordé a mí mismo que tenía una vida profesional satisfactoria, gracias a mi capacidad de utilizar la investigación biológica como vía de escape. Esta evasión era mejor que la alternativa, una obsesión por el etanol, quizá otras drogas, y las armas. Un tipo concreto de obsesión había destrozado a mi padre, pero una obsesión de otro tipo es lo que me ha salvado, una y otra vez.

La última vez que había hablado con mi padre fue el Día de Acción de Gracias. Como de costumbre, había limitado la conversación a diez minutos poniendo en marcha un cronómetro. Fue una de las conversaciones más preocupantes que habíamos tenido y a la vez una de las mejores desde que se había huido de nosotros. Empezó preguntándome si había «estado en el espacio». «¿Quieres decir si soy astronauta?», respondí, pensando que tal vez se había confundido sobre qué tipo de científico era yo y se estaba volviendo loco. Tenía razón en lo segundo, pero no en lo primero.

«No», dijo. «¿Has estado en el espacio usando tu mente para viajar allí?». Le dije que no, pero que quería saber más. Se me hizo un nudo en la garganta. Me dijo que había estado en el espacio y que, aunque era «oscuro y frío», también era el lugar donde podía ayudar a las personas a las que amaba, haciéndoles cambiar de opinión para que hicieran lo correcto, lo que él creía que debían hacer.

Cambié de tema. Como era Acción de Gracias, redirigí la conversación hacia la gratitud y le conté algunas de mis verdades. Debo agradecer al grupo de apoyo de doce pasos Al-Anon, que es para amigos y familiares de enfermos de alcoholismo, y al asesoramiento individual por haber cambiado mi perspectiva hacia él. Le dije que había sido un gran padre cuando yo era más joven, que era biólogo gracias a él. También que yo era un buen ser humano, en parte, gracias a él y que muchos de mis éxitos en la vida profesional se debían a los conocimientos de historia natural y a la ética de trabajo que él me había inculcado. Al mismo tiempo, todas las cosas negativas eran ciertas, por supuesto, pero no las mencioné. Estaba agradecido por las cosas positivas. Los aspectos positivos no siempre están presentes en las familias afectadas por trastornos crónicos por consumo de drogas.

Empezó a llorar cuando le hablé de mis sentimientos hacia él. Terminé la llamada diciéndole que le quería. Me dijo lo mismo y colgamos. Aunque en cierto modo fue una conversación inquietante, estoy agradecido por haber podido compartir algo de gratitud cerca del final de su vida. Más que eso, tengo suerte de que mi infancia no fuera peor y de que no sufriera abusos ni quedara demasiado traumatizado por su comportamiento.

Mientras tanto, David (seudónimo), el encargado del parque de caravanas, llegó en su todoterreno con una gorra roja de Make America Great Again (MAGA) y una chaqueta de camuflaje. Sonriente, nos dio la mano y se presentó como «Trumper» y veterano de la guerra del Golfo.

David dijo que había ayudado a vigilar a nuestro padre, al que recordaba como un poco «pasado de rosca», pero también como un veterano y un buen hombre. David dijo entonces: «Vuestro padre me habló de lo orgulloso que estaba de vosotros dos, de vuestros éxitos en la vida y de lo mucho que os quería». Las lágrimas empezaron a brotar de los ojos de todos. No sabía si era por el olor, por el viento o por la dulzura de aquel sentimiento. Quizá fueran las tres cosas.

David señaló que había encontrado una jarra de cerveza medio llena en la mesa de la cocina de nuestro padre, junto con un bol de pretzels. «A tu padre le gustaba la cerveza, como ya sabrás», bromeó. Como si fuera posible no saberlo.

De niño, iba con mi padre a la licorería de London Road, en Duluth, donde cambiábamos sus cajas de botellas de cerveza vacías por otras nuevas. Durante el día guardaba la jarra en el frigorífico y, al volver del trabajo —vendiendo coches de segunda mano o muebles—, la mantenía llena hasta que se iba a la cama.

Una vez le pregunté de dónde procedían las líneas de burbujas en los laterales del vaso. Me explicó que el dióxido de carbono era un subproducto de la levadura que fabrica etanol a partir del azúcar. Cuando se destapa una botella, dijo, las burbujas de dióxido de carbono salen de la solución al reducirse repentinamente la presión. Unas ligeras imperfecciones en la jarra de cristal provocaron la emisión de gases en esos lugares.

De vez en cuando, probaba un poco a escondidas, pero la cerveza me parecía increíblemente amarga. No entendía por qué la bebía. «Es mi medicina», decía, de un modo que parecía lógico y ponía fin a la conversación, aunque yo tenía más preguntas, como siempre.

Antes de abrir la puerta, David nos advirtió que el olor a muerte del remolque era insoportable. También nos propuso que usásemos su traje de protección contra materiales peligrosos y su máscara antigás equipada con filtros de carbón, que no había utilizado durante su servicio militar. Yo anuncié que *no* iba a entrar. Mi hermano, que había estado en el Ejército del Aire, se dedicaba en ese momento a la construcción y era él el que estaba hecho para situaciones así. Se puso el traje de materiales peligrosos y la máscara antigás.

Al subir las escaleras de la caravana, parecía pertenecer a un escuadrón de antiexplosivos. Abrió la puerta y cruzó el umbral. Los moscardones le siguieron.

Mi hermano reapareció unos minutos después. Sentí mucho alivio. Después de todo, no había trampas ni armas en las paredes. Mientras bajaba las escaleras hacia mí, sostenía dos botes de pastillas. Sin mediar palabra, mi hermano me entregó los frascos mientras su respiración de Darth Vader entraba y salía de la máscara. Se me encogió el corazón al leer las etiquetas. Dentro, había píldoras elaboradas a partir de alcaloides, llamados colectivamente opioides, que actúan sobre el sistema nervioso. El precursor químico que la amapola real utiliza para fabricar opioides naturales (como la morfina) y que nosotros utilizamos para fabricar los sintéticos (como el fentanilo) es el alcaloide piperidina, el mismo compuesto que se encuentra en las agujas de pino blanco oriental del boutonniere que llevé el día de mi boda. La piperidina es la base de muchos alcaloides. Sus precursores químicos, como la cadaverina y la putrescina, también se encuentran en el olor de la muerte.

EL OLOR DE LA MUERTE

Aunque la mayoría de la gente no ha tenido la desgracia de oler a sus propios muertos, todos nos hemos topado con el olor de la muerte: el hedor de los animales atropellados, los restos de la rata en la pared, el pescado hinchado en la playa, el viejo cadáver escondido en la hierba alta o la cabeza de lechuga viscosa en el cajón de las patatas fritas. Tan poderosamente repugnante es el olor de la muerte que incluso las ratas mantenidas en cautividad entierran los cuerpos de las ratas muertas a causa de él.

Los tejidos animales, fúngicos y vegetales en descomposición producen una multitud de sustancias químicas pútridas. Las más memorables son la cadaverina y la putrescina. Estas llamadas aminas biógenas son subproductos de la descomposición, durante la cual las bacterias descomponen los aminoácidos.

Además de las aminas biógenas, los compuestos volátiles de azufre como el disulfuro de dimetilo, el trisulfuro de dimetilo y el metilmercaptano, producidos por las bacterias a partir de aminoácidos que contienen azufre, también contribuyen al olor a muerte. Por último, no podemos olvidarnos del indol y el escatol, producidos a partir del aminoácido triptófano durante la descomposición bacteriana.

Los humanos evitamos el olor de la muerte como la peste, literalmente, en el caso de los picos perfumados llenos de hierbas aromáticas que utilizaban los médicos europeos del siglo XVII. Nuestro desdén por estos olores se debe a un conjunto particular de receptores odorantes de nuestra nariz. Las moscas tienen sus propios receptores odorantes que, hasta cierto punto, hace que les atraigan esos mismos olores en lugar de sentir repelencia.

Por muy clara que parezca nuestra relación con estas sustancias químicas de la muerte, no es tan sencilla. Incluso estas sustancias químicas tienen dos caras.

La cadaverina, la putrescina y la espermidina —así llamada porque se encontró por primera vez en el semen humano— se encuentran no solo en los tejidos en descomposición, sino también en el pescado y en los alimentos y bebidas fermentados. A veces los niveles son lo suficientemente altos como para resultar tóxicos.

El escatol hace honor a su nombre, ya que produce un olor espantoso cuando se volatiliza. Esta sustancia química puede ser tóxica si entra en exceso en los pulmones. Algunas plantas también producen escatol y, en bajas concentraciones, contribuye a dar a los aceites esenciales de jazmín y azahar su olor embriagador. Ahora podemos ver por qué, en el siglo XVI, la palabra *intoxicado* cambió de significado de «envenenado» a «borracho». El escatol también tiene dos caras.

Y lo que es aún más sorprendente, nuestros cuerpos (vivos) producen cadaverina, putrescina y espermidina endógenas, ya que estas moléculas desempeñan funciones críticas en nuestras células. La espermidina es especialmente interesante. Si se añade a la dieta de modelos animales de laboratorio, se prolonga su vida entre un 15 y un 30 %. En células humanas bañadas en espermidina, el envejecimiento también se ralentizó. Sin embargo, apenas estamos empezando a comprender los posibles mecanismos.

Uno de los efectos de la espermidina es que ayuda a mantener apagados nuestros genes. A medida que las células envejecen, cada vez se activan más genes. La activación de demasiados genes puede ser problemática. La espermidina parece mantener a las células viejas funcionando como lo hacían cuando eran más jóvenes, revirtiendo en cierta medida esta tendencia de activación.

Pequeños ensayos clínicos demuestran que el aumento de espermidina en la dieta mejora la función cognitiva en pacientes con un tipo de demencia. La espermidina también puede potenciar la eliminación de células dañadas, incluidas las que contienen las placas de beta-amiloide, que pueden acumularse en el cerebro de las personas con la enfermedad del Alzheimer.

Aunque nuestro cuerpo produce espermidina, gran parte de ella procede de la dieta. ¿Deberíamos consumir más de esta sustancia química? No está claro. Pero como casi todas las sustancias químicas tratadas en este libro, la espermidina puede tener efectos tanto tóxicos como beneficiosos para la vida. Por lo tanto, si complementamos nuestra dieta con espermidina, debemos tener cuidado de limitar su ingesta. Como siempre, se aplica la falacia de apelar a la naturaleza: estas sustancias químicas no evolucionaron para beneficiarnos.

La cadaverina, la putrescina y la espermidina también forman la espina dorsal de muchos alcaloides. De la cafeína a la capsaicina, de la mescalina a la morfina y de la piperidina a la psilocibina, estos alcaloides se sintetizan a partir de aminas biógenas y acaban atacando el sistema nervioso animal como toxinas. Sin embargo, también los buscamos por sus propiedades medicinales y embriagadoras.

La lección es que la basura de un organismo es el tesoro de otro. Los productos en descomposición bacteriana que nos repugnan y atraen a las moscas fueron transformados por plantas y hongos. Los utilizan como puntos de partida químicos para la síntesis de muchos de los alcaloides que usamos como fármacos. Una química común de la vida que subyace a todo ello.

En 1933, el olor a muerte penetró en el aire londinense a través de la ventana abierta de un laboratorio del University College. Una hembra de moscardón buscó la fuente mientras zigzagueaba a través del fétido penacho. Finalmente, se posó en un trozo de carne podrida del almuerzo olvidado de Gottfried Fraenkel. Sí, el mismo Fraenkel que descubrió el 20E.

Fraenkel acabó encontrando la fuente del hedor en su laboratorio, pero para entonces el trozo de carne ya estaba cubierto de gusanos. Dado lo fácil que era cultivar moscardones, Fraenkel decidió utilizarlos para sus siguientes experimentos. Unos meses más tarde, gracias a ese moscardón, Fraenkel descubrió la 20E, la llamada hormona de la muda que desencadena la metamorfosis en todos los insectos.

Fraenkel se centró entonces en otro problema. Más de la mitad de las especies de insectos se alimentan solo de tejidos de plantas vivas: son herbívoros. Sin embargo, la gran mayoría de las especies de insectos herbívoros son muy exigentes. Solo atacan a una o a un puñado de plantas estrechamente emparentadas.

Por ejemplo, las mariposas monarca solo ponen huevos en los algodoncillos y las mariposas blancas solo en las mostazas, pero no al revés. Y son solo los adultos los que son tan exigentes: una oruga monarca no come una hoja de mostaza y una oruga blanca de la col no come una hoja de algodoncillo. Fraenkel quería entender por qué estos insectos se especializaban tanto en distintas plantas tóxicas.

Una gran pista provino de unos investigadores que descubrieron que podían persuadir a herbívoros especializados para que comieran la hoja de una planta que normalmente no comerían aplicándoles un extracto de sustancias químicas elaboradas a partir del lavado de las hojas de sus plantas hospedadoras habituales. Fraenkel tenía dos hipótesis para explicar estas preferencias. Una se basaba en diferencias en las necesidades nutricionales de los herbívoros y la otra en diferencias en los tipos de toxinas presentes en las plantas.

La primera era bastante intuitiva: las necesidades nutricionales específicas de una especie de insecto solo podían ser satisfechas por un conjunto de especies vegetales estrechamente relacionadas. Así, por ejemplo, Fraenkel suponía que debía faltar algo en las mostazas para las orugas monarca y en los algodoncillos para las orugas blancas de la col.

Esta teoría habría sido una explicación sencilla. Por desgracia, era errónea. Fraenkel descubrió que todas las hojas son más o menos equivalentes desde el punto de vista nutricional, ya sean de patata, de palmera o de pino. A partir de este hallazgo, llegó a la conclusión de que no había ninguna razón por la que una oruga monarca no pudiera vivir de mostazas en lugar de algodoncillo, tan solo se necesitaría conseguir que el insecto las comiera.

Fraenkel puso a prueba entonces la idea de que la adaptación de estas mariposas a los diversos «compuestos secundarios» elaborados por las plantas, que incluyen las toxinas, podría explicar las estrechas áreas de distribución de cada insecto. Descubrió que los patrones de especialización en plantas hospedadoras de los insectos herbívoros se debían efectivamente a los diferentes gustos y tolerancias de los insectos a las distintas sustancias químicas de las plantas, algunas de las cuales son venenosas. Cada grupo de insectos se adaptó a las toxinas producidas por un determinado grupo de plantas. Con el tiempo, los insectos utilizaron las toxinas como señal para encontrar y comer las plantas huésped adecuadas a las que se habían adaptado. Las orugas monarca solo se alimentaban de algodoncillo y otros miembros de la familia del beleño, y las orugas de cola de golondrina de anís solo comían plantas como el anís y otros miembros de la familia del eneldo. Los hallazgos de Fraenkel se publicaron en un artículo de 1959 titulado *The Raison d'Être of Secondary Plant Substances* (La razón de ser de las sustancias vegetales secundarias).

Pero ¿cómo las toxinas que evolucionaron para disuadir a los atacantes acabaron siendo utilizadas por insectos especializados como señales para alimentarse o poner huevos? La respuesta se cruza con mi propia vida científica.

Cuando acepté la oferta de admisión en el programa de doctorado en biología de la Universidad de Misuri-San Luis, el hecho de que me hubieran concedido la beca Peter Raven de Biología Tropical fue un factor importante. Quería estudiar los insectos de los trópicos, y ese era mi billete de oro: el programa de posgrado en biología tropical de la UMSL.

En 1964, el botánico Peter Raven, homónimo de la beca y durante muchos años director del Jardín Botánico de Misuri, y el entomólogo Paul Ehrlich publicaron un trabajo de investigación basado en el de Fraenkel de 1959. En *Butterflies and Plants: A Study in Coevolution* (Mariposas y plantas: un estudio de la coevolución), Ehrlich y Raven propusieron que cuando una planta desarrolla una nueva toxina, queda protegida de los herbívoros durante un tiempo. Durante esa fase, con su nuevo escudo químico, la planta obtiene una ventaja sobre las plantas competidoras sin la toxina, se extiende por el paisaje y se diversifica.

A medida que su área de distribución se amplía, nuevas especies brotan de las antiguas, protegidas por sus nuevas defensas químicas. A su debido tiempo, los insectos se ponen al día desarrollando nuevos mecanismos de resistencia que les permiten superar las defensas de las plantas y colonizarlas. Según esta teoría, los insectos se especializan porque no hay comida disponible, desarrollan las adaptaciones necesarias para superar las nuevas toxinas de las plantas o mueren.

Este es el primer paso del ciclo. Una vez que los insectos han atravesado el escudo químico, utilizarán la presencia de las toxinas como señal química para encontrar la planta huésped «adecuada». Los insectos resistentes a las toxinas pueden entonces escapar de su propia competencia y diversificarse en el nuevo nicho tóxico. Nuevas especies de plantas engendran nuevas especies de insectos. De ahí el término *coevolución*. Las plantas evolucionan gracias a los insectos y los insectos evolucionan gracias a las plantas, y así sucesivamente. Este proceso puede explicar por qué más de la mitad de las especies de vida conocidas en la Tierra son plantas y los insectos que se alimentan de ellas. Los estudios de May Berenbaum sobre las plantas productoras de furanocumarinas y sus herbívoros fueron una de las primeras pruebas reales de esta idea.

Raven y Ehrlich no eran los únicos biólogos con una explicación convincente para la asombrosa diversidad de insectos herbívoros con los que compartimos planeta. Aunque estaban de acuerdo en que las toxinas vegetales y sus precursores protegen a las plantas del ataque de la mayoría de los herbívoros o patógenos, la ecóloga Catherine Graham y la entomóloga Elizabeth Bernays propusieron en 1988 que eran los enemigos del cielo y del suelo los que empujaban a los herbívoros a especializarse, cada uno en un conjunto diferente de plantas hospedadoras tóxicas.

La idea de Graham y Bernays era que después de que un insecto coloniza una nueva especie de planta tóxica y se especializa, vuela bajo el radar de los antiguos enemigos, camuflado por las nuevas sustancias químicas en un «espacio libre de contrincantes». Al cabo de un tiempo, muchos herbívoros especializados podrían incluso empezar a obtener altos niveles de toxinas de sus plantas huésped para defenderse de sus enemigos.

Al final, ambas ideas, la coevolución y el espacio libre de enemigos, y algunas aún más nuevas, ayudan a explicar por qué hay tantas plantas tóxicas y herbívoros especializados en toxinas. Cada hipótesis se basa en la idea de Fraenkel que parece tan obvia en retrospectiva: algunas sustancias químicas fabricadas por las plantas se utilizan ahora sobre todo para la defensa de las plantas. Estas sustancias químicas defensivas acaban siendo superadas y luego absorvidas por insectos especializados para utilizarlas como armas y defensas propias. Esta guerra química de la naturaleza, que se ha librado durante cientos de millones de años, también ha dado lugar a gran parte de la farmacopea que usamos y de la que abusamos.

Ahora que hemos establecido cómo el olor de la muerte produce las mismas sustancias químicas que son puntos de partida para los alcaloides, y por qué las toxinas de la naturaleza son tan diversas, ahora podemos sumergirnos en cómo los alcaloides evolucionaron específicamente para ser tan diversos y por qué influyen en nuestras propias vidas más que cualquier otra de las toxinas de la naturaleza.

CHIMENEAS HÚMEDAS Y DIEFFENBACHIA

Como ya hemos aprendido, el lenguaje químico que utilizan las plantas y los hongos para comunicarse con los animales es propicio para las travesuras. Este mal se extiende también a las interacciones entre plantas y polinizadores.

No siempre hay una «orgía de beneficio mutuo» entre las plantas y sus polinizadores, tal y como bromeó una vez el difunto ecologista sir Robert May. Las plantas, en ocasione pueden verse despojadas de su néctar por animales que no se dedican a transportar el polen de la manera que a ellas les conviene, pueden dar la vuelta a la tortilla y engañar a los animales con una manzana envenenada.

Las plantas pierden polen porque los polinizadores se comen parte de él. Es difícil culpar a los polinizadores. He probado el polen recogido por las abejas que tengo en la colmena de mi patio trasero. Sabe igual que los caramelos Nerds, lo cual no demasiado sorprendente, ya que el ácido málico es el ingrediente principal tanto del polen como de los Nerds.

Los polinizadores también hacen trampas abriendo agujeros en la base de las flores y robando así el néctar. Llevan a cabo esta labor porque requiere de menos energía que la necesaria para entrar correctamente en una flor, y consiguen fácilmente que el polen les roce en el proceso.

Como hemos visto, las plantas no son inocentes cuando se trata de la polinización. La manipulación de la mente y el cuerpo de los animales es el objetivo de las plantas que necesitan atraer a los polinizadores, ya sea mediante recompensa o engaño, y a veces son estas las que hacen trampas.

En los climas templados del hemisferio norte viven pequeñas aráceas, como la col fétida y el aro, con las que se encuentran millones de personas cada primavera. Ambas plantas sintetizan sustancias químicas que imitan el olor de la muerte. De hecho, el aro emite cadaverina y putrescina en el aire. Existe aquí una notable conexión con los alcaloides. Los alcaloides se fabrican a partir de la cadaverina y la putrescina, al igual que muchos de nuestros neurotransmisores, como la serotonina, la dopamina y la norepinefrina.

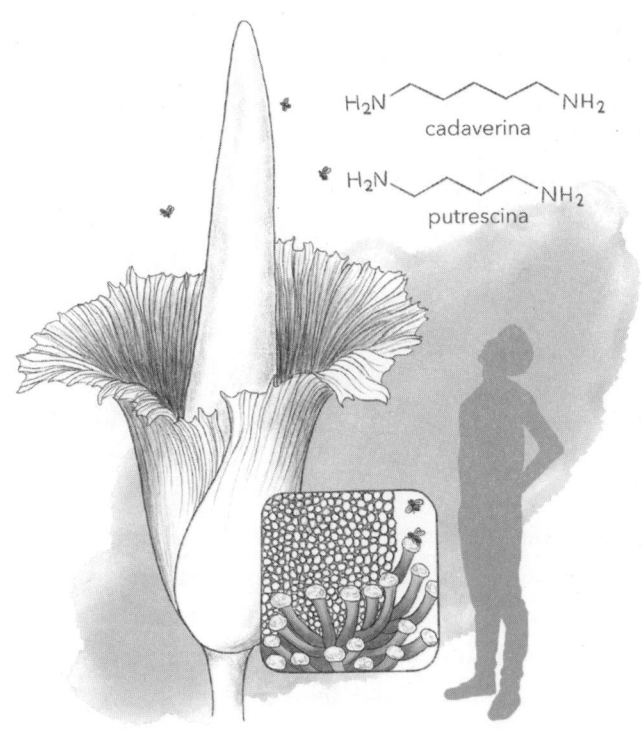

En Sumatra, el aro gigante se conoce por su nombre indonesio *bunga bangkai,* o «flor cadáver». También huele a carne podrida. Además, la espiga de tres metros de altura se calienta hasta alcanzar la temperatura del cuerpo humano la noche siguiente a la apertura de la flor. El aro gigante produce las flores más grandes del mundo. Las olas de calor propulsan el aroma por su fétida chimenea y luego por toda la selva tropical.

El olor pútrido y el calor de la flor cadáver, la col fétida y el aro evolucionaron para atraer a los insectos carroñeros en busca de tejidos animales en descomposición en los que depositar sus huevos. Los animales son engañados para que trasladen el polen entre las flores. Se trata de un *sistema de polinización engañoso* porque la señal producida por la planta evoluciona para confundir a su objetivo. Las aráceas no recompensan a los insectos que trasnportan el polen para ellas; las plantas hacen una promesa que es falsa. Solo las plantas se benefician de la interacción. Esta situación se asemeja más a una dinámica competitiva, depredador-presa o huésped-parásito, en la que hay un claro ganador y un perdedor.

La col fétida, el aro y la flor cadáver no son las únicas aráceas que juegan a este tipo de juegos con los insectos. La familia de las aráceas está repleta de especies que producen todo tipo de aromas diseñados por la evolución para engañar a los animales, desde murciélagos a escarabajos, para que visiten sus flores. Las aráceas desprenden diferentes aromas como anís, plátano, alcohol, goma quemada, queso, chocolate, estiércol, petróleo, betún e incluso pescado frito.

El neuroetólogo Marcus Stensmyr y sus colaboradores descubrieron que las mismas moscas de la fruta que yo y muchos otros biólogos utilizamos como organismos modelo se sienten atraídas de forma natural para que entren en el lirio de Salomón (en árabe, llamado *mekhalet el-ghoule,* «pincel de la bruja»), que tiene flores en forma de laberinto parecidas a calas negras. El día que se abre la flor, las moscas que entran quedan atrapadas en la base del espádice, cerca de los pistilos (los pistilos son las partes femeninas de la flor y son receptivos al polen que la mosca transporta de otras plantas de lirio de Salomón que haya visitado antes). Al día siguiente, las anteras, las partes reproductoras masculinas situadas justo encima de la base del espádice, producen polen, que se esparce sobre las moscas cautivas. Las anteras se marchitan rápidamente, lo que permite a las moscas cubiertas de polen salir y —con suerte, desde el punto de vista de la planta— encontrar un lirio recién abierto que volverá a engañar a la mosca para que entre y la polinice.

Quizá se pregunte por qué llegan las moscas de la fruta a las flores. Ya conoce la respuesta: se llaman moscas de la fruta por una razón. El lirio de Salomón engaña a las moscas de la fruta produciendo olores que imitan los producidos por la levadura en fermentación y la fruta madura en la que normalmente ponen huevos. Este olor se dirige a un conjunto de receptores odorantes de la mosca. Los olores con los que están sintonizados estos receptores atraerán normalmente a las hembras que ponen huevos hacia el alimento que necesitan sus larvas.

Los niños también pueden dejarse engañar por el seductor lirio de Salomón. Esta planta es la que provoca más llamadas al centro israelí de toxicología.

Como la mayoría de las aráceas, los tejidos del lirio de Salomón están protegidos de los herbívoros por cristales venenosos de oxalato, que son potentes toxinas renales. Para empeorar las cosas, los cristales están empaquetados en los tejidos de las hojas, tallos y flores en forma de ráfidos, que parecen y funcionan como agujas microscópicas. Cuando un niño empieza a masticar cualquier parte de la planta, las células que recubren la boca y la lengua son perforadas por los ráfidos. El resultado es entumecimiento, babeo e incapacidad para hablar. Si se ingiere suficiente tejido, pueden producirse trastornos gástricos e incluso el cierre de las vías respiratorias. Muchas aráceas, incluidas especies de *Philodendron* y *Dieffenbachia,* son plantas de interior comunes. Dado que también pueden causar angustia si se mastican sus hojas, deben colocarse lejos del alcance de niños pequeños o mascotas curiosas.

Aunque no es un alcaloide, el oxalato puede estar relacionado con la producción de alcaloides. Las plantas lo sintetizan a partir del ácido oxalacético, que la planta utiliza a su vez para producir el aminoácido lisina. A continuación, las plantas utilizan la lisina para producir el alcaloide piperidina, que constituye el núcleo molecular de muchos alcaloides importantes para nosotros, desde la piperina de la pimienta negra hasta la morfina de la adormidera.

El olor a muerte lo producen las bacterias que descomponen los aminoácidos en moléculas como la cadaverina, la putrescina y el escatol. La mayoría de los organismos también sintetizan estas sustancias químicas para fabricar alcaloides, ya sea para utilizarlos como venenos, moléculas señalizadoras o neurotransmisores. Por ejemplo, como ya se ha comentado, la cadaverina y la putrescina que sintetizan algunas plantas ayudan a atraer a los insectos hacia la planta y, en consecuencia, a dispersar el polen. Como productos de la descomposición o atrayentes de polinizadores sintetizados de forma natural, estos precursores alcaloides desempeñan un doble papel en la guerra de la naturaleza.

Ahora que hemos visto el papel de los precursores de los alcaloides, vamos a explorar la relación de los seres humanos con los alcaloides. Las anfetaminas, la ayahuasca, el éxtasis, la nuez moscada, las setas mágicas y los alcaloides del veneno de sapo son los siguientes.

MIRISTICINA, MA HUANG Y METANFETAMINA

Como acabamos de ver con las aráceas, las señales químicas producidas por las plantas pueden impedir o favorecer las visitas de los animales. Este patrón se repite a través de las capas de tejido de las frutas que, como la papaya, están cargadas de recompensas y castigos químicos.

La piel de la mayoría de las frutas es gruesa y protectora. Los animales que logran penetrar en su interior se ven recompensados con una carne nutritiva justo debajo. Más allá de la piel y la pulpa hay otra capa bien defendida, repleta de semillas tóxicas que protegen a los embriones de su interior. Hay buenas razones para escupir las semillas antes de seguir masticando.

Si se rompen por culpa de un mordisco desafortunado, las semillas de papaya producen aceites de mostaza ardientes como los del wasabi. La mayoría de las plantas cuyas semillas utilizamos como especias emplean estrategias similares, como la pimienta de Jamaica, el anís, la alcaravea, el cardamomo, el cilantro, el comino, el hinojo, los granos de pimienta (negra, verde, de Szechuan, sansho y rosa), las semillas de mostaza, la nuez moscada, los copos de pimiento rojo, la cúrcuma, el wasabi y muchos otros ingredientes del curry en polvo.

Las sustancias químicas que buscamos en las especias no evolucionaron para animar nuestra comida y bebida, sino porque benefician a la planta. En las pequeñas dosis que la mayoría de nosotros las utilizamos, son inofensivas. Pero en dosis mayores, y para animales más pequeños, las especias contienen sustancias químicas que son desagradables y tóxicas. Muchas de estas sustancias químicas son alcaloides. Por eso, en lugar de triturar las semillas y comérselas, los animales que comen fruta, si pueden, las escupen. Si no, las semillas suelen regurgitarse o expulsarse en el excremento. Dependiendo del tiempo de paso por el intestino, las semillas pueden esparcirse involuntariamente a gran distancia. Aves, mamíferos, reptiles e incluso peces, sobre todo los que aprovechan las inundaciones estacionales en el Amazonas, se cuentan entre los dispersores de semillas más importantes.

Desde el punto de vista de la planta, atraer a los frugívoros merece la energía necesaria para producir la recompensa. Se trata de otro ejemplo de coevolución en la que todos ganan, como la de las orquídeas y las abejas de las orquídeas. En lugar de transportar polen, los frugívoros portan semillas en el intercambio de bienes y servicios, como en las interacciones tripartitas entre fruta, levadura y primates.

Es sorprendente lo ventajoso que puede ser que una semilla acabe en el intestino de un animal. La ornitóloga Kimberly Holbrook, estudiante de posgrado de la UMSL en Ecuador, demostró que cuando los tucanes comen una semilla de la *Virola flexuosa*, un hermoso árbol de América del Sur, se la tragan entera, digiriendo solo el arilo graso de color rojo brillante que rodea la semilla. Si el tucán hubiera aplastado la semilla mientras se comía el arilo, habría recibido una dosis de veneno.

El pájaro puede retener la semilla en su cuerpo durante más de una hora. Holbrook demostró que los tucanes grandes pueden volar más de un kilómetro y medio en ese tiempo. Desde el punto de vista de la semilla, este transporte aéreo es algo bueno; si brotara cerca de su árbol parental, sería atacada por los mismos patógenos microbianos especializados e insectos herbívoros.

La vida en la selva tropical es difícil para las plantas, dadas las hordas listas para atacar. Así que las plantas contraatacan utilizando toxinas, y nosotros somos los beneficiados.

Algunas semillas de nuez moscada, como las que utilizamos como especias procedentes de las islas Molucas (llamadas islas de las Especias por los colonizadores europeos) de Indonesia, contienen el terpenoide miristicina, que protege al embrión de la semilla de nuez moscada de los ataques. En el cuerpo humano, la miristicina puede convertirse en una anfetamina psicodélica llamada MMDA (3-metoxi-4,5-metilendioxianfetamina), que a veces se confunde con la droga de discoteca MDMA (3,4-metilendioximetanfetamina), también conocida como éxtasis o «Molly». La MMDA y la MDMA tienen estructuras químicas similares, pero ejercen efectos diferentes en el organismo. Aunque la miristicina no es un alcaloide, podemos agrupar las anfetaminas como la MMDA y la MDMA con los alcaloides.

El médico Andrew Weil escribió su tesis de licenciatura en Harvard sobre la nuez moscada como narcótico. Llegó a la conclusión de que, aunque una persona podía colocarse con la nuez moscada, posiblemente debido al MMDA transformado por el cuerpo tras la ingestión de miristicina, debía consumirse tanta cantidad de la especia para crear un efecto narcótico que hacerlo haría enfermar a la persona. Sin embargo, en dosis más pequeñas, la nuez moscada se ha utilizado tradicionalmente durante miles de años en el sur y el sudeste de Asia para tratar todo tipo de enfermedades, como la diarrea y el insomnio.

En general, las anfetaminas actúan inhibiendo el reciclaje natural de neurotransmisores como la dopamina y la norepinefrina por parte de las neuronas del cerebro. Esta acción deja niveles permanentes más altos de neurotransmisores fuera de las células nerviosas del cerebro y hace que estas células se disparen repetidamente. El exceso de actividad cerebral puede mejorar algunos aspectos del funcionamiento cognitivo. Este aumento de la disponibilidad de dopamina y norepinefrina conduce a una mayor energía, concentración y confianza en uno mismo, así como a la euforia. Pero la euforia acaba teniendo un coste. Drogas como la metanfetamina son adictivas por su efecto reforzador en el sistema de recompensa del cerebro, debido a la euforia que experimenta el consumidor.

Las anfetaminas también se fabrican a partir de la planta ma huang, conocida científicamente como *Ephedra sinica*, y sus parientes, que se utilizan en Asia oriental y meridional desde hace cinco mil años como medicinales. En 1885, el químico japonés Nagayoshi Nagai fue el primero en aislar el alcaloide efedrina del ma huang, seguido unos años más tarde por los químicos del gigante farmacéutico alemán Merck a partir de una especie estrechamente relacionada. Aún más tarde, la efedrina se convirtió en el primer medicamento contra el asma porque relaja los músculos que controlan los bronquios de los pulmones. La efedrina es un estereoisómero de la pseudoefedrina, el principio activo de algunos de los medicamentos más utilizados para el resfriado y la tos.

La efedrina puede convertirse fácilmente en metanfetamina (meth) con solo unos pocos productos químicos. Por ello, en 2005 el Gobierno estadounidense aprobó la Ley de Lucha contra la Epidemia de Metanfetamina, que obligaba a vender los productos con pseudoefedrina detrás del mostrador, con límites estrictos sobre el número de pastillas que una persona podía comprar.

En 2020, unos 2,5 millones de estadounidenses mayores de doce años declararon haber consumido metanfetamina ese año. Esta cifra solo se aplica a la metanfetamina y no a las anfetaminas que se venden con receta. Es una estadística aleccionadora.

Aún más preocupante es que más de la mitad de los adultos de este grupo padecían un trastorno por consumo de metanfetamina. En otras palabras, no podrían dejar de consumir la droga fácilmente, aunque quisieran. Cada vez más, la metanfetamina se combina con opiáceos como el fentanilo para su consumo en la calle. La combinación de metanfetamina con este opioide extremadamente fuerte ha contribuido al aumento de las sobredosis mortales desde 2014 hasta 2020 y en adelante.

Al igual que el ma huang, una planta llamada khat (*Catha edulis*), de la familia de las celastráceas agridulces, se utiliza en África Oriental y la península arábiga desde hace miles de años como estimulante y antifatiga. Decenas de millones de personas, en su mayoría hombres, siguen mascando khat a diario en estas regiones del mundo. El khat contiene el alcaloide anfetamínico catinona o beta-cetoanfetamina.

Entre las catinonas modificadas químicamente se encuentra el antidepresivo de venta con receta bupropión (Wellbutrin). Otras catinonas modificadas químicamente se utilizan para fabricar la droga callejera conocida como sales de baño en Estados Unidos.

Las catinonas actúan en el cerebro de forma muy parecida a las metanfetaminas y otras anfetaminas. Impiden el reciclaje natural de algunos neurotransmisores como la dopamina, la norepinefrina y la serotonina en el cerebro e incluso aumentan su producción.

Aunque los alcaloides descritos en esta sección alteran la mente y, en consecuencia, son psicoactivos, no suelen presentar efectos psicodélicos o estos son leves, con la excepción de la MMDA. Otro conjunto de alcaloides, en cambio, es famoso por inducir alucinaciones y se conocen como psicodélicos. Estos alcaloides han sido utilizados por muchas culturas indígenas de todo el mundo como enteógenos, es decir, drogas psicotrópicas utilizadas para la práctica espiritual. Sin embargo, la línea entre lo medicinal y lo espiritual es difusa en muchas de las culturas que utilizan habitualmente estas sustancias.

DMT, BUFOTENINA, PSILOCIBINA Y MESCALINA

Los alcaloides triptamina y feniletilamina incluyen algunas de las drogas más intrigantes, tabú y populares que alteran la mente. También son algunas de las menos comprendidas por la ciencia.

Empezaremos por las triptaminas. Uno de estos alcaloides se encuentra en la *Virola theiodora*, una nuez moscada amazónica emparentada con la que Holbrook estudió en Ecuador. La resina de su corteza es la fuente de un rapé que altera la mente y de un veneno para flechas utilizado por los yanomami en Venezuela y Brasil. En esa resina se encuentra uno de los psicodélicos más potentes conocidos: *N*, N-dimetiltriptamina, o DMT.

La DMT y otras triptaminas relacionadas se encuentran en al menos doce familias de plantas y en animales y hongos. Las triptaminas bufotenina y O-metil bufotenina son producidas por la piel de algunos sapos, así como por varias especies de plantas. Las setas mágicas contienen la triptamina psilocibina y su derivado psicoactivo psilocina. Me referiré a estas diversas triptaminas como DMTs a menos que se indique lo contrario porque cada una tiene una molécula de DMT en su núcleo. Evidentemente, las DMT no son las *únicas* toxinas potenciales que se encuentran en la piel de los sapos que las producen. Aunque el consumo de estas triptaminas rara vez es mortal, los glucósidos cardíacos como la marinobufagenina también se encuentran en las glándulas de los sapos y, si se ingieren en la concentración adecuada, pueden causar enfermedades e incluso la muerte.

El peligro de utilizar extractos de glándulas de sapo para viajar podría ser la razón por la que, a pesar de la tradición asociada al veneno de sapo, apenas existen pruebas históricas de que los pueblos indígenas de las Américas lo utilizaran. Sin embargo, algunas comunidades indígenas han incorporado el veneno de sapo a sus prácticas, sobre todo como tratamiento para la metanfetamina y otros trastornos relacionados con el consumo de drogas.

De hecho, la práctica de fumar veneno de sapo era desconocida hasta 1983, cuando Ken Nelson, entonces un artista de Denton (Texas), ordeñó la piel de un sapo del desierto de Sonora porque había leído que los químicos habían descubierto bufotenina en esa especie. Nelson escribió entonces un panfleto titulado *Bufo alvaris: The Psychedelic Toad of the Sonoran Desert* (*Bufo alvaris:* El sapo psicodélico del desierto de Sonora) bajo el seudónimo de Albert Most.

Aunque hay pinturas en antiguas estructuras mayas que representan sapos, poco más vincula la práctica moderna con una más antigua, aunque no se puede descartar un uso más antiguo. Por otro lado, abundantes evidencias nos muestran que los antiguos pueblos de las Américas obtenían DMT de plantas y hongos particulares que, a diferencia de los sapos, no contienen glucósidos cardíacos altamente venenosos.

Las DMT se unen a los receptores de serotonina de nuestro cerebro, o receptores 5-HT, llamados así porque la serotonina es un alcaloide triptamina endógeno, la 5-hidroxitriptamina, o 5-HT. Tienen afinidad por un tipo específico de receptor 5-HT llamado 5-HT2, que más adelante mostraré que puede estar relacionado con la ansiedad por el alcohol.

La DMT es otro ejemplo más de cómo diferentes culturas humanas de todo el mundo evolucionaron independientemente para dar usos similares a las mismas defensas químicas producidas por otros organismos. Las sustancias químicas están disponibles para tales prácticas porque evolucionaron independientemente en muchas especies de diferentes lugares. Algunos ejemplos muestran el nexo entre estos dos fenómenos. El frijol terciopelo, un arbusto leguminoso enredadera de África ecuatorial, produce un grupo de alcaloides triptamina, incluyendo serotonina, bufotenina y DMT en cantidades traza y cantidades mucho mayores de l-DOPA, un precursor de los neurotransmisores catecolamina como la dopamina. El grano de terciopelo es utilizado por varias culturas indígenas de África como medicamento y veneno para flechas.

Al otro lado del Atlántico, en América Latina y el Caribe, la bufotenina se encuentra en otras dos especies de árboles leguminosos del género *Anadenanthera*: A. *vilca* y A. *yopo*. Estas plantas han sido utilizadas durante milenios por los pueblos indígenas de América como rapé psicoactivo y como ingrediente de algunos tipos de chicha, una bebida a base de maíz y ampliamente consumida de antiguos orígenes andinos.

La bufotenina, probablemente derivada de una *Anadenanthera*, se encontró en el pelo de dos momias chilenas de 1 500 años de antigüedad. Más recientemente, se rasparon residuos de bufotenina, DMT y psilocina, junto con los alcaloides cocaína y harmina, del interior de una bolsa ritual hallada en el suroeste de Bolivia en 2008 y fabricada con el hocico de tres zorros hacia el año 1000 de nuestra era. Estas pruebas arqueológicas demuestran que los humanos llevan milenios consumiendo DMT.

La DMT es también el principal psicodélico de la ayahuasca, término quechua que significa «liana de los dioses». Esta sustancia química se utiliza como medicamento y en los rituales chamánicos de un grupo diverso de culturas indígenas de la Amazonia y los Andes. La ayahuasca se prepara de innumerables maneras, pero sus principales ingredientes suelen incluir tejidos de dos grupos de plantas. Un conjunto de plantas produce DMT e incluye especies de *Psychotria* de la familia del café o *Diplopterys* de la familia *Malpighiaceae*. Otro conjunto de plantas produce alcaloides llamados beta-carbolinas, o alcaloides de harmina, e incluye plantas del género *Banisteriopsis,* que también pertenecen a las *Malpighiaceae.*

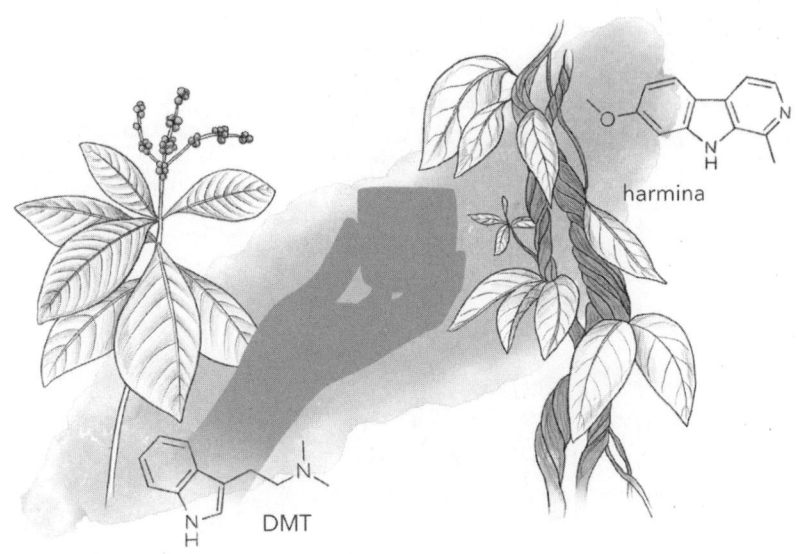

harmina

DMT

Si no se combinan plantas de cada tipo en el brebaje, no se producirá ningún efecto psicodélico. La razón es que las enzimas monoaminooxidasas (MAO) de nuestro cuerpo desactivan rápidamente el DMT cuando la triptamina se toma como bebida. Para sortear este cortafuegos, los chamanes sudamericanos utilizan ingeniosamente el hecho de que las beta-carbolinas *inhiben* nuestras enzimas MAO, impidiendo así que las MAO desactiven el DMT. Esta inhibición de la actividad de las MAO es de donde viene la *I* de IMAO.

Cuando se incluyen beta-carbolinas en la mezcla, la DMT puede viajar libremente a través del intestino hasta la sangre, donde finalmente llega al cerebro, se une a los receptores de serotonina y hace su magia. Por el contrario, cuando se fuma veneno de sapo, sus DMT pasan desapercibidas a las MAO del intestino porque llegan al cerebro a través de los pulmones.

En última instancia, la psilocina es desintoxicada por las MAO, pero a diferencia de la mayoría de DMT, es naturalmente más resistente a las MAO. Las setas *Psilocybe*, también llamadas setas mágicas, tienen otro truco bajo la manga. Producen tanto psilocibina como beta-carbolinas, la sustancia psicodélica y las IMAOs. Así, cuando los animales consumen estas setas, la psilocibina no puede ser desactivada fácilmente por las IMAO de su cuerpo, gracias a las beta-carbolinas que también están en la mezcla. Esta interacción bioquímica es un ejemplo de cómo la evolución biológica y la evolución cultural humana crean la misma innovación: brebajes de DMT e IMAO.

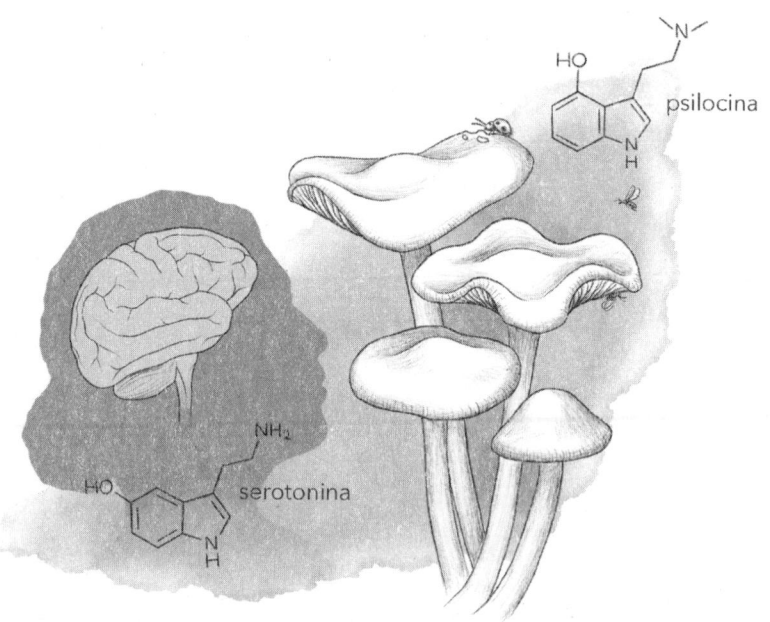

En ningún otro lugar fueron la *Psilocybe* y los muchos otros hongos productores de psilocibina más importantes en la cultura humana que entre los aztecas. Por ello, estos hongos se llamaban teonanácatl, o «carne de los dioses», y se consumían en diversas ceremonias curativas y religiosas. Su uso tradicional continúa en varias comunidades de México.

Otros dos psicodélicos importantes que se unen a los receptores de serotonina merecen ser mencionados. Los primeros son los alcaloides del cornezuelo del centeno. El cornezuelo es a la vez el nombre de una enfermedad de las plantas causada por hongos del género *Claviceps* y el término que designa la estructura fructífera en forma de garrote de estos hongos. Los alcaloides del cornezuelo se han utilizado durante mucho tiempo para tratar las migrañas y las hemorragias posparto. Estas sustancias químicas derivan del ácido lisérgico e incluyen el pariente sintético dietilamida del ácido lisérgico (LSD), del que se hablará más adelante en el libro.

Cuando granos como el centeno se contaminan con el hongo del cornezuelo y se consumen, sobre todo de forma crónica, puede desarrollarse una enfermedad intoxicante llamada fuego de San Antonio. La enfermedad está causada por la constricción de los vasos sanguíneos. Resulta irónico, pues, que un medicamento que sirve para curar las hemorragias posparto pueda causar también una enfermedad mortal en otra situación.

Otro importante alcaloide psicodélico que se une a los receptores de serotonina es la mescalina. Este alcaloide tiene más en común químicamente con la efedrina y las anfetaminas, pero comparte más funcionalmente con los DMT y los alcaloides del cornezuelo del centeno.

La mescalina solo se encuentra en América en dos tipos principales de cactus: el cactus peyote (*Lophophora williamsii*), más pequeño, y el cactus San Pedro, más alto y columnar, y otros cactus del género *Trichocereus*. Mientras que el peyote es utilizado por los pueblos indígenas de México, el San Pedro es utilizado por los pueblos indígenas de Sudamérica. Posteriormente, el uso del peyote se extendió también a los pueblos indígenas de Estados Unidos y Canadá. Se ha utilizado durante al menos cinco mil quinientos años para diversos fines, incluidas las curaciones rituales, como comentaré más adelante cuando examinemos por qué los humanos pueden haber utilizado inicialmente estas drogas psicodélicas en general.

La mayoría de las DMT, los alcaloides naturales y sintéticos del cornezuelo de centeno y la mescalina son drogas de la Lista I en Estados Unidos. Esta clasificación significa que, según la legislación federal y muchas leyes estatales, estas drogas o los organismos que las producen no pueden comprarse, poseerse ni distribuirse legalmente. La misma clasificación y leyes se aplican en muchos otros países. Sin embargo, estos alcaloides se están convirtiendo en las drogas psicoactivas preferidas para uso recreativo, medicinal y espiritual.

Por supuesto, la cuestión central es por qué evolucionaron los alcaloides psicodélicos. Probablemente, estés pensando que pueden servir como sustancias químicas defensivas para protegerse de los ataques. La verdad es que no lo sabemos.

Entre las plantas que producen DMT, algunas pruebas obtenidas de la hierba canaria y sus parientes del género *Phalaris* sugieren que las sustancias químicas protegen contra el pastoreo de mamíferos herbívoros como vacas, ovejas e incluso canguros, que encuentran los alcaloides relativamente desagradables. Los «tambaleos de Phalaris», observados en animales que se alimentan de estas plantas, reflejan un efecto psicotrópico. También se observa un aumento de la diarrea.

En el caso de las setas mágicas y la psilocibina, una pista de cómo evolucionaron para producir psicodélicos proviene de su color azul. Las setas mágicas se vuelven azules cuando se las hiere, y la psilocibina es la responsable de este cambio de color. Cuando se hiere la seta, dos enzimas transforman químicamente la psilocibina en una cadena de moléculas de psilocina que se unen entre sí. Cuando se forman, estas cadenas de moléculas de psilocina actúan de forma muy parecida a los taninos, que también se vuelven azules cuando se oxidan. Estas sustancias químicas azules probablemente producen moléculas de oxígeno radicales libres que dañan el intestino cuando los insectos se comen los hongos.

Así que, al igual que las sustancias químicas que nos dieron la tinta de roble de hierro y el hielo púrpura, las sustancias químicas similares a los taninos del hongo mágico pueden tener un efecto tóxico parecido sobre los insectos que se alimentan de hongos. En este contexto, la psilocibina es un profármaco como los glucósidos cianogénicos. Tanto la psilocibina como los glucósidos cianogénicos no son tóxicos en las plantas, pero se transforman en una toxina como el cianuro cuando se producen heridas. Dado que las cadenas de moléculas de psilocina enlazadas probablemente también sean tóxicas para los hongos, existe una ventaja evolutiva en mantener la psilocibina en su estado de profármaco, con la mecha sin encender, para que las sustancias químicas no dañen al hongo.

Aunque esta teoría defensiva de por qué las setas mágicas producen psilocibina tiene mucho mérito, la psilocina también puede tener efectos psicoactivos en el cerebro de los insectos. Lo sabemos porque las cigarras infectadas con un hongo que parece producir psilocibina renuncian a su propia reproducción y se convierten en zombis hipersexuados, incluso después de que se les caigan los genitales, debido a la infección fúngica. Este pseudo comportamiento de apareamiento propaga las esporas fúngicas a otras cigarras y beneficia al hongo productor de psilocibina.

Con esta observación, podemos ver cómo los hongos que producen psilocibina podrían hacer el producto químico para manipular a los insectos para que transporten sus esporas, de la misma manera que las plantas con flores utilizan productos químicos que alteran la mente para persuadir a los polinizadores a mover su polen. Queda por ver cuál de estas hipótesis, si es que hay alguna, la teoría antifungívora o la de la dispersión de esporas, explica con exactitud la evolución de las DMT como la psilocibina.

Algunos científicos han propuesto que, como las hierbas infectadas por el cornezuelo son muy coloridas, los hongos pueden estar advirtiendo a los animales para que se mantengan alejados. En otras palabras, el cornezuelo podría haber desarrollado una estrategia general similar a la de la mariposa monarca, cuyos colores brillantes advierten a los depredadores de las toxinas que contiene.

Una cuestión similar se plantea en el caso de la mescalina. Quizá las plantas que evolucionaron para sintetizar este compuesto psicodélico sean mejores para disuadir a los herbívoros o atraer a los polinizadores. Pero aún no lo sabemos.

Dado que los DMT, los alcaloides ergóticos y la mescalina son amargos, es probable que la mayoría de los animales los eviten en la naturaleza tras probar el sabor de las plantas, hongos o animales que producen estas sustancias. Así que la pregunta es, ¿por qué los humanos, cultura tras cultura, utilizan drogas que se unen a los receptores de serotonina como estas? Volveremos sobre esta importante cuestión más adelante. Pero por ahora, ya podemos ver que la curación ritual chamánica es sin duda una explicación. Sin embargo, estas sustancias químicas también se utilizan con fines recreativos, al menos hoy en día. Las alucinaciones visuales que provocan en el cerebro pueden ser en sí mismas la recompensa.

Los experimentos con monos Rhesus corroboran esta idea. Los animales fueron alojados en una caja oscura con cigarrillos de lechuga autoadministrados (originalmente diseñados como cigarrillos sin nicotina para personas que querían dejar de fumar) que contenían DMT. Si los animales no estaban en completa oscuridad, evitaban los cigarrillos con DMT. Los científicos que llevaron a cabo estos experimentos creen que el DMT hizo que los monos privados de luz experimentaran una «luz alucinatoria interna», que se convirtió a su vez en una recompensa.

No existen pruebas de que los animales en la naturaleza utilicen DMT o mescalina en su propio beneficio. Tampoco lo hacen los animales de laboratorio. Salvo en situaciones muy específicas, los animales de laboratorio encuentran repulsivas estas sustancias químicas, ya estén en la comida, en la bebida o en el humo inhalado.

Aún más asombroso que los monos fumando cigarrillos de lechuga con DMT, los cerebros de los mamíferos, incluyendo ratas y humanos, también producen DMT, en pequeñas cantidades. Ya he hablado de cómo el cuerpo humano produce ácido salicílico y glucósidos cardíacos o moléculas que imitan sus efectos. Así que, tal vez, la presencia de DMT endógena en nuestros cerebros no sea una gran sorpresa. Aun así, la lección es notable: plantas, hongos y bacterias han evolucionado repetidamente para desplegar imitadores moleculares de nuestros neurotransmisores y hormonas o para producir sustancias químicas que alteran su producción y movimiento en nuestros cuerpos.

Los alcaloides como la DMT y la mescalina no suelen ser drogas de abuso. Sin embargo, su consumo suele ser tabú y está muy restringido en la mayor parte del mundo. Esta prohibición puede estar cambiando a la luz de la nueva información sobre su papel como curas potenciales. Estas sustancias químicas se han utilizado durante milenios con fines curativos.

VOLVIENDO A NUESTRAS RAÍCES

La abstinencia y la sobriedad a largo plazo son difíciles de conseguir para muchas personas con trastornos por consumo de drogas.

Los fármacos desarrollados por las grandes farmacéuticas para tratar estos trastornos, en combinación con la terapia de grupo y la psicoterapia, ofrecen cierta esperanza. Sin embargo, los psicodélicos naturales y algunos sintéticos se encuentran entre los nuevos tratamientos más prometedores para los trastornos por consumo de drogas y, a menudo, los trastornos mentales concurrentes, como el trastorno por déficit de atención con hiperactividad grave, el trastorno obsesivo-compulsivo, el TEPT, la depresión y la ansiedad.

Dada la promesa de los psicodélicos, no puedo evitar pensar que quizá mi padre no tuvo que vivir con el AUD toda su vida adulta y morir por sus complicaciones. Me duele que estos prometedores avances en el tratamiento del AUD no aparecieran hasta después de su muerte. Pero también me da esperanza para otras personas que puedan estar padeciendo trastornos por consumo de drogas y otros trastornos mentales resistentes al tratamiento, pero que aún viven.

Las drogas que pueden ser nuestra mayor esperanza para tratar estos trastornos son los psicodélicos serotoninérgicos. Incluyen las triptaminas DMT, la psilocibina, los derivados del ácido lisérgico como el LSD y las fenetilaminas sustituidas como la mescalina, la MDMA y sus análogos. Los chamanes indígenas llevan milenios utilizando psicodélicos serotoninérgicos para tratar enfermedades físicas, mentales o espirituales. Todas estas drogas aprovechan los receptores de serotonina 5-HT2A del cerebro.

Debido al gran despliegue publicitario que rodea a estas sustancias químicas, debemos examinar las pruebas fehacientes, de las que hay muy pocas. Sin embargo, los resultados de los ensayos clínicos preliminares, el patrón oro en medicina, son convincentes, a pesar del pequeño tamaño de las muestras.

En 2018 se informó de un pequeño ensayo controlado con placebo en el que se utilizó ayahuasca (que contiene DMT) para tratar la depresión resistente al tratamiento. Los participantes que recibieron la ayahuasca informaron de una reducción significativa de la gravedad de la depresión al día siguiente del tratamiento en comparación con las personas que tomaron el placebo. El efecto persistió durante el período de estudio de una semana.

El LSD era muy prometedor para el tratamiento del AUD a mediados del siglo XX, pero la reacción contra la contracultura que lo utilizaba con otros fines frenó los avances en la década de 1980. Sin embargo, entre 1966 y 1970, se llevaron a cabo seis estudios aleatorizados y controlados con LSD en personas con AUD. Al principio, después de un periodo de uno a tres meses, se produjo una abstinencia casi completa del consumo de alcohol entre los que recibieron la dosis única de LSD en el ensayo. Después de entre tres a seis meses de que los participantes recibieran una única dosis de LSD, se produjo una reducción del doble del riesgo de abuso de alcohol.

Como producto natural de las setas mágicas, la psilocibina, aunque es una droga de la Lista I en Estados Unidos, puede conllevar menos estigma social que el LSD, y puede ser incluso más prometedora como tratamiento para algunos trastornos por consumo de drogas. Hasta 2022, los estudios publicados y revisados por expertos que utilizaban la psilocibina para tratar la adicción al tabaco y el trastorno de abuso de alcohol han sido abiertos (lo que significa que los pacientes saben que la están tomando y no un placebo), con muestras de pequeño tamaño. En ambos casos, los resultados fueron prometedores.

Posteriormente, en septiembre de 2022, se publicó el primer estudio aleatorizado, doble ciego y controlado con placebo. En él se utilizó difenhidramina como placebo (cuarenta y seis pacientes) y psilocibina (cuarenta y nueve pacientes) como tratamiento para el AUD, en combinación con terapia de conversación para ambos grupos del estudio. Se administraron dos dosis del fármaco o del placebo, una a las cuatro semanas y otra a las ocho, y el estudio se prolongó durante treinta y dos semanas. Los resultados fueron claros: el porcentaje de días de consumo excesivo de alcohol fue de aproximadamente el 10 % en los que recibieron psilocibina, en comparación con el 24 % del grupo placebo. El número medio de copas al día también fue menor en los que recibieron psilocibina que en el grupo placebo. Así pues, la psilocibina parece funcionar para mitigar el AUD en personas muy motivadas para recibir tratamiento, al menos. La cuestión es cómo. La respuesta podría encontrarse en los circuitos cerebrales implicados en el ansia.

Durante el año que mi padre se abstuvo de beber, mi madre se dio cuenta de que, mientras estaba sentado en su sillón del salón, luchaba físicamente por no ir a la nevera en busca de alcohol. Sin embargo, se sentía desdichado y poco a poco empezó a incorporar de nuevo el alcohol a su ritmo diario hasta que volvió a estar justo donde empezó.

Muchas partes del cerebro están implicadas en la perpetuación de los trastornos por consumo de drogas y alcohol. El ansia de consumo es uno de los principales motivos por los que estas enfermedades son tan difíciles de tratar. En la actualidad sabemos que, para muchas, si no la mayoría, de las personas con AUD, el consumo crónico de alcohol reduce el número de receptores de glutamato en el córtex prefrontal del cerebro, que controla el funcionamiento ejecutivo (como decidir si ir a la nevera a por una cerveza o quedarse sentado en la silla).

Estos receptores de glutamato se localizan en neuronas que se proyectan a través del cerebro hasta el sistema mesolímbico dopaminérgico de recompensa, que media la anticipación y la recompensa asociadas a la droga.

Sorprendentemente, los receptores 5-HT2A de la corteza prefrontal se emparejan con los receptores de glutamato de estas neuronas. Cuando drogas como la psilocina se unen a los receptores 5-HT2A, provocan la activación de los receptores de glutamato. Así pues, tomar psilocibina, que se transforma en psilocina en el organismo, reactiva un regulador crucial que controla las ansias de alcohol, al menos en modelos de laboratorio de ratón de AUD. No está claro si este mecanismo explica por qué la psilocibina reduce el consumo de alcohol en las personas con AUD.

Irónicamente, la adicción a una toxina natural puede verse mejorada por otra. Por otra parte, esta aparente paradoja no es más que otro ejemplo de la dualidad de muchas de estas sustancias químicas que tenemos entre manos. El veneno puede ser la cura. Aunque no hay ninguna garantía, los poderes de estas sustancias químicas, que dan y quitan vida, pueden verse como las dos caras de una misma moneda.

Una advertencia importante es que el tratamiento de los trastornos por consumo de drogas y otras enfermedades mentales es un asunto serio que no debe intentarse sin supervisión clínica. Estas drogas no son panaceas; son herramientas que la medicina moderna está empezando a aprender a utilizar, a menudo basándose en miles de años de práctica indígena.

Para algunas personas, especialmente las que padecen esquizofrenia, sus enfermedades también pueden empeorar con algunos de estos psicodélicos. Además, las plantas, las setas y los animales que producen estas drogas, junto con las formas puras de las propias drogas, entran dentro de las definiciones legales de sustancias controladas. Como tales, su posesión y consumo pueden ser ilegales, dependiendo de la jurisdicción en la que vivas.

Como ya he señalado, ninguna de las toxinas de la naturaleza evolucionó por nuestro bien. Estaban aquí mucho antes que nosotros y, en muchos casos, mantienen a raya a los enemigos: primero son toxinas y después, fármacos potenciales. Como explicó el anciano shawi y curandero tradicional Rafael Chanchari Pizuri, de la Amazonia peruana: «El poder de estas plantas puede causar pérdidas humanas».

Puede que no pienses en ellos de esta forma, pero los alcaloides psicoactivos más utilizados y aceptados socialmente son la cafeína y las metilxantinas relacionadas, que se encuentran en el café, el té, el chocolate, la nuez de cola, la yerba mate y varias otras especies de plantas lejanamente relacionadas. Otro alcaloide psicoactivo que sigue siendo ampliamente utilizado y socialmente aceptado es la nicotina, que se encuentra en el tabaco y otras plantas de la familia de las solanáceas. Estos dos alcaloides son tan importantes que les he dedicado un capítulo entero. Examinaremos la cafeína y la nicotina en el próximo capítulo.

7
CAFEÍNA Y NICOTINA

> Ningún pretendiente admitiré en esta
> casa, hasta que jure y ponga en el contrato
> marital que me autorizará, siempre que
> yo quiera, a prepararme un café.
>
> JOHANN SEBASTIAN BACH, *Cantata del Café*

FILTRARLO

Antes de acostarme, mido con precisión la cantidad de café que Shane y yo necesitaremos para sobrevivir el día siguiente mientras preparo la cafetera automática de goteo. Si preparo demasiado poco, tendré sueño y seré incapaz de concentrarme mentalmente. Si me paso, estaré ansioso y me sentiré mal.

En dosis bajas, la cafeína provoca euforia y aumenta nuestro estado de alerta y rendimiento cognitivo. En dosis más altas, provoca náuseas y aumenta la ansiedad y el temblor general. Soy adicto a la cafeína y no podría sentirme mejor por ello. Ya verás por qué.

Aunque solía utilizar una prensa francesa, ahora solo preparo café con una cafetera automática de goteo o por vertido. Pasé a preparar solo café filtrado después de leer un estudio realizado en 2020 en Noruega con más de medio millón de personas, según el cual los adultos que consumían café sin filtrar tenían muchas más probabilidades de morir a los veinte años que los que tomaban café filtrado o no tomaban café. El mayor riesgo de mortalidad está probablemente asociado al consumo de café sin filtrar, al menos en parte debido a la presencia de dos terpenoides del café que se eliminan en gran medida durante la filtración. Ambos se asocian a un aumento de las enfermedades cardiovasculares y cardiacas porque elevan los niveles de colesterol.

Los terpenoides agresores, el cafestol y el kahweol, elevan los niveles de colesterol de lipoproteínas de baja densidad (LDL o «el malo») en sangre. De hecho, el cafestol es la sustancia química más potente de la dieta humana que induce LDL. El mecanismo, al menos según los estudios realizados en ratones de laboratorio, es la unión de estos dos esteroles a un receptor hormonal del intestino delgado. Esta unión envía un mensaje erróneo al hígado, que aumenta la producción de LDL. El café hervido escandinavo, el café de prensa francesa (cafetière) y el café turco tienen los niveles más altos de estos terpenoides. El espresso y el mocatienen niveles más modestos, y el café instantáneo, percolado (con filtro) y filtrado tienen los más bajos, por un amplio margen: el café sin filtrar contiene treinta veces más cafestol y kahweol que el café filtrado.

He encontrado varios artículos en sitios web relacionados con el café o el bienestar en los que se afirma que los filtros de malla metálica reutilizables (a menudo de acero inoxidable o chapados en oro de 24 quilates) son menos eficaces para atrapar el kahweol y el cafestol que los filtros de papel. No he podido encontrar ninguna prueba que apoye esta afirmación en la literatura revisada por expertos. Pero la ausencia de evidencia no es evidencia de ausencia.

Así que indagué en esta cuestión de la eficacia de los filtros metálicos. En lugar de una ausencia de pruebas, encontré un riguroso estudio experimental que resolvía la cuestión de si los filtros de malla metálica servían para eliminar estos terpenoides. Cuando se utilizaban en máquinas automáticas de goteo, los filtros de papel y de metal (los investigadores utilizaron filtros de malla de la marca Swissgold) eran igual de eficaces a la hora de impedir que la mayoría del kahweol y el cafestol pasaran a la infusión inferior. Sin embargo, hay un truco. En este estudio y en algunos otros, el café vertido con un filtro de malla metálica produjo niveles más altos de kahweol y cafestol que el café de una máquina automática de goteo que utilizaba el mismo tipo de filtro. Aunque especulativa, la causa de esta diferencia puede ser que el agua añadida a las máquinas automáticas de goteo gotea lenta y suavemente sobre el café molido en el filtro inferior, permitiendo que se forme una gruesa «masa de filtro» en el fondo, actuando potencialmente como una especie de filtro de primera pasada en sí mismo. Por otro lado, durante el vertido, el chorro de agua hace que los posos sigan girando y queden en suspensión, lo que probablemente permite que más partículas de menor tamaño ricas en terpenoides escapen a través de la malla. ¿Por qué no hicimos experimentos como este en clase de economía doméstica? Sé lo que vas a preguntar a continuación: ¿qué pasa con las cápsulas de café? Las cápsulas llevan un filtro de papel incorporado, por lo que los niveles de cafestol y kahweol son comparables a los del café automático por goteo preparado con filtros de papel o de malla metálica, o al café de vertido preparado con un filtro de papel. Además, las características del grano (variedad, tueste), la temperatura del agua, el tamaño del molido y la proporción de agua/café afectan a los niveles de terpenoides en el café.

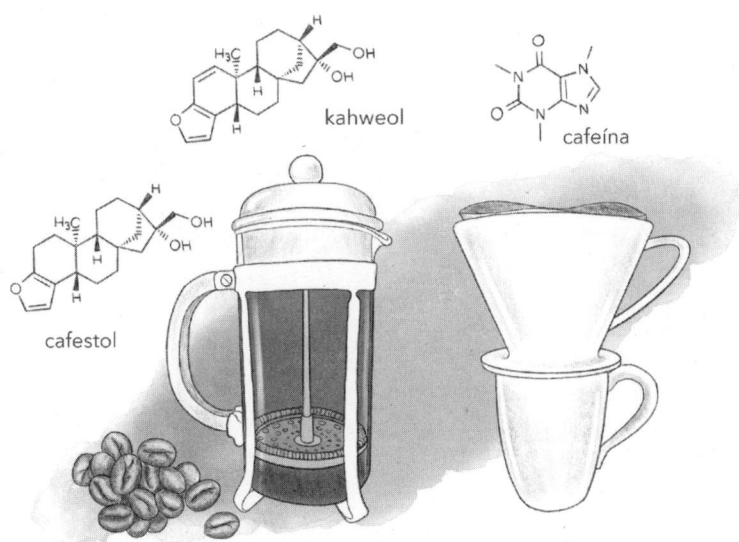

kahweol

cafeína

cafestol

La literatura científica me convenció lo suficiente como para cambiar mis hábitos. Dejé de utilizar la cafetera francesa durante veinte años. Aunque de vez en cuando me doy el capricho de tomar un espresso (que solo contiene niveles modestos de terpenoides) cuando salgo o viajo, ahora en casa solo hago café filtrado con la cafetera automática de goteo y un filtro de malla dorada. O preparo el café con un filtro de papel sin blanquear.

En el Reino Unido, las personas generalmente beben café que contiene niveles bajos a modestos de cafestol y kahweol (café filtrado, café instantáneo o espresso). Un estudio británico realizó un seguimiento de 171 616 personas entre 2009 y 2018 para determinar si el consumo de café se asociaba a un menor riesgo de muerte y, en caso afirmativo, en qué medida. En general, los que bebían café tenían un menor riesgo de muerte que los que no lo hacían, y este hallazgo se mantuvo para el riesgo de morir de cáncer o enfermedad cardiovascular.

Pero el diablo está en los detalles. Se observó una ligera reducción del riesgo de morir en las personas que bebían hasta 2,5 bebidas al día, en comparación con las que no tomaban café. Las personas que tomaban entre 2,5 y 4,5 bebidas de café al día tenían un 29 % menos de probabilidades de morir durante el estudio que las que no tomaban café. Por encima de 4,5 bebidas al día, el riesgo de morir durante el estudio era el mismo que el de quienes consumían hasta 2,5 bebidas al día.

Los que se encontraban en el medio del espectro (es decir, los que bebían entre 2,5 y 4,5 tazas al día) eran los que tenían menos probabilidades de morir de todos los participantes. Este estudio está en consonancia con una revisión general de estudios mucho más amplia, según la cual beber entre 3 y 4 tazas al día se asocia a un riesgo de muerte aproximadamente un 17 % menor que el de los no bebedores.

Por último, el consumo elevado de cafeína o café durante el embarazo tenía un gran inconveniente potencial. En comparación con un consumo bajo de café, el consumo elevado se asoció, de media, con un riesgo un 31 % mayor de bajo peso al nacer, un 46 % mayor de pérdida del embarazo y un 22 % mayor de parto prematuro en el primer trimestre, y un 12 % mayor de parto prematuro en el segundo trimestre.

No se observaron riesgos elevados en el tercer trimestre. En el capítulo 10 se examinarán las posibles causas de estos patrones.

La asociación protectora del consumo de café también se observa en quienes toman café descafeinado. Una explicación es que, para la mayoría de nosotros, el café, ya sea con cafeína o descafeinado, es la mayor fuente de antioxidantes de nuestra dieta en forma de polifenoles. Como ya se ha comentado en un capítulo anterior, el término *antioxidante* hace referencia a sustancias químicas que protegen contra los oxidantes, factores de estrés celular producidos por nuestro propio cuerpo y por el medioambiente.

El posible efecto protector del café en nuestra dieta puede deberse en gran medida a la presencia de estos antioxidantes en los granos de café. Entre ellos, los ácidos clorogénicos son los principales sospechosos. Estudios doble ciegos controlados con placebo han descubierto que los ácidos clorogénicos en la dieta pueden mejorar el funcionamiento cardiovascular, reducir la presión arterial y disminuir el riesgo de síndrome metabólico. Los bebedores de café consumen hasta 1 gramo de ácidos clorogénicos al día; en comparación, un comprimido típico de aspirina para adultos pesa 325 miligramos, es decir, un tercio de la cantidad que consumen los bebedores de café.

Esta discusión sobre el café nos devuelve al círculo de discusiones anteriores sobre los ácidos clorogénicos. Estas sustancias químicas, los mismos fenólicos asociados con la protección de nuestra salud cuando bebemos café, se encuentran entre las toxinas que hemos visto en capítulos anteriores. Los ácidos clorogénicos que acaban en el goteo de la niebla de los eucaliptos matan a otras plantas que crecen cerca de ellos. Y estas mismas sustancias químicas, presentes en el pasto salado que comen los topillos montanos, provocan que los roedores dejen de reproducirse.

En el estudio noruego sobre el café sin filtrar, las mayores tasas de mortalidad entre los bebedores de café sin filtrar (en comparación con los bebedores de café filtrado y los no bebedores) pueden deberse a los efectos de elevación de LDL de los terpenoides cafestol y kahweol. Por otro lado, las tasas de mortalidad más bajas entre los bebedores de café filtrado en comparación con los no bebedores pueden deberse a los polifenoles, incluidos los ácidos clorogénicos. Así pues, el café contiene toxinas asociadas a efectos tanto positivos como negativos para la salud humana.

Conviene hacer una advertencia. En cualquier estudio observacional, ya sea el noruego, el británico o en paraguas, el sesgo de selección podría dar lugar a los efectos observados entre el consumo de café y los riesgos para la salud. Si el sesgo de selección entrara en juego, entonces alguna otra variable además del consumo de café subyace al patrón porque se correlaciona con personas que consumen diferentes niveles, y tipos, de café. Sin embargo, a la luz de los estudios con animales, incluidas algunas investigaciones con seres humanos, están claros los posibles mecanismos biológicos de los aspectos de los terpenoides que aumentan el LDL y de los fenólicos del café que reducen el riesgo cardiovascular y de diabetes. Sin embargo, es necesario desentrañar todos los factores mediante un estudio a largo plazo, doble ciego y controlado con placebo, lo que resulta difícil.

Aunque no soy nutricionista ni médico y, por tanto, no doy consejos dietéticos ni médicos, estoy lo bastante convencido de la totalidad de esta información como para cambiar mis propios hábitos. Por lo tanto, lo filtraré y seguiré bebiendo mucho café con cafeína, aunque no en exceso. Tomo tres o cuatro tazas grandes de café filtrado al día, con un capuchino o un *flat white* a escondidas unas cuantas veces a la semana como capricho.

Más allá de la posible protección cardiovascular del café, su consumo también se asocia a un riesgo drásticamente menor de enfermedad de Parkinson en estudios observacionales. Del mismo modo, un amplio estudio observacional realizado en el Reino Unido descubrió que beber de tres a seis tazas de café o té al día reducía el riesgo de demencia en un 28 % y el de demencia inducida por ictus en un 48 %. No está claro a qué se deben estas asociaciones. Un candidato es un derivado de la serotonina llamado eicosanoil-5-hidroxitriptamida, procedente de los granos de café. Esta sustancia puede ralentizar la progresión de la enfermedad de Alzheimer en modelos de laboratorio con ratas. No cabe duda de que estos hallazgos merecen un estudio más profundo.

Con los terpenoides y fenólicos del café fuera del camino, podemos finalmente llegar a la gran razón por la que consumimos bebidas con cafeína como el café: el alcaloide cafeína. A continuación, exploraremos sus orígenes, sus efectos biológicos y nuestra relación con este alcaloide.

Escarabajos descarados y café asesino

La cafeína y la mente humana parecen una pareja perfecta. Pero a pesar de que miles de millones de personas toman bebidas con cafeína cada día, la cafeína evolucionó en ausencia del ser humano. Las dos principales especies cultivadas de granos de café, *Coffea arabica* (fuente de los granos arábica) y *C. canephora* (fuente de los granos robusta), son originarias de las tierras altas de Etiopía, pero ahora se cultivan en todo el mundo en climas similares.

Como estudiante de doctorado, solía comprar granos de café a un tostador de San Luis llamado Kaldi's Coffee. Fue allí donde me enteré de la existencia de Kaldi, el antiguo pastor de cabras apócrifo mencionado en un tratado sobre el café escrito en 1671 por el cronista y profesor maronita Antoine Faustus Nairon. Escribió sobre un «cierto pastor de camellos o, como dicen otros, de cabras» de «Arabia Félix», que se había quejado a los monjes de que le habían despertado por la noche sus cabras, que parecían «saltar».

Nairon explicó que el prior del monasterio decidió averiguar por qué. Cuando investigó, descubrió que las cabras comían las bayas de la planta del café. Una poción que preparó con los granos hervidos le produjo insomnio, por lo que ordenó al resto de los monjes que la bebieran para mantenerse despiertos durante la guardia nocturna y las oraciones vespertinas.

No se sabe con certeza cuándo se cultivó el café por primera vez. Sin embargo, su uso estaba muy extendido en la Península Arábiga en la antigüedad, y llegó a Yemen a través de la comunidad sufí yemenita en torno al siglo XIV a. C. Pero el café no llegó a Europa hasta principios del siglo XVII. Los holandeses empezaron a cultivarlo en invernaderos de Ámsterdam en 1616 y luego en plantaciones en las

Indias Orientales. Posteriormente, los franceses, españoles y británicos lo cultivaron en sus propias colonias.

La raíz de la palabra *café* se remonta al árabe *qahwah,* que puede haberse referido originalmente a un tipo de vino, pero tiene la raíz *qahiya,* que significa «no tener apetito». Así pues, el color oscuro del café, parecido al del vino tinto, junto con su efecto supresor del apetito quedan plasmados en su nombre.

No criamos plantas para producir cafeína, aunque hemos ayudado a crear diferentes cultivares modernos a partir de sus parientes silvestres mediante selección artificial. Estas y todas las demás plantas productoras de cafeína ya la producían decenas de millones de años antes de que los seres humanos pisaran la Tierra.

El 7 de octubre de 1984 se anunció un gran avance en el *New York Times:* «La cafeína es un insecticida natural, según un científico». Como sugiere el titular, el biólogo James Nathanson acababa de demostrar que la cafeína es, en efecto, un potente insecticida natural. Nathanson lo descubrió incorporando hojas de té y granos de café en polvo a un alimento artificial para orugas, que luego suministró a orugas recién nacidas del gusano cornudo del tabaco, que en estado salvaje no se alimentan de plantas que contengan cafeína. La oruga adulta también recibe el nombre de polilla halcón.

Lo que descubrió Nathanson conmocionó al mundo (aunque, a estas alturas, probablemente no a usted): «En concentraciones del 0,3 al 10 % (en peso) para el café y del 0,1 al 3 % para el té, se produjo una inhibición dosis-dependiente de la alimentación asociada a hiperactividad, temblores y retraso del crecimiento. En concentraciones superiores al 10 % para el café o al 3 % para el té, las larvas morían en 24 horas».

Otros experimentos revelaron que el nivel de cafeína que se encuentra de forma natural en las hojas de té sin secar (del 0,68 al 2,1 %) o en los granos de café sin secar (del 0,8 al 1,8 %) era suficiente para matar a todas las orugas. Nathanson descubrió los mismos efectos insecticidas de la cafeína en mosquitos, escarabajos, mariposas y bichos verdaderos, incluso a concentraciones encontradas en la naturaleza.

Sus experimentos más reveladores consistieron en rociar una mezcla de cafeína sobre hojas de tomate, la planta huésped típica de los gusanos. Los tomates no producen cafeína, así que estos experimentos se diseñaron para imitar lo que la repentina evolución de la cafeína podría hacer a un herbívoro que se encontrara comiendo una planta productora de cafeína. A medida que aumentaba la concentración de cafeína, se producía una reducción concomitante de la cantidad de hoja masticada por las orugas. En otras palabras, la cafeína protegía a la planta del ataque de los gusanos.

Un efecto similar se observó en 2002, cuando unos científicos de Hawái descubrieron accidentalmente que una solución de cafeína que se estaba probando como tóxico para controlar el coquí, una rana invasora introducida desde el Caribe, también mataba a la mayoría de las babosas grandes que se encontraban en sus parcelas de campo. Los investigadores hicieron un seguimiento rociando o sumergiendo verduras en soluciones que contenían concentraciones de cafeína del 1 al 2 %, los mismos niveles que se encuentran en los granos de café, y ofreciéndoselas a los moluscos. La mayoría de los caracoles y babosas murieron. Y a concentraciones mucho más bajas (0,01 %), la cafeína les disuadía de alimentarse.

Aunque la cafeína imita los efectos insecticidas del café o el té cuando se pulveriza artificialmente sobre plantas que no la producen, esta aplicación superficial es bastante artificial. Al fin y al cabo, la cafeína se produce de forma natural dentro de las células de las plantas de café y té. Otra forma de resolverlo sería dotar a una especie vegetal que normalmente no sintetiza cafeína en sus células de la capacidad de fabricarla y ver cómo de resistentes se vuelven sus hojas.

Los biólogos lo consiguieron modificando genéticamente la producción de cafeína en plantas de tabaco, que normalmente no la producen. Los investigadores fusionaron en el laboratorio tres genes productores de cafeína del genoma de la planta del café en el genoma de la planta del tabaco.

Estas plantas de tabaco transgénico produjeron niveles de cafeína similares a los de las plantas de café. Se alimentó a orugas del gusano cortador del tabaco con hojas de plantas de tabaco portadoras de genes de cafeína de cafeto y hojas de control sin estos genes. Las hojas que producían cafeína eran un 99,98 % menos susceptibles a la herbivoría que las hojas de control.

En las plantas que contienen cafeína de forma natural, como los cítricos, el café y el té, los genes que codifican las enzimas utilizadas para producir cafeína evolucionaron a partir de genes existentes que habían desempeñado una función diferente. Aunque no podemos utilizar una máquina del tiempo para determinar por qué la cafeína evolucionó por primera vez en una planta, la única función conocida de la cafeína en las plantas es como defensa directa o indirecta contra los enemigos naturales. Esta función parece obvia, gracias a los experimentos de Nathanson. Pero la cafeína podría haber evolucionado primero como una molécula que la planta utilizaba para señalar la presencia de factores estresantes, del mismo modo que el ácido salicílico sirve como hormona que señala la presencia de atacantes, más que como estrategia defensiva. Según este modelo, las plantas no adoptaron la cafeína como toxina hasta más tarde, del mismo modo que los sauces adoptaron la omnipresente hormona de señalización de las plantas, el ácido salicílico, y la convirtieron en toxina al producir mucha más cantidad.

No es sorprendente que algunos herbívoros especializados de las plantas de café hayan desarrollado la capacidad de resistir los efectos tóxicos de la cafeína. El más problemático es la broca del café, un pequeño escarabajo que hace túneles en el fruto y pone huevos en los granos. Las larvas de este escarabajo consumen el grano desde dentro, inutilizándolo para la producción de granos de café. El escarabajo es originario de las mismas regiones africanas que dieron origen a las dos especies de *Coffea* que hoy se cultivan en los trópicos de todo el mundo.

La broca del café ha encontrado cafetos dondequiera que estén, incluso en Hawái, y cuesta a los productores al menos 500 millones de dólares al año en plantas dañadas en todo el mundo. El café es la segunda materia prima mundial, después del petróleo, con un valor de 83 000 millones de dólares al año, y la broca es una gran amenaza. El propio escarabajo no tolera la cafeína insecticida de su alimento. Para evitarlo, el insecto recurre a enzimas producidas por las bacterias que viven en su intestino —su microbioma—, que desintoxican la cafeína.

Cuando se trató a estos escarabajos con antibióticos que mataban las bacterias y se les suministró su dieta normal de granos de café, perecieron como lo haría cualquier otro insecto alimentado con esta dieta. La cantidad de cafeína consumida por uno de estos escarabajos en una comida equivale a la cantidad que se encontraría en quinientas tazas de café, diez veces el nivel que mató a Lachlan Foote, de veintiún años, en la madrugada del día de Año Nuevo de 2018.

La trágica muerte de Foote en Australia se debió a una sobredosis accidental de cafeína. Había añadido una cucharadita de cafeína pura en polvo a un batido de proteínas. Después de dar las buenas noches a sus padres, fue encontrado por su padre en el cuarto de baño, donde había muerto. No está claro dónde obtuvo la cafeína, pero no se encontró ninguna etiqueta de advertencia en la bolsa que había utilizado para almacenarla.

Foote consumió al menos cinco mil miligramos de cafeína, equivalentes a cincuenta tazas de café. La dosis diaria recomendada por la FDA para adultos es de cuatrocientos miligramos. Tras su muerte, la familia consiguió que el Gobierno australiano prohibiera los aditivos alimentarios con concentraciones de cafeína superiores al 5 % y los líquidos con niveles superiores al 1 %. La prohibición entró en vigor menos de un año después.

En octubre de 2014, estaba fuera de la ciudad cuando me enteré de que mi perra estaba en estado crítico en un hospital veterinario de urgencias de Tucson. Había conseguido abrir la mochila de la cuidadora y había cogido un bote de pastillas de cafeína recubiertas de gelatina.

La perra ingirió más de las ocho o trece pastillas necesarias para alcanzar la toxicosis por cafeína, dado su tamaño. La cuidadora intentó desesperadamente salvarla y, con la ayuda de mi vecina Erika, la llevó al veterinario. Mi perra entró en coma a pesar de sus heroicos esfuerzos.

Corrí a casa. El veterinario nos sugirió que nos preparáramos para que la perra no sobreviviera. Pero bajo sus constantes cuidados, y con mucha suerte, empezó a despertarse, débil y confusa pero con su personalidad intacta.

Estas oscuras lecciones nos enseñan que las plantas no producen cafeína para nuestro beneficio. La producen para defenderse de ser devoradas. Sin embargo, hemos aprendido a usar la cafeína para mejorar nuestras vidas porque, a diferencia de los diminutos cuerpos de los insectos, nuestros grandes cuerpos pueden soportar grandes dosis de este alcaloide y porque nuestros cerebros parecen estar predispuestos a interactuar con él.

EXCITACIÓN

La mayoría de nosotros no bebemos café o té por su potencial a largo plazo para alargar nuestra vida o prevenir la neurodegeneración relacionada con la edad. Lo tomamos para despertarnos, concentrarnos, mejorar nuestra memoria, acelerar el paso, mejorar nuestro estado de ánimo e impulsarnos a superar la depresión invernal y los momentos más difíciles de nuestras vidas. Estar excitados nos hace más felices. Tanto los atletas como los deportistas matemáticos utilizan la cafeína para mejorar su rendimiento físico y mental.

La influencia de la cafeína en nuestro estado de ánimo puede ser más que superficial. El café con cafeína se asoció a la reducción del riesgo de depresión entre un 25 y un 50 % en estudios en los que participaron cientos de miles de personas, y el riesgo se reducía aún más por cada taza adicional consumida, hasta cierto punto.

Beber dos o tres tazas de café con cafeína al día se asocia con una asombrosa reducción del 45 % del riesgo de suicidio en comparación con quienes no lo beben. Si se aumenta a cuatro tazas al día, las probabilidades de suicidio disminuyen en un 53 %. Sin embargo, ocho o más tazas al día aumentan el riesgo de suicidio en un 58 %. De nuevo, observamos efectos protectores en forma de U tanto para la depresión como para el riesgo de suicidio, un patrón común con tantas toxinas de la naturaleza cuando las utilizamos como drogas.

Aunque el café tiene fama de exacerbar las anomalías del ritmo cardiaco, o arritmias, esta acusación puede ser injustificada. El mayor estudio realizado hasta la fecha, con más de 350 000 personas, demostró que cada taza de café consumida disminuía el riesgo de cualquier tipo de arritmia cardiaca, incluida la fibrilación auricular, las taquicardias supraventriculares y ventriculares, y los complejos auriculares y ventriculares prematuros.

Sin embargo, un estudio más reciente utilizó mensajes de texto para indicar a cien pacientes que consumieran o evitaran el café con cafeína durante catorce días. Los pacientes llevaban un dispositivo que medía el ritmo cardíaco. Las contracciones ventriculares prematuras aumentaron un 50 % en los que bebían más de una taza al día. Para la mayoría de nosotros, este efecto secundario temporal no supone un problema de salud.

Pero no todo el mundo debería tomar mucho café con cafeína. La cafeína presenta claros inconvenientes para las personas con ansiedad, trastornos alimentarios y trastornos del sueño. Puede interferir con algunos medicamentos, y su consumo debe controlarse cuidadosamente durante el embarazo, como ya se ha comentado.

Por supuesto, hay personas a las que simplemente no les gusta cómo les hace sentir la cafeína. Estudios en los que han participado cientos de miles de personas de Estados Unidos y el Reino Unido han intentado averiguar si nuestras preferencias, índices de consumo, sensibilidades fisiológicas y capacidad para metabolizar la cafeína podrían explicarse, al menos en parte, por ligeras diferencias en nuestros códigos genéticos. La respuesta a todas estas preguntas es afirmativa. Una fracción importante de la variación entre algunos de nosotros en estos rasgos puede estar controlada por diferentes versiones de genes implicados en el olfato y el gusto, la respuesta del cerebro a la cafeína y la capacidad del organismo para desintoxicarla.

Aproximadamente la mitad de las diferencias globales en los patrones de consumo de cafeína son hereditarias, al menos en las personas que viven en las regiones geográficas donde se ha medido este rasgo. Si se puede extrapolar a toda la humanidad, lo cual es un gran «si», esta heredabilidad significa que nos parecemos mucho a nuestros parientes biológicos en cuanto a hábitos de consumo de cafeína.

En estudios con gemelas, la correlación entre su consumo de cafeína es aún mayor, llegando al 77 %. La tolerancia a la cafeína y la gravedad de los síntomas de abstinencia también son hereditarios, aunque en menor grado: entre el 35 y el 45 % de la variación entre personas de algunas poblaciones.

Aunque parte de la variación de los rasgos entre individuos depende del conjunto concreto de variantes genéticas heredadas de sus padres biológicos, una fracción aún mayor de la variación de los patrones de consumo de café entre personas viene determinada por la cultura y el entorno.

La cafeína es percibida como amarga por los animales que la prueban, incluidos nosotros. Esta experiencia en nuestras bocas está mediada por receptores gustativos codificados por un conjunto de genes TAS2R. Algunos de nosotros somos más sensibles a las sustancias amargas que otros, y esta sensibilidad depende en parte de las variantes que tengamos en estos genes TAS2R. Una fracción sustancial (entre el 36 y el 73 %) de la variación entre nosotros en nuestra sensibilidad al amargo viene determinada por el conjunto específico de variantes TAS2R que heredamos de nuestros padres.

En un amplio estudio realizado en el Reino Unido, los genetistas descubrieron una relación reveladora entre el consumo de café de un individuo y la intensidad con que percibe tres sustancias: la cafeína, una sustancia química amarga llamada propiltiouracilo y la quinina. Las personas más sensibles al amargor del propiltiouracilo y la quinina consumían menos café, y viceversa.

¿A qué se debe esta diferencia? Por un lado, la mayoría de las toxinas son amargas, por lo que una aversión innata al amargor suele ser ventajosa para las personas y otros animales. Las personas con mayor sensibilidad al propiltiouracilo y a la quinina son más reacias a los alimentos que los contienen y, en consecuencia, al café. Sorprendentemente, en cambio, quienes tienen una mayor sensibilidad al amargor de la cafeína hacen lo contrario y consumen más café.

A algunos de ustedes probablemente les gusten las bebidas y comidas amargas. Pero yo apostaría a que el ingrediente amargo va emparejado con otro gratificante, como un sabor dulce, en el caso del agua tónica, que lleva azúcar añadido junto con la quinina.

Para averiguar qué ocurre realmente, los investigadores descubrieron que la variante genética TAS2R asociada a una mayor sensibilidad a la cafeína estaba más fuertemente relacionada con un mayor consumo de café con cafeína que de café descafeinado. Esta asociación explicaba, desde el punto de vista biológico, los resultados de la encuesta sobre la relación entre una mayor sensibilidad al amargo y un mayor consumo de café. La conclusión —que quienes tenemos una mayor sensibilidad al sabor amargo de la cafeína aprendemos a asociarlo con una recompensa psicoestimulante— es un hallazgo notable y contraintuitivo.

Una de las formas en que la cafeína actúa en nuestro cerebro es uniéndose a los receptores de adenosina A1 y A2A de nuestras células nerviosas. La función más destacada del neurotransmisor adenosina es la de modulador del sueño. Sus niveles aumentan en el cerebro en función del tiempo que estamos despiertos; un determinado nivel de adenosina acaba induciendo el sueño.

La cafeína es un imitador molecular de la adenosina, pero tiene el efecto contrario sobre el sueño porque se une a los receptores de adenosina A1 y A2A, bloqueando así la adenosina. Esta actividad de unión es responsable de la capacidad de la cafeína para despertarnos. La adenosina no puede hacer su trabajo cuando la cafeína bloquea los receptores de adenosina en nuestro cerebro.

Algunos de nosotros somos portadores de mutaciones más raras pero naturales en nuestros genes receptores de adenosina A2A. Estos cambios provocan una mayor o menor sensibilidad a la cafeína, lo que se corresponde con sus efectos ansiolíticos y su consumo habitual. Una de estas variantes genéticas del receptor de adenosina A2A se asocia con la evitación de las bebidas con alto contenido en cafeína y el chocolate negro. Los que tenemos esta variante podemos tender a evitar el café más que los que no la tienen, porque percibimos el café como amargo y somos más propensos a tomar té, que tiene la mitad de cafeína que el café.

Otras personas presentan una variante diferente en el gen del receptor de adenosina A2A. Esta mutación natural se asocia con una mayor afición al café sin azúcar, una mayor ingesta de café, una baja aversión al sabor amargo del café y un mayor disfrute y consumo de chocolate negro.

La velocidad con la que desintoxicamos la cafeína, una vez que ha entrado en nuestro organismo, y la eliminamos de la sangre viene determinada principalmente por la enzima CYP1A2 de nuestro hígado. Las mutaciones que afectan a esta enzima se encuentran entre las más importantes a la hora de explicar las variaciones en la velocidad a la que los individuos metabolizan la cafeína.

Al igual que las variantes del receptor de adenosina A2A, estas variantes del CYP1A2 también están relacionadas con el consumo de bebidas con cafeína, su cantidad y su forma. Una variante del CYP1A2 se asocia con un mayor consumo de café, mayores tasas de consumo de café con cafeína que de café descafeinado, mayor consumo total de té, mayor gusto por el café sin azúcar y mayor gusto e ingesta de chocolate negro que las otras variantes. La conclusión es que aquellos de nosotros con receptores de adenosina menos sensibles y un metabolismo de la cafeína más eficiente consumimos más café o té para obtener los mismos efectos positivos de la cafeína que las personas con metabolismos de la cafeína más sensibles y menos eficientes.

Aún más intrigante es la posibilidad de que condicionemos nuestra respuesta al sabor amargo de la cafeína en función de cómo interactúe nuestro cerebro con ella y de lo rápido que la desintoxique nuestro hígado. Esto significa que podemos cambiar nuestra aversión innata a las sustancias químicas amargas de la dieta, como la cafeína, si la recompensa es lo suficientemente alta. En otras palabras, alteramos nuestro comportamiento —¡y nuestros gustos!— mediante la recompensa inducida por la cafeína. El grado en que aprendemos a que nos gusten los alimentos y bebidas que contienen cafeína depende en parte de las variantes genéticas que influyen de forma independiente en nuestra percepción del gusto, nuestra sensibilidad a los efectos de la cafeína en el cerebro y la capacidad de nuestro organismo para desintoxicar la cafeína de forma eficaz.

Además de cafeína, el chocolate negro, pero no el blanco, contiene sustancias químicas idénticas a los endocannabinoides propios de nuestro cerebro, incluida la anandamida, una sustancia química cannabinoide endógena que se encuentra en la marihuana. Tanto la anandamida como el delta-1-tetrahidrocannabinol (THC) se unen a los receptores cannabinoides de nuestro cuerpo y producen una sensación de euforia. Además, unos niveles más altos de anandamida en el cerebro producen efectos antidepresivos, al menos en ratas. Aunque los niveles de anandamida en el chocolate pueden no ser lo suficientemente altos como para influir realmente en el cerebro por sí solos, dos moléculas relacionadas en el chocolate ralentizan la descomposición de los niveles endógenos de anandamida en el cuerpo. Por lo tanto, consumir chocolate podría elevar nuestros niveles de cannabinoides, aunque no se ha estudiado el alcance de este efecto potencial. A pesar de la escasez de investigaciones, el estímulo mental y físico que me producen la cafeína y los alcaloides relacionados del chocolate, por no mencionar su sublime sabor, es otra razón más para disfrutarlo.

Más allá del gusto de muchos humanos por la cafeína —y de que la mayoría de los insectos eviten esta sustancia—, la cafeína desempeña otro papel atrayente. Sorprendentemente, algunas plantas utilizan este alcaloide para atraer a los insectos.

ABEJAS BAILARINAS Y FLORES CON CAFEÍNA

Las especies de *Citrus* y *Coffea*, cuyas áreas de distribución nativas se solapan con las de las abejas melíferas en Asia y África, producen cafeína de forma natural en el néctar de sus flores. En 2013, los investigadores descubrieron que no se trataba de una coincidencia. Cuando las abejas recolectan néctar en flores con cafeína, recuerdan mejor a largo plazo el aroma de la flor, gracias a la cafeína del néctar. Así que, en la práctica, las abejas no solo se sienten más atraídas por otras flores que desprenden ese aroma, sino que también reclutan con más entusiasmo a sus hermanas abejas obreras para recolectar néctar de las mismas flores.

Los niveles de cafeína en el néctar están por debajo del umbral de detección del sabor amargo por las abejas y por debajo de los niveles tóxicos que Nathanson midió en las hojas de té y los granos de café. Lo que se deduce es que las flores producen cafeína en el néctar para manipular el cerebro de los insectos, produciendo niveles lo suficientemente bajos como para superar los receptores del sabor amargo que tienen todos los animales, pero lo suficientemente altos como para manipular el cerebro de las abejas. Las plantas no están conspirando conscientemente, por supuesto, pero la selección natural las ha dotado de la capacidad de producir las cantidades justas de cafeína para ser eficaces en la mejora de su aptitud.

Antes de llegar al fondo de este dulce subterfugio, debemos entender cómo recogen las abejas el néctar para producir miel. Las abejas melíferas han evolucionado hasta convertirse en uno de los animales sociales más sofisticados, porque son capaces de hacer algo que ni usted ni yo podríamos hacer jamás. Una sola abeja melífera puede comunicar a sus hermanas la ubicación exacta de una nueva área de flores que ha encontrado haciendo una danza única en la oscuridad de la colmena. Las otras abejas utilizan esta información para volar hasta la parcela sin haber estado nunca antes en ella.

El neuroetólogo Karl von Frisch ganó el Premio Nobel de Fisiología o Medicina en 1973 por descubrir cómo lo hacen las abejas melíferas, una maravilla del mundo natural. El lenguaje danzante de la abeja melífera no lo es todo. En la práctica, el olor de las flores que la recolectora ha llevado a la colmena también es necesario para que sus hermanas encuentren la zona de flores adecuada. Ahí es donde entra en juego el néctar cargado de cafeína.

Como ya he dicho, cuando consumimos cafeína, las moléculas bloquean los receptores de adenosina de nuestro cerebro. Pero lo que no te había dicho es que los receptores bloqueados hacen que las neuronas liberen neurotransmisores que ayudan a crear memoria a largo plazo. El efecto potenciador de la memoria asociada al olor que proporciona la cafeína en el néctar funciona de la misma manera en las abejas. Parece bastante probable que las plantas estén dosificando su néctar con cafeína para ayudar a manipular a las abejas para que vuelvan a polinizarlas.

Cuando los investigadores colocaron azúcar en las estaciones de cebo con cafeína, las abejas recolectoras sobrestimaron la calidad del alimento en comparación con las que se alimentaron de azúcar sin cafeína. En la colmena se crea un ambiente de delirio inducido por estimulantes, que atrae cuatro veces más abejas al cebo con cafeína. El cebo artificial con cafeína induce una búsqueda ineficaz de alimento y, potencialmente, una reducción de las reservas de miel.

Al añadir cafeína al néctar, el éxito reproductivo de una planta puede ser mayor de lo que sería con solo azúcar y aminoácidos como recompensa, porque las abejas moverán más polen. Pero este atractivo de la cafeína puede no ser del todo bueno para las abejas, dada toda la energía extra gastada en vano.

En lugar de crear una situación de beneficio para todos, la planta, al drogar a sus polinizadores, puede obtener el beneficio a costa de la colonia de abejas. Este grado de manipulación va un paso más allá de los sistemas de polinización engañosa por el olor utilizados por las flores cadáver y los lirios de Salomón o la forma en que el néctar amargo del aloe atrae a los pájaros en lugar de a las abejas.

Al igual que la cafeína, los altos niveles de nicotina evolucionaron en algunas plantas como insecticida. Después, los pueblos indígenas de América empezaron a utilizar la nicotina hace unos doce mil años. Después de que las grandes tabacaleras corrompieran su uso, el tabaco se convirtió, por un amplio margen, en el mayor asesino entre todos los productos naturales que utilizamos. Ampliaré la historia de la nicotina en la siguiente sección.

La nicotina y su historia natural

La nicotina es un insecticida natural aún más potente que la cafeína, que protege a las plantas de tabaco del ataque de los herbívoros. El primer estudio sobre su uso como insecticida fue publicado en 1916 por el Departamento de Agricultura de Estados Unidos (USDA).

Tan potente es la nicotina como neurotoxina que una enfermedad llamada mal del tabaco verde hizo estragos antaño entre los trabajadores de las cosechadoras de tabaco. Los síntomas incluyen dolor de cabeza, náuseas, vómitos, mareos y postración en el suelo. En un estudio realizado en Carolina del Norte, los investigadores descubrieron que la nicotina estaba presente en altas concentraciones en el rocío matinal de las hojas de tabaco y probablemente era absorbida directamente por la piel de los trabajadores.

Más recientemente, los científicos han desarrollado los llamados neonicotinoides, insecticidas sintéticos que utilizan la molécula de nicotina como base. Estos neonicotinoides son problemáticos porque pueden dañar no solo a las plagas de los cultivos, sino también a insectos no objetivo, como las abejas, que interactúan con las plantas. Es más, las abejas pueden volverse «adictas» al néctar que contiene estos neonicotinoides, de forma parecida a las abejas que son más fieles a las flores con nicotina en su néctar. En última instancia, los investigadores han demostrado que, en el caso de los abejorros, la exposición a los neonicotinoides los convierte en peores cuidadores y cuidadoras de las abejas que crían en el nido.

Sin embargo, como habrá adivinado, hay algunos insectos herbívoros que han evolucionado para especializarse en las plantas de tabaco. Entre los más conocidos para mucha gente está probablemente el gusano cornudo del tabaco, que ataca a las plantas de tomate, tabaco y datura sagrada, todas ellas miembros de la familia de las solanáceas.

El gusano del tabaco no solo ha desarrollado mecanismos para hacer frente a la nicotina, sino que también utiliza la toxina como defensa contra las arañas depredadoras. En Utah, Pavan Kumar y sus colegas descubrieron que los gusanos del tabaco que atacan el tabaco coyote utilizan una enzima llamada CYP6B46 para transportar la nicotina desde el intestino a la sangre. Desde la sangre, la nicotina se libera al aire a través de los espiráculos de la oruga, los orificios respiratorios que salpican los lados de su cuerpo. Las concentraciones volátiles de nicotina liberadas por los espiráculos son lo suficientemente altas como para reducir las tasas de ataque de las arañas.

Los investigadores que descubrieron el aliento a fumador del gusano del tabaco acuñaron el término *halitosis defensiva*. Cualquiera que haya besado a un fumador sabe lo desagradable que puede ser la experiencia, y parece que a las arañas les pasa lo mismo con sus encuentros cercanos con los gusanos del tabaco.

Por si esto fuera poco, la nicotina en la sangre del gusano acaba dañando las larvas de las avispas parasitoides que eclosionan dentro de su cuerpo. En el aliento y en la sangre de los gusanos del tabaco, la nicotina sirve como defensa química contra los enemigos al aire libre y los enemigos interiores.

El consumo humano de tabaco comenzó hace 12 300 años, según pruebas recientes desenterradas en Utah, a unas horas en coche al norte de donde se estudiaron los gusanos cornudos del tabaco que repelían las arañas. Anteriormente, las pruebas más antiguas del consumo de tabaco por los pueblos indígenas de América procedían de restos de pipas de hace unos 3 300 años. Al igual que hicieron los científicos con «Sid» el Neandertal, los investigadores pueden recuperar nicotina del sarro de los dientes humanos descubiertos en el registro arqueológico. Tanto el sarro de una mujer indígena enterrada hace unos 630 años como el de un hombre enterrado hace 420 años no muy lejos de donde yo vivo, en lo que hoy es Oakland, dieron positivo en nicotina.

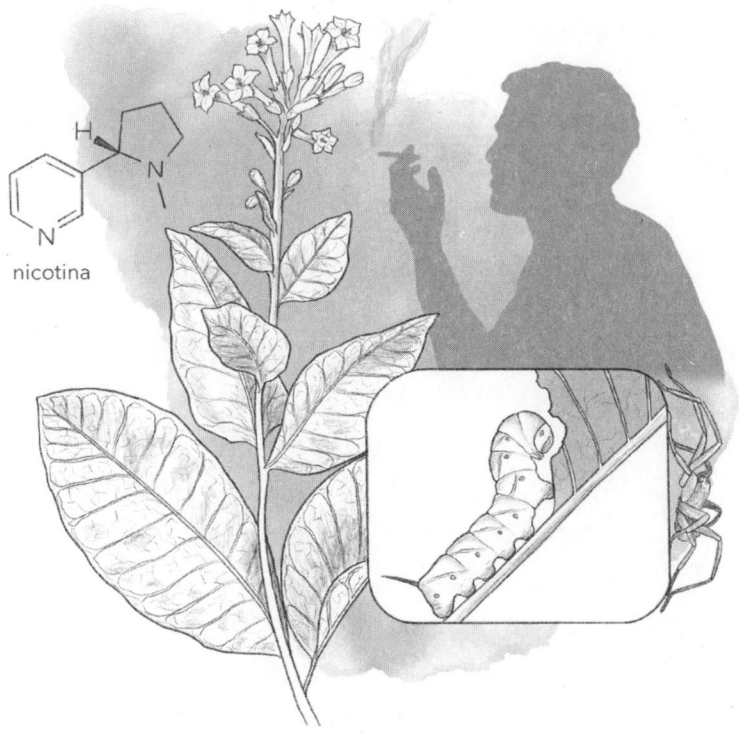

nicotina

También se descubrió que el pelo de un bebé que murió hace 2 400 años en las tierras altas del desierto chileno de Atacama contenía nicotina. Sorprendentemente, los investigadores determinaron que la nicotina llegó a través de la placenta y no de la leche materna porque pudieron observar su deposición a medida que el cabello crecía en el útero. Este consumidor pasivo podría haber nacido adicto a la nicotina, aunque los investigadores especulan que, dados los altos niveles de nicotina hallados en la madre, esta podría haber abortado. Unos niveles tan altos también sugieren que la madre era una chamán del tabaco.

Independientemente, el tabaco en forma de pituri —una mezcla de hojas de tabaco y una ceniza especialmente preparada— ha sido utilizado durante milenios por los aborígenes australianos que vivían principalmente en Australia central. El pituri se sigue utilizando hoy en día en Australia, sobre todo como quid, aunque también se fuma. Cuando se masca, las hojas se mezclan con la ceniza y se enrollan con la lengua en la cavidad bucal entre la mejilla y la encía para liberar la nicotina y la nornicotina relacionada.

En los preparados de pituri se utilizan diversas especies de tabaco, incluidos miembros del género *Nicotiana* y, sobre todo, la planta afín *Duboisia hopwoodii,* de la familia de las solanáceas.

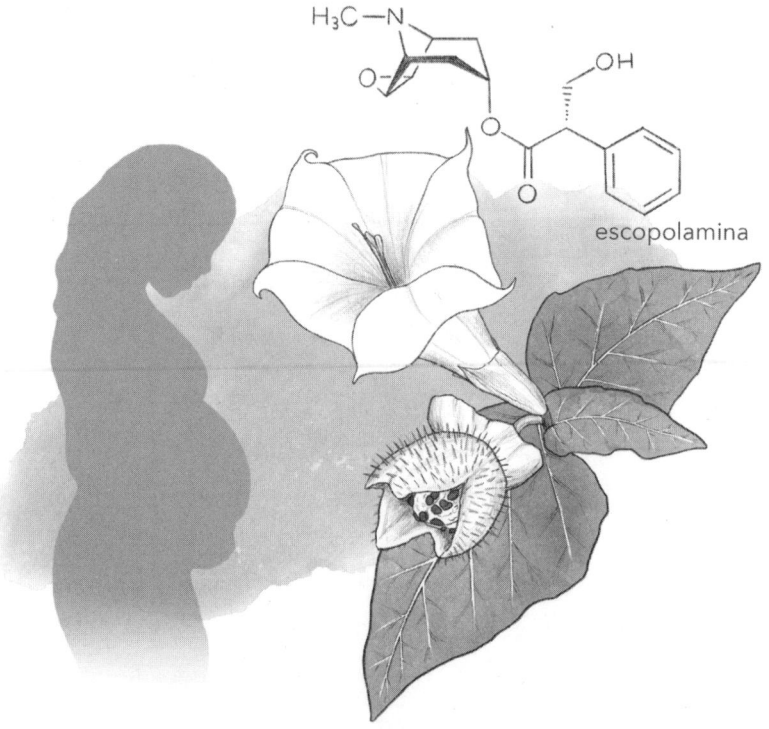

escopolamina

El pituri se utiliza tradicionalmente como estimulante, como droga inductora del trance, como ocurría en América, y para calmar el hambre durante las largas caminatas. Incluso se sabe que se utiliza para envenenar a las presas, como se indica en este relato de 1899, aunque la veracidad de la descripción no ha sido corroborada: «Las hojas de la planta pituri *(Duboisia Hopwoodii)* se utilizan para atontar al emú. El plan [...] consiste en hacer una decocción en alguna pequeña charca en la que el animal acostumbre a beber. Después de beber el agua, el pájaro queda estupefacto y cae fácilmente presa de la... lanza». El pituri era valioso en el comercio, se intercambiaba a través de las rutas comerciales aborígenes y era un potente símbolo de estatus.

Sorprendentemente, los seres humanos emplearon la nicotina de forma completamente independiente tanto en Australia como en América durante miles de años con diversos fines prácticos y espirituales. Esta evolución cultural convergente se da en el caso de muchas otras sustancias químicas psicoactivas, como el etanol, los glucósidos cardíacos y, como pronto veremos, los alcaloides que se encuentran en los nenúfares. Al igual que muchos animales emparentados lejanamente (mariposas monarca y escarabajos del algodoncillo, por ejemplo) que evolucionaron simultáneamente para atacar las mismas plantas tóxicas, las sociedades humanas emparentadas lejanamente hacen lo mismo.

NICOTINA Y NITROSAMINAS

Las drogas psicoactivas puras, en su mayoría alcaloides, se han hecho accesibles en un abrir y cerrar de ojos, desde la perspectiva de la evolución humana. Si estas formas puras de las drogas no fueran tan fáciles de obtener, prácticamente se eliminarían las muertes por sobredosis, que suelen derivarse de un trastorno por consumo de drogas.

En Estados Unidos, casi 92 000 personas murieron en 2020 por sobredosis de drogas psicoactivas, la mayoría de las muertes no intencionadas. Casi 70 000 de estas muertes estuvieron relacionadas con el consumo de opioides naturales, semisintéticos o sintéticos, y el resto fueron causadas principalmente por anfetaminas y cocaína. Aunque el alcohol no suele ingerirse en estado puro, el abuso de etanol refinado en las bebidas alcohólicas mata a otras 95 000 personas al año en Estados Unidos. Aproximadamente la mitad de estas muertes, como la de mi padre, se atribuyen a los efectos indirectos del cáncer, las enfermedades cardiovasculares y las enfermedades hepáticas. En total, pues, lo que podríamos llamar el consumo de drogas refinadas mata a unas 200 000 personas al año en Estados Unidos, sobre todo por sobredosis, pero también a causa de enfermedades crónicas.

Sin embargo, estas cifras palidecen en comparación con las muertes debidas al consumo de tabaco. En Estados Unidos, 34,1 millones de personas fumaron productos de tabaco en el año 2019, y alrededor de 500 000 muertes estadounidenses se atribuyeron al tabaco ese año. Si ampliamos la escala, 1 140 millones de personas fumaron productos del tabaco en todo el mundo en 2019, con un total de 7,7 millones de muertes relacionadas con el tabaco ese año. Casi todos los que murieron (87 %) eran fumadores actuales y, por supuesto, las muertes son casi todas involuntarias. Estas estadísticas se suman a los 200 millones de años de vida ajustados en función de la discapacidad que se pierden al año.

De los fallecidos por cualquier causa en 2019, aproximadamente el 20 % de los hombres y el 6 % de las mujeres murieron por causas relacionadas con el tabaquismo. Esto concuerda con la estimación de que casi dos tercios de los fumadores de larga duración morirán por enfermedades relacionadas con el tabaquismo. Aunque desde 1990 se ha producido un descenso del 28 % en el consumo de tabaco por parte de los hombres y del 38 % por parte de las mujeres en todo el mundo, el crecimiento de la población ha incrementado el número total de personas que consumen tabaco. El consumo de tabaco sigue siendo el principal factor de riesgo de mortalidad entre los hombres.

Una de mis fotos favoritas de mi padre es de cuando estaba en la marina durante la guerra de Vietnam. La junta de reclutamiento le dijo que le iban a llamar a filas, así que en vez de alistarse en el ejército, se alistó en la marina. Quería ser médico y decidió que ser miembro del cuerpo era lo que más se ajustaba a su objetivo. Pero no sabía que los médicos de la marina eran los médicos de los marines, que estaban en primera línea en Vietnam.

Se entrenó en el sur de California con los marines y, durante uno de los ejercicios, un amigo le hizo una foto. Mi padre tenía la cara pintada de verde, el casco decorado con vegetación de camuflaje, un cigarrillo en la boca y un fusil en las manos. Fumaba a los veinte años, pero consiguió dejarlo cuando nacimos mi hermano y yo.

Justo antes de empezar a trabajar en Berkeley, una serie de aconte-cimientos estresantes se apoderaron de mí y empecé a fumar cigarri-llos en secreto, otra vez (ya había fumado en la universidad). Fumaba solo uno al día, lo cual, me decía a mí mismo, era menos que el nú-mero de cigarrillos que el entonces presidente Barack Obama decía que fumaba algunos días en la Casa Blanca.

El humo de los primeros cigarrillos me picaba en la garganta, los pulmones y los ojos. Una vez que se me pasaba la tos, la euforia que me producía la activación de ese circuito cerebral dormido que libe-raba dopamina era superlativa. Un tranquilo paseo nocturno por el barrio, solo yo y mi único cigarrillo, me proporcionó exactamente el cambio mental que deseaba mientras se desarrollaban esos grandes y estresantes acontecimientos de mi vida.

Por supuesto, sabía perfectamente que este viejo amigo con el que había vuelto a conectar podía matarme. Incluso un solo cigarrillo al día aumenta las probabilidades de sufrir un ictus o un infarto de miocardio y, a largo plazo, un aneurisma aórtico, la enfermedad pulmonar obs-tructiva crónica (EPOC) y el riesgo de cáncer. También comprendí que la nicotina, en lugar de disminuir mi ansiedad, en realidad la aumenta, aunque tenga otros efectos cognitivos positivos. Aun así, seguí fumando durante unos meses y lo disfruté mucho, aunque en el fondo sabía que fumar era un error. Y sabía que me sentiría avergonzado si alguien se enteraba. Mientras fumaba, me preguntaba si era la nicotina u otras sustancias químicas del tabaco las causantes de estas muertes.

Una diferencia importante entre el tabaco y las formas puras de alcaloides como las anfetaminas, la cocaína, los opioides y, en menor grado, el etanol diluido, es que la mortalidad por sobredosis de nico-tina en sí es esencialmente insignificante. La mortalidad causada por el consumo de tabaco, principalmente por fumarlo, se debe al cáncer, a enfermedades respiratorias como el enfisema y a enfermedades car-diovasculares derivadas de las más de nueve mil sustancias químicas y sesenta y nueve carcinógenos conocidos producidos por la combus-tión, o humo, de las hojas de tabaco. Se cree que la propia nicotina desempeña un papel relativamente pequeño en las enfermedades re-lacionadas con el consumo de tabaco, aunque nuestros conocimientos en este campo están cambiando rápidamente.

¿Significa esto que la nicotina es segura? La respuesta correcta es importante. Alrededor del 15 % de los adolescentes de Estados Unidos y más del 3 % de los adultos consumen nicotina mediante cigarrillos electrónicos. Además, la nicotina también se consume de forma crónica a través de chicles, pastillas y parches.

Las pruebas existentes, aunque escasas, sugieren que en adultos sanos, especialmente en aquellos que no han sufrido daños cardiovasculares, la nicotina presenta un riesgo menor de causar problemas cardiovasculares que el humo del tabaco. Sin embargo, algunas pruebas sugieren que las células del corazón, al menos en experimentos de laboratorio, pueden resultar dañadas por los productos de descomposición de la nicotina.

El consumo de cigarrillos electrónicos aumenta significativamente el riesgo de asma, bronquitis crónica, enfisema y EPOC en Estados Unidos. La nicotina podría explicar el mayor riesgo de enfermedades respiratorias en los consumidores de cigarrillos electrónicos. Los ratones expuestos a vapor de cigarrillos electrónicos con nicotina durante una hora al día durante cuatro meses desarrollaron síntomas similares a los de la EPOC, mientras que los ratones expuestos a vapor sin nicotina no los desarrollaron.

Además de nicotina, el aerosol de los cigarrillos electrónicos contiene sustancias tóxicas como aldehídos, acroleína y metales. Estas sustancias tóxicas pueden provocar lesiones agudas en los tipos de células que recubren los vasos sanguíneos y causar estrés oxidativo. Las demás toxinas presentes probablemente dependan de los disolventes y aromatizantes añadidos, la temperatura de ignición y la composición del cigarrillo vaporizador utilizado.

Los efectos a más largo plazo de estos y otros productos químicos en los cigarrillos electrónicos sobre el riesgo cardiovascular y el riesgo de cáncer son simplemente desconocidos. El brote de lesión pulmonar aguda que alcanzó su punto máximo en 2019-2020 en los Estados Unidos no se asoció con la nicotina de los cigarrillos electrónicos. En su lugar, el culpable fueron los productos de este que contienen THC y la presencia de acetato de vitamina E en los pulmones de los afectados.

Sabemos poco sobre los efectos del vapeo en la salud pública, y las cuestiones sobre los efectos se complican si consideramos la nicotina como carcinógeno. Existen pruebas de que el consumo prolongado de nicotina en ratones, ratas y líneas celulares humanas puede provocar cáncer.

Uno de los estudios más convincentes expuso ratones al vapor de nicotina de los cigarrillos electrónicos. Se descubrió que, al cabo de un año, casi una cuarta parte de los ratones expuestos al vapor de nicotina habían desarrollado tumores de adenocarcinoma en los pulmones. Ninguno de los ratones expuestos al vapor de control sin nicotina desarrolló estos tumores malignos.

Se observó un patrón similar en la hiperplasia vesical, un crecimiento excesivo del revestimiento de la vejiga que puede derivar en cáncer. Más de la mitad de los ratones expuestos al vapor de nicotina desarrollaron hiperplasias, frente a solo uno expuesto al vapor de control y ninguno expuesto al aire filtrado.

Es probable que el mecanismo que impulsa la asociación entre nicotina y cáncer se centre en la incapacidad del organismo de los mamíferos para convertir toda la nicotina en cotinina, que se elimina por la orina. Parte de la nicotina se descompone en nitrosaminas, incluida la nitrosamina cetona, que a su vez puede descomponerse en metildiazohidróxido, una sustancia química que se une directamente al ADN de nuestras células y provoca mutaciones perjudiciales.

Las mutaciones en la molécula de ADN son las causas directas de la mayoría de los cánceres. Otros productos de descomposición de la nicotina también pueden impedir que la maquinaria de reparación del ADN de la célula repare estas mutaciones. Aunque las nitrosaminas son un 95 % más bajas en el humo de los cigarrillos electrónicos que en el del tabaco, preocupa que este conocimiento haya hecho creer al público que el riesgo de cáncer es mínimo.

Sin embargo, dado que otros estudios no han demostrado que la nicotina en sí misma aumente el riesgo de cáncer, el papel carcinógeno de la nicotina ha sido controvertido. Como se puede suponer, el jurado aún no se ha pronunciado y la respuesta puede ser muy matizada y depender de muchos factores ambientales, genéticos y otros factores individuales.

A pesar de los aspectos negativos, las pruebas de más de setenta estudios observacionales sugieren que el consumo de nicotina protege contra la enfermedad de Parkinson. Esta enfermedad está causada por la muerte de determinadas neuronas cerebrales que producen dopamina. Cuando la nicotina entra en nuestro organismo, se une a los receptores nicotínicos de acetilcolina; esta acción da lugar a los efectos euforizantes y liberadores de dopamina de la nicotina, incluido el efecto estimulante provocado por la activación del sistema mesolímbico de recompensa. La capacidad de la nicotina para estimular las neuronas que emiten los receptores nicotínicos de la acetilcolina puede ser una vía directa a través de la cual este alcaloide protege contra la enfermedad. Otra vía posible es que cuando la nicotina se une a estos receptores, puede desencadenar una cascada química que acabe protegiendo contra las lesiones de las células nerviosas del cerebro inducidas por la inflamación y el estrés oxidativo.

Un pequeño estudio clínico que utilizó parches de nicotina para determinar si se podía ralentizar la progresión de la enfermedad de Parkinson no encontró ningún efecto. Por tanto, la nicotina quizá tenga un papel más preventivo que terapéutico. Sin embargo, otro pequeño ensayo clínico descubrió que el uso de un parche de nicotina mejoraba la atención y la memoria en adultos con deterioro cognitivo leve. Sorprendentemente, el aumento del consumo de alimentos que contienen nicotina, como las plantas de la familia de las solanáceas, entre las que se incluyen los tomates, las patatas y, especialmente, los pimientos, también se asocia a una reducción del riesgo de padecer la enfermedad de Parkinson, aunque la nicotina en sí no puede aislarse como factor causal. Comer más verduras solanáceas puede conferir un efecto protector contra ella, pero habría que comer mucho de una sentada para igualar la cantidad de nicotina de un cigarrillo.

No solo el cerebro humano parece rendir mejor bajo la influencia de la nicotina. Al igual que demostraron los experimentos con cafeína y abejas, las abejas que pueden superar una aversión inicial a este alcaloide y alimentarse de néctar que contiene nicotina aprenden los colores más rápido y vuelven a estas flores más fielmente que a las flores que producen néctar sin nicotina, incluso si la recompensa del néctar se reduce artificialmente con el tiempo.

Como se ha descrito, cuando los seres humanos y otros mamíferos consumen nicotina, una enzima del hígado la desintoxica en cotinina y luego en 3-hidroxicotinina. Dos genes, uno para el receptor de nicotina y otro para la enzima de desintoxicación de nicotina CYP26A, existen en formas ligeramente diferentes en distintas personas. Las mutaciones en el ADN de estos genes se produjeron hace mucho tiempo en algunos de nuestros antepasados y se transmitieron de generación en generación.

Resulta significativo que algunas de estas variantes genéticas predispongan claramente a algunas personas a padecer cánceres y otras enfermedades derivadas del consumo de tabaco y, posiblemente, incluso de la nicotina de los cigarrillos electrónicos. Un estudio en el que participaron miles de estadounidenses de ascendencia europea descubrió que dos mutaciones dentro y alrededor del gen que codifica la subunidad 5 del receptor nicotínico de acetilcolina podrían ayudar a explicar por qué una persona determinada es fumadora empedernida o ligera. Estas dos mutaciones también pueden ayudar a predecir el riesgo de cáncer de pulmón. Las personas portadoras de la forma más rara del receptor eran más propensas a fumar mucho y también tenían mayor riesgo de cáncer de pulmón, incluso cuando se controlaba la cantidad fumada.

Este estudio se repitió en Dinamarca. Allí, los investigadores hallaron patrones similares: mayor riesgo de cáncer de pulmón, cáncer de vejiga y EPOC en las personas portadoras de una de las variantes más raras. Una explicación de este hallazgo es que una fracción mayor de personas con la variante rara del receptor también inhaló más humo y fumó más al día a lo largo de su vida que los portadores de la variante más común del receptor.

La mutación en la variante más rara del receptor hace que este responda menos a la nicotina. Por tanto, como se necesita más nicotina para obtener el efecto deseado en el cerebro, las personas con esta mutación genética pueden tender a fumar más.

La velocidad con la que nuestro organismo elimina la nicotina del torrente sanguíneo también es una pieza clave del rompecabezas. Un estudio de miles de fumadores en Finlandia descubrió que la capacidad de metabolizar la nicotina en cotinina era altamente hereditaria. En otras palabras, si los padres eran metabolizadores rápidos, los hijos tendían a serlo, y viceversa en el caso de los metabolizadores lentos de la nicotina.

Se escanearon los genomas de los participantes en el estudio para determinar qué diferencias genéticas entre las personas, si las había, podían estar correlacionadas con los distintos índices de metabolismo de la nicotina. La mayor diferencia se encontraba en un gen que codifica la enzima hepática CYP2A6, que desintoxica la nicotina. Una versión de esta enzima provoca un metabolismo más rápido de la nicotina, y otras versiones provocan un metabolismo más lento, del mismo modo que las distintas formas de CYP1A2 determinan nuestra capacidad para desintoxicar la cafeína.

Las personas con la versión rápida de la enzima CYP2A6 fumaban más y les gustaba más fumar que a los metabolizadores más lentos. Se observa un patrón notablemente similar con las personas que tienen la versión rápida de CYP1A2 y han aumentado el consumo de café.

Los metabolizadores rápidos de la nicotina también tenían menos probabilidades que los metabolizadores lentos de ser tratados con éxito con una terapia de sustitución de nicotina basada en parches de nicotina. Los metabolizadores rápidos eliminaban la nicotina de su organismo con demasiada eficacia como para que el parche les proporcionara la solución que buscaban.

En cambio, una terapia de sustitución con un fármaco llamado vareniclina en lugar de nicotina resultó eficaz en estos metabolizadores rápidos de la nicotina. Dado que la vareniclina no es desintoxicada por la enzima CYP2A6, el fármaco resultó más eficaz que el tratamiento sustitutivo con nicotina para los metabolizadores rápidos. Estos resultados son muy prometedores para la salud de los fumadores. Dado que los metabolizadores rápidos de la nicotina fuman más tabaco, corren un mayor riesgo de padecer cáncer y enfermedades relacionadas con el tabaco. A los metabolizadores rápidos les resulta más difícil dejar de fumar si la terapia sustitutiva utiliza nicotina; el uso de vareniclina puede ser más eficaz.

Los paralelismos entre la sensibilidad a la nicotina y la cafeína a nivel de los receptores y los patrones de consumo de nicotina y cafeína de las personas, incluido cuánto les gustan estos estimulantes y cuánto inhalan o beben, son asombrosos y apuntan a una observación más general: estamos predispuestos a interactuar con estos estimulantes, y nuestras predisposiciones genéticas ayudan a determinar la naturaleza de nuestra relación con ellos.

En lo que respecta a la cafeína y la nicotina, como la mayoría de las toxinas naturales que utilizamos, la línea que separa el veneno de la cura es delgada. Lo mismo ocurre con los alcaloides escopolamina, cocaína y curare. No hay tres fármacos que hayan desempeñado un papel más importante que ellos en el desarrollo de la cirugía moderna. Y de nuevo, como expongo en el capítulo siguiente, debemos nuestro uso de estas notables sustancias a los poseedores del conocimiento indígena.

8
ALIENTO DEL DIABLO Y MUERTE SILENCIOSA

Cleopatra: ¡Carmia!

Carmia: ¡Señora!

Cleopatra: ¡Ja, ja! Dame de beber mandrágora.

Carmia: ¿Por qué, señora?

Cleopatra: Para dormir durante el
gran vacío en que Antonio esté fuera.

Carmia: Piensas demasiado en él.

Cleopatra: ¡Ah, Carmia! ¿Dónde crees que está
él ahora? ¿De pie, sentado? ¿Andando? ¿A caballo?
¡Feliz su caballo, que lleva el peso de Antonio!
Pórtate bien, caballo, pues, ¿sabes a quién llevas?
¡Al semiatlas del mundo, al brazo
y yelmo de los hombres!
Ahora está diciendo o murmurando:
«¿Dónde está mi serpiente del Nilo?»
Así me llama. Ahora me nutro
del más rico veneno.

WILLIAM SHAKESPEARE, *Antonio y Cleopatra*

ESCOPOLAMINA Y SUEÑO CREPUSCULAR

A todos nos ha pasado. Aparentemente de la nada, la flecha con punta dorada de Cupido nos alcanza. Cuando golpea, nos enamoramos y nos rendimos a una liberación incontrolable y preprogramada de hormonas y neurotransmisores. El sentimiento puede ser abrumador, incluso no deseado. Y si ese amor no es correspondido o si el objeto del deseo nos es arrebatado de repente, puede ser insoportable.

La Cleopatra de Shakespeare está tan enamorada de Marco Antonio que ordena a su dama de compañía, Carmia, que le traiga el tónico de mandrágora, su «más rico veneno» para contener la marea. Esa frase encarna el arma de doble filo que forma parte del trato cuando se trata de nuestro uso de las toxinas de la naturaleza.

En la Europa medieval, puede que no hubiera mejor manera de comprobarlo que beber de la mandrágora, un ingrediente esencial en cualquier brebaje de brujas. El uso de la mandrágora como soporífero o tónico amnésico se debía a la presencia de alcaloides tropánicos como la escopolamina. La escopolamina produce «somnolencia, euforia, amnesia, fatiga y dormir sin sueños».

Este alcaloide es uno de los compuestos psicodélicos más potentes de la farmacopea natural, pero también tiene muchos otros poderes y se sigue utilizando como medicamento. También llamada hioscina y coloquialmente como la droga callejera aliento del diablo, la escopolamina figura en la *Lista modelo de medicamentos esenciales* de la Organización Mundial de la Salud.

La escopolamina es un fármaco anticolinérgico; bloquea los receptores muscarínicos de la acetilcolina. Cuando se bloquean estos receptores, se evitan las náuseas. Por ello, uno de los usos médicos más comunes de la escopolamina es en forma de parche de liberación lenta detrás de la oreja para prevenir el mareo (vendido como Transderm-Scop). Entre las formas modificadas de escopolamina se encuentran el butilbromuro de escopolamina (vendido como Buscopan) y la metescopolamina (Extendryl, AlleRx, Rescon o Pamine).

Personas de todo el mundo utilizan la mandrágora y otras plantas del género Solanaceae como enteógeno —una droga para la práctica espiritual— por su contenido en escopolamina. Entre las plantas que producen escopolamina se encuentran algunas del género *Datura*, llamadas trompeta del diablo, trampa del diablo, estramonio, flor de luna, datura sagrada y manzana espinosa. Las pinturas de Georgia O'Keeffe de una flor de datura nos cautivaron a Shane y a mí cuando visitamos el museo del mismo nombre en Santa Fe.

Otra fuente importante de escopolamina de las solanáceas son las plantas neotropicales del género *Brugsmansia*, llamadas colectivamente trompetas de ángel o *borracheros* en español. Algunas especies de *Duboisia* en Australia también producen este importante alcaloide. Como hemos visto antes, los aborígenes australianos fabrican pituri a partir de *Duboisia hopwoodii*, que también produce nicotina.

El uso de plantas productoras de escopolamina como medicinas y enteógenos está tan extendido entre las culturas indígenas de todo el mundo que parece imposible saber si su uso surgió muchas veces de forma independiente o solo una vez y luego se extendió. La escopolamina es especialmente importante en América, en partes de África oriental y en todo el sur y el este de Asia.

Me topo literalmente con trompetas de ángel todos los días cuando voy andando al campus de Berkeley. La mayoría de las especies de estas plantas *Brugsmansia* son nativas de los bosques nubosos del norte de los Andes, que contienen microclimas similares a los de la zona de la bahía, por lo que aquí se dan especialmente bien.

Aquí llaman la atención las enormes flores blancas o amarillas en forma de campana que cuelgan junto a las aceras. Algunas son polinizadas durante el día por colibríes de pico increíblemente largo, y otras por murciélagos y polillas por la noche. Sin embargo, las semillas que se desarrollan en los ovarios de los frutos están protegidas de los depredadores de semillas debido a las altas concentraciones de escopolamina y otros alcaloides tropánicos que se esconden en su interior.

El pueblo Zuni, en el oeste de Nuevo México, sigue en pie, a pesar de las adversidades, en el mismo lugar que ocupaba cuando los españoles lo invadieron por primera vez. Lleva viviendo allí entre tres mil y cuatro mil años, y su uso de la datura sagrada se ha entretejido con muchos elementos de la vida.

Históricamente, los sacerdotes de la lluvia Zuni y los miembros de fraternidades selectas daban raíz de datura en polvo para dejar inconscientes a los pacientes y poder realizarles procedimientos médicos. Estas operaciones incluían «fijar extremidades fracturadas, tratar dislocaciones, hacer incisiones para extraer pus, erradicar enfermedades del útero y similares».

En 1762, el médico vienés Anton von Störck incluyó la *Datura stramonium* en un folleto en el que describía sus posibles usos medicinales. También ilustró el beleño negro (*Hyoscyamus niger*), un pariente con los mismos alcaloides tropánicos y ampliamente utilizado como medicina y veneno.

La escopolamina reduce la salivación y otras secreciones corporales, previene las náuseas y los vómitos y suprime los espasmos musculares. Estas características se suman a su efecto soporífero. Por lo tanto, el alcaloide se convirtió en un candidato natural para su uso como anestesia antes de la cirugía, ya que los Zuni lo habían utilizado durante milenios. El uso de *Hyoscyamus* se menciona incluso en el Papiro Ebers para tratar la «magia en el vientre», lo que puede interpretarse fácilmente como una descripción de mareos o malestar estomacal.

La escopolamina debe su nombre al médico tirolés Giovanni Antonio Scopoli, que recolectó y conservó una planta que posteriormente se describió como *Hyoscyamus scopolia* y como *Scopolia carniolica* en su honor. El uso de la droga en la medicina moderna empezó en serio a principios del siglo XX, después de que un médico alemán propusiera utilizarla durante una intervención quirúrgica.

En 1902, el médico austriaco Richard von Steinbüchel recomendó que se administrara a las madres una mezcla de escopolamina y morfina durante el parto, ya que las mujeres no solo no sentirían dolor gracias a la morfina, sino que además no recordarían haber dado a luz, gracias a la escopolamina. Con el tiempo, dos médicos alemanes, Carl Glauss y Bernhardt Kronig, empezaron a explorar más a fondo el uso combinado de escopolamina y morfina durante el parto. *Dämmerschlaf,* o «sueño crepuscular», se introdujo en la medicina europea en 1906, durante un congreso de obstetricia celebrado en Berlín.

Dado que en aquella época no existía ningún método seguro para reducir el dolor del parto, se corrió la voz. En 1914, la combinación de fármacos se afianzó en Estados Unidos cuando apareció un artículo titulado «Parto sin dolor» en la revista *McClure's Magazine*. El artículo enmarcaba el uso de escopolamina y morfina como una forma de que las mujeres pusieran fin a su sufrimiento durante el parto. El sueño crepuscular se vio envuelto en el movimiento por los derechos de la mujer de la primera ola en Estados Unidos porque se consideraba que liberaba a las mujeres del dolor del parto. Mucha gente en Estados Unidos consideraba el dolor del parto un castigo impuesto por Dios desde Eva y el pecado original.

Al principio, el sueño crepuscular se consideraba una solución beneficiosa para todos. Los médicos podrían seguir consiguiendo que sus pacientes les respondieran durante el parto, pero estas no recordarían la conversación ni sentirían el dolor. Sin embargo, resultó difícil acertar con las dosis de estos dos potentes alcaloides, y la sonada muerte de Charlotte Carmody durante el parto llevó a su desaparición. Irónicamente, Carmody fue una de las defensoras del sueño crepuscular para el parto, y su muerte pudo no estar relacionada con los fármacos. A pesar de los problemas de dosificación, el sueño crepuscular se utilizó esporádicamente en Estados Unidos hasta la década de 1960.

A mediados del siglo XX, la escopolamina llegó a utilizarse como «suero de la verdad» en interrogatorios, tanto en Estados Unidos como tras el Telón de Acero. Y en otros lugares del mundo, innumerables personas, incluidas las de muchas culturas indígenas, han aprovechado los poderes de las plantas que sintetizan escopolamina para múltiples fines.

La escopolamina derivada de la *Brugsmansia* también se ha utilizado con fines delictivos, por ejemplo, durante robos y agresiones sexuales, supuestamente en las principales zonas urbanas de Ecuador y Colombia. Según el Consejo Asesor de Seguridad en el Exterior de Estados Unidos, las víctimas reciben supuestamente una dosis de escopolamina en la comida, la bebida o incluso a través de la piel por medio de residuos en panfletos. Es en estas situaciones cuando la escopolamina recibe el nombre de aliento del diablo. Sin embargo, hay pocas pruebas sobre cuál es exactamente el origen de los más de cincuenta mil incidentes denunciados por el consejo a finales de la década de 2010.

En los escasos análisis toxicológicos realizados a supervivientes de agresiones sexuales se han encontrado tranquilizantes conocidos y ampliamente asociados a la violación en cita, en lugar de escopolamina. La escopolamina es fabricada por empresas farmacéuticas y no es fácil extraerla y purificarla de la *Brugsmansia*. Por lo tanto, el uso de escopolamina derivada de las plantas en estos casos es cuestionable, a pesar de la leyenda urbana del aliento del diablo, y el diablo está en los detalles.

Otra leyenda urbana podría ser más cierta. La atropina es otro importante alcaloide tropánico que se encuentra en plantas como la *Brugsmansia* y la mandrágora. Este alcaloide se sintetiza en altas concentraciones en la planta de la belladona *(Atropa belladonna)*, cuyo nombre de especie significa «mujer hermosa». En la Italia de los siglos XV y XVI, algunas mujeres utilizaban la belladona como cosmético para dilatar las pupilas y conseguir una mirada de ojos saltones. Actualmente, la atropina se utiliza para tratar algunos tipos de miopía infantil.

En la siguiente sección, examinaremos otros dos alcaloides importantes en medicina.

COCA Y CURARE

Dos alcaloides esenciales para el desarrollo de la cirugía moderna segura y eficaz son la cocaína y la tubocurarina. La cocaína fue el primer anestésico local. La tubocurarina, el principal tóxico del curare tubular (curare almacenado y enviado en bambú), fue el primer relajante muscular utilizado en anestesia general.

Mucho antes de que los científicos y médicos europeos y norteamericanos usaran la cocaína y la tubocurarina, el poder de estas toxinas fue descubierto por varias culturas indígenas a lo largo de la cordillera de los Andes y la cuenca del río Amazonas. Como muchas de las toxinas de las que he hablado, la cocaína y la tubocurarina pueden curar o matar, según las circunstancias.

La cocaína es producida por las plantas de coca sudamericanas del género *Erythroxylum*. Las pruebas de ADN demuestran que todas las variedades de coca cultivadas fueron domesticadas originalmente por los pueblos indígenas de forma independiente en dos o tres momentos distintos a partir del progenitor silvestre E. *gracilipes,* muy extendido. Cada variedad se clasifica en las especies E. *coca* (coca amazónica y coca de Huánuco o boliviana) o E. *novogranatense* (coca colombiana y coca de Trujillo).

La cuestión es por qué las plantas de coca se molestarían en fabricar cocaína en primer lugar. En 1993, James Nathanson, el mismo investigador cuyos estudios demostraron que la cafeína era un insecticida natural que protegía las plantas de té y café, dirigió el equipo que encontró la respuesta.

Nathanson y su equipo rociaron la planta huésped natural de la oruga del gusano del tabaco con concentraciones crecientes de cocaína. En las concentraciones encontradas en las hojas de coca naturales, la alimentación de las orugas se inhibió entre un 68 % y un 88 %, y cuando los investigadores aplicaron una concentración que imitaba los niveles más altos de cocaína encontrados en las hojas de coca recién abiertas, la alimentación se inhibió en un 95 %. En ambos experimentos, todas las orugas acabaron muriendo. Al igual que la cafeína, la cocaína es un insecticida increíblemente eficaz, pero actúa a través de un mecanismo diferente.

Los investigadores descubrieron que la cocaína mata a los insectos al inhibir la captación por las células nerviosas del neurotransmisor octopamina, que actúa como la norepinefrina en los humanos. El exceso de octopamina disponible para unirse a su receptor provoca una activación más rápida de las neuronas. El rápido aumento provoca hiperactividad, incluyendo temblores, y hace que el insecto se arrastre rápidamente fuera de las hojas y deje de alimentarse. Todos estos comportamientos benefician a la planta porque la oruga elimina menos material foliar.

Nathanson llegó a la conclusión de que, dado que la cocaína inhibe la alimentación en los insectos, el alcaloide parece servir como defensa química contra el ataque de los insectos. Nuestro uso y abuso de la cocaína es un «efecto secundario no relacionado» (en palabras de Nathanson) con el hecho de que la cocaína inhiba la captación de muchos neurotransmisores, como la dopamina, la serotonina y la norepinefrina, en cerebros de mamíferos como el nuestro.

La cocaína también inhibe la eclosión de los huevos de la polilla del gusano del tabaco. En estudios más recientes sobre moscas de la fruta y hormigas se ha descubierto que la cocaína es muy aversiva en las pruebas de sabor a concentraciones biológicamente relevantes en los alimentos. La cocaína también acortaba la vida de las moscas de la fruta e inhibía el desarrollo de sus huevos. Estos resultados son totalmente coherentes con la hipótesis del insecticida para explicar por qué las plantas de coca producen cocaína.

No es sorprendente que las orugas de una polilla se especialicen en comer hojas de la planta de coca. La mariposa de la coca *Eloria noyesi*, o la gringa o marumbia, como se la conoce en Colombia, evita de algún modo los efectos tóxicos de la cocaína. Sus orugas pueden incluso utilizar la cocaína de la planta para protegerse de los depredadores excretándola por ambos extremos cuando se ven acosadas. Las orugas también parecen secuestrar la sustancia química durante la metamorfosis: la cocaína también se encuentra en las mariposas adultas.

Esta diminuta mariposa ha atraído incluso la atención de los políticos. Como ha señalado la entomóloga May Berenbaum, la administración de George H. W. Bush gastó 6,5 millones de dólares para determinar si estas orugas podían criarse en masa y luego lanzarse desde aviones sobre las plantaciones de coca en Colombia como parte de la guerra contra las drogas. Esta misma idea fue resucitada en 2005 y 2015 por políticos colombianos como alternativa al uso de herbicidas como el glifosato para destruir las plantas de coca.

La voluntad del Gobierno estadounidense de gastar una cantidad tan desmesurada de dinero en la polilla de la coca es un testimonio de lo adictiva que es la cocaína para los seres humanos. ¿Por qué es tan adictiva? El quid de la cuestión es la capacidad de la cocaína para inhibir el reciclaje de neurotransmisores en el cerebro. La cocaína difiere de muchas de las drogas psicoactivas más utilizadas, como los opioides, porque no imita la estructura de un neurotransmisor (véase el apéndice). En su lugar, se une a tres proteínas transportadoras que se encuentran en las membranas celulares de las neuronas. Estos transportadores devuelven las moléculas de dopamina, serotonina y norepinefrina a la célula transmisora, la célula que libera estos neurotransmisores.

Normalmente, los neurotransmisores liberados por la célula transmisora viajan a través de la hendidura sináptica, el diminuto espacio entre la célula transmisora y la receptora. A continuación, los neurotransmisores activan el receptor de la célula receptora y esta se dispara. Una vez hecho esto, los mismos neurotransmisores vuelven a la célula transmisora que los liberó por primera vez y son transportados al interior de la célula para la siguiente ronda.

Cuando la cocaína se une a la proteína transportadora de dopamina en la célula transmisora, esta no puede eliminar la dopamina de la hendidura sináptica. La acumulación de dopamina impulsa la emisión prolongada de señales dependientes de esta y, junto con efectos similares que tiene sobre los transportadores de norepinefrina y serotonina, produce un subidón eufórico.

La cocaína ejerce su efecto más fuerte en el núcleo accumbens, la parte del sistema mesolímbico de recompensa del cerebro impulsada por la dopamina, e impulsa la dependencia, estimulando el trastorno por consumo de cocaína. La situación es la contraria en los insectos, ya que la cocaína influye en la recaptación del neurotransmisor octopamina, que a su vez hace que los insectos se sientan repelidos por la cocaína, no atraídos por ella. Esta diferencia en la neurofisiología explica por qué los insectos sienten repelencia, pero los humanos quedan rápidamente cautivados por la cocaína y quieren consumirla repetidamente.

Al igual que con la cafeína y la nicotina, que también son potentes insecticidas, los humanos cooptaron la cocaína para su función como droga psicoactiva millones de años después de que evolucionara por primera vez. El efecto de la cocaína sobre nosotros es simplemente una consecuencia fortuita y no intencionada de la batalla evolutiva entre las plantas de coca y los insectos que se alimentan de ellas, y sus efectos sobre nosotros no explican por qué surgió esta sustancia.

El consumo de cocaína refinada es totalmente distinto de la práctica de masticar hojas de coca en Sudamérica. La hoja de coca es uno de los estimulantes psicoactivos más antiguos utilizados por los seres humanos, y la práctica de masticarla es esencial para las identidades y culturas modernas de los pueblos indígenas andinos y amazónicos.

La prueba más antigua del uso humano de la coca tiene más de diez mil años y procede de la vertiente occidental de los Andes, en el noroeste de Perú. Las hojas de coca masticadas de este yacimiento fueron datadas por radiocarbono en el año 8000 a. C. Además de las hojas, en este yacimiento precerámico se encontraron evidencias de cal procesada a partir de cenizas de plantas.

Los aymaras y los quechuas siguen preparando la cal de la misma forma que en estos antiguos lugares. La añaden a las hojas de coca para formar un quid. Las propiedades alcalinas de la cal facilitan la liberación de la cocaína de las hojas. Describir el uso de las hojas de coca como masticación no es del todo correcto, porque los jugos de las hojas y la saliva se chupan del quid y se tragan. Otro método tradicional consiste en moler hojas de coca tostadas con cenizas de distintas especies vegetales del género *Cecropia*.

Cualquiera de los dos métodos de preparación puede producir una dosis de cocaína de entre 15 y 50 miligramos y un nivel de cocaína en sangre de unos 150 nanogramos por mililitro. Este nivel es muy inferior al alcanzado por los consumidores de cocaína refinada, que pueden consumir hasta 10 gramos al día.

En la actualidad, hay entre seis y ocho millones de *coqueros*, o masticadores de hoja de coca, en Sudamérica, aproximadamente el mismo número de consumidores habituales de cocaína refinada solo en Estados Unidos. El coqueo (o cocaísmo), la masticación de hojas de coca, ayuda a quitar el hambre, reducir la fatiga y combatir los síntomas del mal de altura, una amenaza constante en el altiplano andino. La masticación de la hoja de coca y las ofrendas son componentes importantes de la ceremonia y la práctica espiritual, contemporánea e históricamente. La práctica es un ritual diario para millones de personas, y desempeñó un papel en el auge y la caída de la civilización inca.

Los incas construyeron almacenes centrales para las hojas de coca, que estaban vinculados a la distribución de hojas a los jornaleros. Al principio de la conquista española de los incas, los intentos de erradicar el consumo de coca pronto fueron sustituidos por un enfoque explotador que incluía la redistribución (venta) de hojas de coca a los trabajadores agrícolas que querían utilizarlas como lo hacían sus antepasados. El estigma asociado a la masticación de la coca, derivado del racismo, puede ser una de las razones por las que nunca se extendió en Europa.

Por ello, la cocaína como droga tardó en entrar en la farmacopea europea y norteamericana. John Stith Pemberton, coronel del ejército de los Estados Confederados, resultó herido en la Guerra de Secesión y fue tratado con morfina. Cuando se volvió adicto, se puso a buscar una cura. Pemberton recurrió a la coca y descubrió que era eficaz. En 1885, formuló la Coca de Vino Francés de Pemberton, «el gran remedio para todos los trastornos del sistema nervioso». El tónico se inspiró en el *Vin Mariani,* una mezcla de Burdeos y extracto de hoja de coca elaborada por primera vez en Córcega por Angelo Mariani. Sin embargo, una ordenanza local de prohibición del alcohol en el estado de Georgia obligó a Pemberton a eliminar el vino de su brebaje, y la primera formulación de Coca-Cola llegó un año después.

La receta inicial de este medicamento patentado incluía extracto de hoja de coca y cafeína extraída de la nuez de cola (o kola) procedente de África, de ahí el nombre de Coca-Cola. El producto se puso a la venta el 8 de mayo de 1886 en los dispensadores de soda de la farmacia Jacob's de Atlanta, donde se vendía a una clientela blanca como bebida para la templanza y «un estimado tónico cerebral y bebida intelectual».

El racismo influyó en la actitud sobre su uso en Georgia, pero en este caso, el consumo de la droga era exclusivo de los opresores, no de los oprimidos. La situación opuesta se dio en la dinámica hispano-indígena de Sudamérica.

En respuesta a la reacción pública contra la droga, la cocaína se eliminó de la lista de ingredientes después de 1903. Sin embargo, algunos artículos de prensa siguen informando de que las hojas de coca Trujillo «descocainizadas» se siguen utilizando para aromatizar la Coca-Cola, posiblemente como el ingrediente secreto misteriosamente llamado Mercancía n.º 5.

Si tuviera que adivinar, diría que la Coca-Cola actual también está aromatizada con salicilato de metilo, el principal ingrediente del refrescante aceite de gaulteria que he mencionado antes. Pero esta suposición es únicamente una especulación. No obstante, el salicilato de metilo es uno de los principales componentes del aceite esencial de la hoja de coca.

Al menos hasta finales del siglo XX, hubo noticias sobre un acuerdo único entre la Coca-Cola Company y la Agencia Antidroga para obtener las hojas de coca descafeinadas para aromatizar. Según estas historias, la Stepan Company de Nueva Jersey importaba legalmente a Estados Unidos unas 100 toneladas de hojas de coca al año. Dado que la cocaína se sigue utilizando en algunas cirugías, se necesita su suministro. Después de que Coca-Cola supuestamente eliminara el ingrediente secreto, el extracto que contenía cocaína se enviaba a Mallinckrodt Pharmaceuticals en San Luis, donde se refinaba el clorhidrato de cocaína. La veracidad de estos informes no está clara. Tampoco se puede verificar la exactitud de estos informes de hace décadas, cuando las noticias aparecieron por primera vez. Sin embargo, en 2023, una simple búsqueda en Internet mostró que Mallinckrodt vendía clorhidrato de cocaína como medicamento compuesto, que es utilizado en anestesia local por cirujanos orales y otorrinolaringólogos. Por cierto, Mallinckrodt también fue uno de los principales productores de oxicodona en el momento álgido de la epidemia de opioides de prescripción.

En Über *Coca*, publicado en 1884, Sigmund Freud ensalzaba infamemente las virtudes de la cocaína como estimulante, pero solo mencionaba una vez sus propiedades anestésicas:

> La cocaína y sus sales tienen un marcado efecto anestésico cuando se ponen en contacto con la piel y las mucosas en solución concentrada; esta propiedad sugiere su uso ocasional como anestésico local, especialmente en relación con afecciones de las mucosas.

Freud consumió cocaína compulsivamente durante más de una década, pero lo irónico es que empezó a estudiar su efecto (en sí mismo) a causa de un amigo que era adicto a la morfina. Freud pensó que la cocaína podría servir como cura para la adicción a la morfina. En lugar de ello, la utilizó para tratar sus propias enfermedades mentales, entre ellas la depresión y la AUD.

El mismo año en que se publicó *Über Coca*, Carl Koller, uno de los colegas médicos de Freud en Viena, descubrió que la cocaína podía utilizarse en cirugía ocular, concretamente en la extracción de cataratas, un procedimiento que de otro modo sería increíblemente doloroso. El uso de la cocaína como anestésico local condujo al desarrollo de otros anestésicos locales, como la procaína (novocaína) y la lidocaína (xilocaína). Aunque la cocaína supuso un gran avance en la anestesia local, el curare transformó la anestesia general. Antes de que los médicos Harold Griffith y Enid Johnson introdujeran el alcaloide tubocurarina (el agente farmacológico del curare en tubo) en la práctica clínica en Montreal en 1942, no existía ningún método para relajar los músculos del cuerpo durante una intervención quirúrgica. Esta limitación hacía que la cirugía mayor fuera peligrosa para los pacientes y difícil para los cirujanos.

Si alguna vez ha existido una toxina que encarnara la doble faceta de las toxinas naturales como veneno y como cura, esa es el curare. El término *curare* describe muchos brebajes inventados por diversas culturas indígenas de la cuenca amazónica de Sudamérica a partir de toxinas de plantas y otros organismos. En ese contexto, el curare se utilizaba principalmente para las puntas de los dardos para cazar animales. Este uso explica por qué la toxina llegó a ser conocida como «muerte voladora» entre colonizadores y colonos.

En 1800, el polímata alemán Alexander von Humboldt y su compañero Aimé Bonpland fueron los primeros europeos en presenciar la preparación del curare en Sudamérica. Su descripción de la escena y de lo que les insinuó el «químico del lugar» es notable:

> Era el químico del lugar. Encontramos en su vivienda grandes ollas de barro para hervir el jugo de verduras, recipientes menos profundos para favorecer la evaporación por una mayor superficie y hojas del platanero enrolladas en forma de nuestros filtros, y utilizadas para filtrar los líquidos, que podían estar en mayor o menor medida cargados de materia fibrosa. El orden y pulcritud reinaban en su máximo esplendor en esta choza, transformada en laboratorio químico. El viejo indio era conocido por toda la misión con el nombre de amo del curare. Tenía ese aire autosuficiente y ese tono de pedantería de los que antiguamente se acusaba a los farmacéuticos de Europa. «Sé», dijo, «que los blancos tienen el secreto de hacer jabón y de fabricar esa pólvora negra que tiene el defecto de hacer ruido cuando se usa para matar animales. El curare, que preparamos de

padres a hijos, es superior a cualquier cosa que podáis hacer allá abajo (allende el mar). Es el jugo de una hierba que mata silenciosamente, sin que nadie sepa de dónde viene el golpe».

Después de leer ese pasaje, podemos entender fácilmente por qué el curare es un producto tan valioso en las comunidades indígenas de la cuenca del Amazonas y por qué las historias orales transmitidas de generación en generación en las culturas indígenas han sido la fuente de las muchas drogas que tenemos ahora. También es un ejemplo de cómo el curare, una brillante tecnología indígena, era superior a las armas utilizadas por los colonizadores europeos cuando se trataba de cazar presas en la selva tropical.

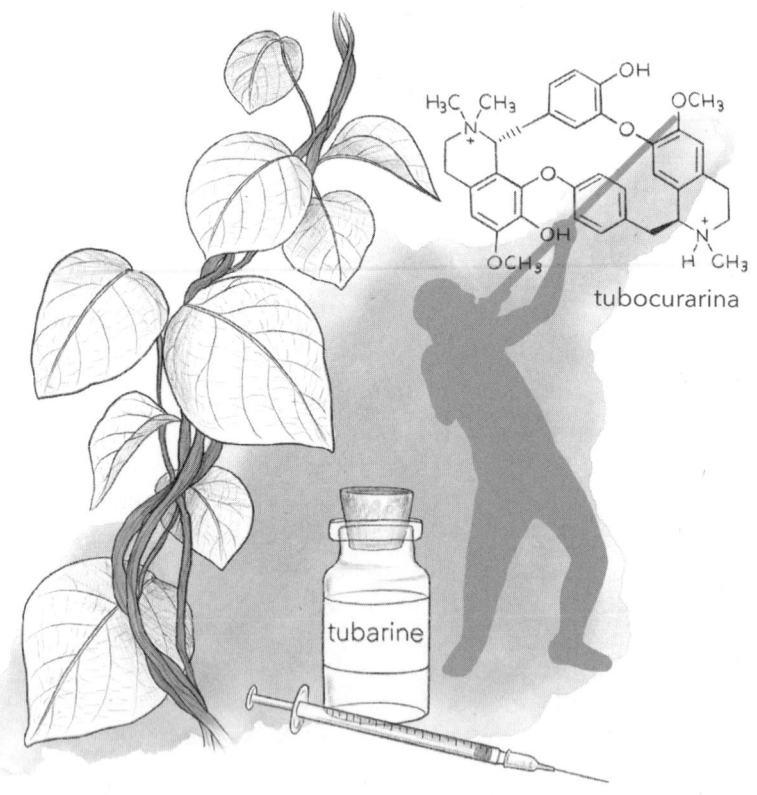

tubocurarina

tubarine

El curare suele prepararse a partir de la corteza del *Chondrodrendron* y vides afines de la familia Menispermaceae o de árboles

Strychnos de la familia Loganiaceae. Al igual que la cobratoxina de algunas cobras, la tubocurarina bloquea los receptores nicotínicos de la acetilcolina, impidiendo la unión del neurotransmisor acetilcolina. Cuando se bloquean estos receptores, los músculos que necesitan una señal del sistema nervioso para contraerse no pueden hacerlo. Por eso la tubocurarina es el veneno perfecto para la caza. Los animales arborícolas alcanzados por un dardo con punta de tubocurarina simplemente dejan de respirar y caen de los árboles al cabo de unos minutos. Además, la toxina no es venenosa cuando se ingiere, por lo que no hay ningún riesgo en comer la carne de estos animales.

En 1935, el investigador británico Harold King obtuvo del Museo Británico un antiguo espécimen de curare tubular y aisló de él el alcaloide tubocurarina. Mientras tanto, se corrió la voz de que el curare tubular podría ser un medicamento útil. Fue el aventurero estadounidense Richard Gill, que sufría espasmos musculares recurrentes tan severos que le impedían caminar, quien aprendió de los indígenas de Ecuador los secretos de la preparación del curare tubular.

En 1938, Gill envió a Estados Unidos una gran cantidad de curare tubular, junto con especímenes de las plantas utilizadas para fabricarlo. Con el tiempo, la empresa farmacéutica Squibb empezó a vender un extracto crudo llamado intocostrina. Pero no fue hasta 1942, cuando Griffith y Johnson trataron a un paciente con intocostrina e informaron de su éxito en la literatura médica, que el curare ganó terreno.

Paralelamente, gracias al aislamiento de la tubocurarina por King, en el Reino Unido ya se estaba trabajando para desarrollar un fármaco a partir del propio alcaloide. Finalmente, Burroughs Wellcome introdujo Tubarine, la marca comercial de la tubocurarina.

En 1941, treinta mil pacientes habían sido anestesiados con la revolucionaria tubocurarina. Sin embargo, había riesgos. Aunque el fármaco era casi milagroso como relajante muscular durante la cirugía, la tubocurarina también provocaba hipotensión arterial y reacciones alérgicas graves. En 1946 y 1947, dos médicos, uno en Gran Bretaña y otro en Utah, hicieron lo inimaginable: se «trataron» de forma independiente en un laboratorio para que sus colegas pudieran estudiar cómo funcionaba la tubocurarina.

Esta autoexperimentación no solo es problemática desde el punto de vista ético, sino también peligrosa desde el punto de vista físico. Aun así, los informes que estos autoexperimentadores publicaron en la literatura científica incluían recomendaciones cruciales sobre la dosificación.

La experiencia que vivieron estos dos hombres mientras estaban totalmente paralizados es insoportable. Eran totalmente conscientes de lo que ocurría a su alrededor, pero sufrieron lo que uno solo puede imaginar que se siente al ser sometidos a un ahogamiento simulado: asfixia con su propia saliva, incapaces de comunicar que no recibían la ventilación que necesitaban. Afortunadamente, ambos se recuperaron por completo.

Con el tiempo se desarrollaron nuevos relajantes musculares más seguros, pero la tubocurarina abrió el camino. También impulsó la investigación sobre la fisiología de la respiración, investigación que contribuyó al desarrollo de dispositivos médicos que salvan vidas, como el respirador.

Merece la pena mencionar la conexión entre la tubocurarina y el veneno de la araña viuda negra. Aunque rara vez es mortal, la picadura de esta araña es temida con razón por el dolor que provoca la liberación de acetilcolina que desencadena su veneno. Dado que la tubocurarina bloquea el receptor nicotínico de la acetilcolina, se utilizó brevemente en la década de 1950 —antes de que existiera un antisuero— para revertir los efectos tóxicos de la araña.

En el caso de la escopolamina, la cocaína y el curare, los conocimientos indígenas, acumulados a lo largo de decenas de miles de años, condujeron a avances médicos modernos que han mejorado y prolongado innumerables vidas humanas gracias a la anestesia. En cada caso, el veneno es la cura.

Los pueblos indígenas que descubrieron el poder de la cocaína y el curare nunca recibieron compensación por parte de las empresas farmacéuticas que se beneficiaron de ellos. No es de extrañar que muchos países de América Latina y de otros trópicos del mundo tengan ahora leyes contra la biopiratería que regulan estrictamente la exportación de productos naturales.

El uso de estas antiguas drogas en la medicina moderna ha disminuido, pero no así el de otra clase de alcaloides: los opiáceos. Pero a diferencia de la trayectoria del veneno como cura de las tres toxinas descritas en este capítulo, los opioides siguen un patrón diferente: la cura como veneno. El próximo capítulo describe estos importantes alcaloides, su impacto como medicamentos y drogas adictivas y, como veremos en breve, su papel directo e indirecto en la configuración de la geopolítica mundial.

9
SEÑORES DE LOS OPIÁCEOS

Marcharon y marcharon sin que pareciera que la gran alfombra de aquellas peligrosas flores terminara nunca. Siguieron la curva del río y al fin encontraron a su amigo el León que yacía dormido entre las amapolas. Las flores habían resultado demasiado potentes para la enorme bestia, la que terminó por rendirse… «Nada podemos hacer por él», dijo el Leñador con mucha pena, «pesa demasiado para levantarlo. Tendremos que dejarlo que duerma aquí para siempre, y quizá sueñe que al fin ha encontrado el valor que tanto ansiaba».

L. FRANK BAUM, *El maravilloso mago de Oz*

INCIENSO Y MIRRA

Durante el trabajo de campo en las islas Galápagos, utilicé con frecuencia la sombra del palo santo como respiro del castigador sol ecuatorial. Me refugiaba bajo sus fragantes ramas mientras anillaba y liberaba a los halcones que estudiaba.

La corteza plateada de los palo santos contrastaba con la lava esparcida en rojo y negro por los flancos de los conos de ceniza. Aunque son hermosos a la vista, lo que se me quedó grabado en la mente fue la fragancia y la consiguiente sensación de calma de estos árboles.

Las resinas aromáticas del palo santo y sus parientes de la familia Burseraceae, que incluye el incienso y la mirra, se han utilizado desde tiempos inmemoriales en unciones, embalsamamientos, inciensos, limpiezas rituales y medicinas. El palo santo era utilizado por los incas, y el incienso y la mirra por los africanos, los europeos, los pueblos de Oriente Próximo y en la medicina tradicional ayurvédica, china y perso-árabe.

El incienso y la mirra se han utilizado durante mucho tiempo como drogas que alteran la mente. El Evangelio de San Marcos afirma que se dio vino con mirra a Jesucristo antes de su crucifixión, quizá para aliviar el dolor.

Nuevas investigaciones ayudan a explicar por qué estas resinas han sido tan codiciadas y ampliamente utilizadas para tratar nuestros cuerpos y mentes enfermos durante tanto tiempo. Los extractos de incienso alivian el dolor y producen efectos sedantes cuando se inyectan en ratas de laboratorio.

Uno de los principales terpenoides del incienso, el acetato de incensol, reduce los síntomas de ansiedad y depresión en ratones de laboratorio. Parece que lo consigue al unirse a los receptores TRPV3 del cerebro. Curiosamente, otros receptores TRPV3 se encuentran en la piel y desempeñan un papel en la sensación de calor, tanto térmico como químico. Por ejemplo, el carvacrol, el timol, el eugenol y otras sustancias químicas fenólicas y terpenoides que se encuentran en los aceites esenciales de orégano, tomillo y clavo activan estos receptores TRPV3 cuando los aceites se frotan en la piel. El resultado es una maravillosa sensación de calor. En conjunto, estos descubrimientos nos dan una explicación biológica del antiguo y extendido uso del incienso en rituales espirituales y en medicina.

La mirra es aún más notable. En experimentos controlados, se alimentó a ratones de laboratorio con mirra molida o con su principal terpenoide, el furanoeudesma-1,3dieno. Cada tratamiento confería una tolerancia al dolor superior a la de los ratones de control que solo recibían suero salino. Increíblemente, cuando a estos ratones se les administró el bloqueante de los receptores opioides naloxona, los efectos analgésicos de la mirra desaparecieron.

Utilizando trazadores radioisotópicos, los investigadores confirmaron lo que ya se sospechaba: el furanoeudesma-1,3-dieno de la mirra parece unirse directamente a los receptores opioides del cerebro y tiene efectos analgésicos comparables a los de la morfina. Los receptores son los mismos a los que se unen los opioides y nuestros propios péptidos endorfínicos.

El furanoeudesma-1,3-dieno promete ser un analgésico menos adictivo que los opiáceos. Para que quede claro, este terpenoide es un compuesto similar a los opioides, pero no un opioide propiamente dicho. En la naturaleza, los opioides son alcaloides producidos por la adormidera.

Mesopotámicos, mayas y morfina

La historia habitual, e incorrecta, del origen de la adormidera es que, según los antiguos escritos sumerios y el arte de sus descendientes asirios, los sumerios domesticaron la planta y luego su uso se extendió a los egipcios. Esta historia se propagó a través de los escritos de Anthony Neligan, médico de los británicos en Persia. Afirmaba que ya en el año 7000 a. C., los sumerios aprovecharon por primera vez los poderes de la adormidera.

Sin embargo, las antiguas tablillas asirias que hablan de la adormidera no tienen ni de lejos nueve mil años. Proceden de la Biblioteca Real de Asurbanipal, fechada aproximadamente *setecientos* años antes de la Era Común, no siete mil.

Otras pruebas de la teoría del origen sumerio proceden de tablillas cuneiformes asirias que utilizan el ideograma HUL-GIL. El asiriólogo Raymond Dougherty interpretó HUL-GIL como «planta del gozo», un término que, según sugirió provisionalmente, podría referirse a la adormidera.

La opinión de Dougherty tampoco se sostiene. Otra asirióloga, Erica Reiner, reexaminó las pruebas y concluyó: «Ninguna palabra, ni en acadio ni en sumerio, ha sido identificada como adormidera…

En cuanto al sumerograma HUL-GIL, que significa "planta del gozo", tengo que decir que es completamente erróneo. De hecho, el primer signo es… "pepino"».

En cuanto a las representaciones de la adormidera en el arte de asirios y egipcios, entra en juego la popular idea del ojo del espectador. Los bajorrelieves y una estatua del Altar de Hapi, dios del Nilo, interpretados ambos como representaciones de la adormidera, pueden interpretarse alternativamente como granadas y nenúfares azules.

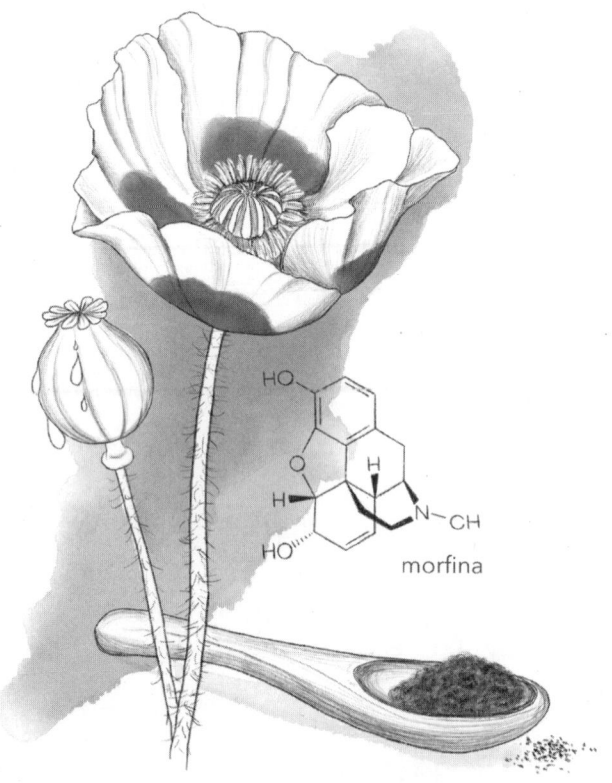

morfina

Los primeros en cultivar la adormidera, *Papaver somniferum* subespecie *somniferum,* fueron los agricultores neolíticos de la región mediterránea de Europa, hacia el 5600 a. C. El progenitor silvestre de la adormidera es *P. somniferum* subespecie *setigerum,* que aún crece silvestre en la región mediterránea central y occidental. Los ejemplares más antiguos datados por radiocarbono proceden de La Marmotta, un yacimiento cercano a la localidad italiana de Anguillara Sabazia, a unos treinta kilómetros al noroeste de una de mis ciudades favoritas, Roma.

En el año 5300 a. C., la adormidera había llegado al noroeste de Europa y, trescientos años más tarde, se cultivaba en los Alpes occidentales. Es muy posible que la adormidera sea el único cultivo de semillas domesticado en Europa. Las semillas de adormidera se comían y se convertían en un valioso aceite y, por supuesto, los alcaloides morfinanos (precursores químicos de los opiáceos) del látex se utilizaban como medicamentos.

Las pruebas sugieren que ya se consumía adormidera en Mesopotamia a mediados del tercer milenio a. C., a finales de la Edad del Bronce. Por ejemplo, en el Palacio Real G de Ebla (Siria) se descubrió una extraordinaria cocina con ocho fogones, fechada entre 2450 y 2300 a. C. No se trataba de una cocina normal, o al menos no de una cocina que se utilizara para cocinar. No era una cocina normal, o al menos no una cocina que reconociéramos. En su lugar, se utilizaba para fabricar y almacenar extractos de plantas medicinales, incluida, al parecer, la adormidera.

En la Edad del Bronce Tardío (1650-1350 a. C.), las jarras de base anular fabricadas en Chipre se comercializaban por todo el Mediterráneo Oriental. Por su inconfundible forma de amapola invertida, en 1962 el arqueólogo Robert Merrillees propuso —controversialmente— que estas vasijas transportaban opio.

En 2018, los científicos dispusieron de la tecnología necesaria para poner a prueba su audaz idea. Perforaron una jarra chipriota en el Museo Británico, tomaron muestras de los residuos que contenía y las sometieron a sofisticados análisis químicos. El proceso fue similar a la extracción de camazuleno de los dientes neandertales. La jarra contenía restos de tebaína y papaverina, dos de los alcaloides morfinanos más estables producidos por la adormidera. Se le dio la razón a Merrillees.

Cuando se agotaron las existencias de adormidera en Francia durante la Segunda Guerra Mundial, los científicos buscaron un narcótico sustitutivo. Aunque hoy en día el término *narcótico* se utiliza sobre todo para describir los opiáceos, una definición más amplia y fiel a la raíz griega *narkoun,* que significa «adormecer», es la siguiente: «que tiene el efecto de aliviar el dolor e inducir somnolencia, estupor o insensibilidad».

Los franceses recurrieron a los tubérculos del nenúfar blanco local, *Nymphaea alba.* Tras experimentar con pequeños animales, descubrieron que «en todos los casos se producía una narcosis que terminaba en somnolencia». En otras palabras, los animales caían en un sueño inducido por narcóticos.

Con el tiempo, las drogas derivadas de estos nenúfares se convirtieron en importantes medicamentos. Para rastrear sus orígenes hay que retroceder miles de años, cuando eran utilizados por las dos sociedades más sofisticadas del mundo, pero en lados opuestos del planeta: Mesoamérica y Egipto.

Los nenúfares azules (*N. noucahli* var. *caerulea*) desempeñaban un papel central en la teología de la antigua casta sacerdotal egipcia; las plantas se dan en todo el delta del Nilo. El nenúfar azul aparece en varias bellas historias egipcias de la creación. Del nenúfar surgieron las deidades del panteón. En una historia que surgió en la ciudad de Heliópolis, el mundo surgió de Nun, un «caos acuoso» que dio lugar al nenúfar azul, y de él surgió Atum, el dios del sol. En honor a este dios, las flores de los nenúfares se cierran de noche y se abren al amanecer, coincidiendo con la salida del sol.

En otra historia de la creación de la antigua ciudad egipcia de Menfis, Osiris fue asesinado y arrojado al Nilo, y más tarde resucitó como un nenúfar azul. Engendró a Horus, cuyos cuatro hijos surgieron juntos de una flor de nenúfar azul.

En el capítulo 81 del Papiro de Ani, o *Libro de los muertos,* Nefertum emerge de un nenúfar azul mientras se crea el mundo. Tutankamón fue representado de niño en el llamativo busto de madera pintada conocido como la Cabeza de Nefertum. El cuello del joven rey Tut emerge de un nenúfar azul pintado en una policromía verde azulado.

En un complejo ritual, los sacerdotes utilizaban el nenúfar como narcótico para representar estas sucesiones de deidades tal y como se creía que habían aparecido a lo largo de los tiempos. Al parecer, los sacerdotes creían que pasaban de una deidad a otra tras tomar el brebaje de nenúfar azul.

Un nenúfar emparentado de Mesoamérica (*N. ampla*) también fue explotado por los sacerdotes mayas de forma asombrosamente similar en medio mundo. En ambas civilizaciones, los artesanos incorporaron cuidadosamente impresionantes representaciones de nenúfares en frescos y otros muchos objetos. En ambos casos, los chamanes también los utilizaban para representar las transformaciones de las deidades, de una forma animal o humana a otra.

Tan parecidos eran los antiguos cultos egipcio y maya a los nenúfares que el etnobotánico William Emboden llegó a la conclusión de que «los dos nenúfares tienen asociados sistemas de creencias comunes que siguen un patrón y son predecibles, especialmente si se tienen en cuenta las propiedades farmacológicas de dichas plantas». La notable e innegable implicación es que el uso de los nenúfares como planta psicoactiva evolucionó de forma independiente en dos de las sociedades más avanzadas del mundo en aquella época.

Ahora sabemos que ambas especies de nenúfares contienen alcaloides de aporfina que, dependiendo de su forma, pueden bloquear o activar los receptores de dopamina D_1 y D_2 de nuestro cerebro. La aporfina, uno de estos alcaloides, bloquea los receptores de dopamina del cerebro y el organismo la convierte en apomorfina. La apomorfina activa los receptores de dopamina. Hoy en día, la apomorfina se vende como el fármaco Apokyn, que se utiliza para tratar la enfermedad de Parkinson y la disfunción eréctil.

Otro alcaloide del nenúfar, la nuciferina, es un bloqueador de la dopamina, pero su producto de descomposición, la aterosperminina, tiene el efecto contrario y activa los receptores de dopamina.

Dados los efectos opuestos sobre los receptores de dopamina a medida que las drogas de los nenúfares se descomponen en el organismo, el consumo de estos alcaloides por las antiguas culturas egipcia y maya habría producido una serie de estados mentales que dependían de la cantidad ingerida y de la rapidez con que las drogas se metabolizaban en el organismo. Estos efectos opuestos se aprovechaban en los rituales sacerdotales de ambas culturas para representar las sucesiones de sus deidades.

aporfina

Así que ahora tiene sentido por qué los nenúfares, y no las amapolas de opio, se representaban probablemente en el antiguo altar egipcio de Hapi. Con el tiempo, sin embargo, el opio se introdujo en la cultura del antiguo Egipto, pero solo después de que las amapolas fueran domesticadas en lo que hoy es Italia.

Europa fue el lugar donde se domesticó la adormidera y donde, en 1805, el farmacéutico prusiano Friedrich Wilhelm Sertürner aisló por primera vez la morfina en estado puro. La llamó morphium, en honor a Morfeo, uno de los miles de hijos de Somnus, el dios del sueño de las *Metamorfosis* de Ovidio. Las variedades de adormidera producen cantidades variables de bencilisoquinolina, o alcaloides morfinanos, que incluyen la codeína, la morfina y la tebaína.

Tras hervir opio en agua, Sertürner utilizó amoníaco para obtener cristales de morfina. Luego hizo algo impensable. Convenció a tres adolescentes, «ninguno mayor de diecisiete años», de que tomaran la droga con él para demostrar que actuaba de la misma manera que el opio. Todos tomaron la droga disolviendo medio grano de morfina cristalina en alcohol y agua y continuaron tomando esta dosis en rápida sucesión hasta que, como escribió, «el resultado con los tres jóvenes fue decididamente rápido y extremo».

En 1827, Merck inició la producción de morfina en Alemania, y el fármaco se utilizó intensivamente para tratar a los soldados heridos durante la Primera Guerra Mundial. La morfina sigue siendo una de las formas más utilizadas y eficaces de tratar el dolor (al igual que la codeína).

El alcaloide tebaína, procedente de la adormidera, es menos conocido porque tiene propiedades farmacológicas diferentes a las de la morfina. La tebaína actúa impidiendo que los opioides y las endorfinas (los péptidos endógenos que producimos para bloquear el dolor) se unan a los receptores opioides del cerebro, en lugar de activarlos como hace la morfina. Dado que la tebaína es un precursor de la propia morfina, puede convertirse en dos de las principales drogas en el centro de la última oleada de la epidemia de opiáceos: la hidrocodona y la oxicodona.

El método tradicional de recolección del opio requería lacerar la cápsula en desarrollo, que contiene las semillas, y luego dejar que el látex se filtrara y se secara, la llamada fase del opio. Posteriormente, el látex seco o el opio en bruto debe rasparse para su uso directo o su posterior procesamiento, un proceso que requiere mucho trabajo.

El método moderno de recolección y extracción de alcaloides requiere mucho menos trabajo. Toda la biomasa aérea de las plantas secas y maduras, conocida como paja de adormidera, puede recolectarse a máquina mediante una técnica desarrollada en 1930 por el farmacéutico húngaro Janos Kabay.

En 2004, los científicos informaron de la existencia de un nuevo mutante de adormidera producido mediante métodos de fitomejoramiento. Denominada *top1*, abreviatura de *tebaína* oripavina *adormidera 1,* la planta modificada genéticamente acumula tebaína y el precursor de la morfina oripavina, pero no morfina propiamente dicha. Como la morfina no es necesaria para producir hidrocodona y oxicodona —solo se necesita la tebaína—, la adormidera *top1* representaba una oportunidad para las empresas farmacéuticas. Esto se debe a la dificultad de separar la tebaína de la morfina en la adormidera, y con las amapolas *top1*, las empresas farmacéuticas no necesitaban realizar este paso de separación.

Además, la amapola *top1* no sería útil para el tráfico ilícito de drogas, porque la heroína se produce a partir de la morfina, no de la tebaína. Con la amapola mutante todos salían ganando, salvo los millones de personas que acabaron siendo adictas a los abundantes opiáceos derivados de la *amapola top1*.

La tebaína también se utiliza para fabricar naloxona (vendida como Narcan), el antídoto para las sobredosis agudas de opiáceos, y buprenorfina, un tratamiento para los síntomas de abstinencia de opiáceos. Por último, la tebaína puede convertirse en naltrexona, que se utiliza para tratar la ansiedad por las drogas en personas con trastornos por consumo de opiáceos y alcohol.

Como he descrito antes al recordar a mi padre, yo conocía bien estos trastornos. Los dos envases de pastillas recetadas que mi hermano había encontrado en la caravana de nuestro padre tenían la palabra hidrocodona en las etiquetas. Cuando leí la palabra, me dio escalofríos. Sin embargo, extrañamente, las pastillas se las habían recetado a su hermano, no a él. Su hermano llevaba muerto varios años, aunque al principio mi padre se había ido a vivir con él después de huir y antes de mudarse definitivamente a Texas.

Me pregunté por qué había guardado las pastillas de hidrocodona de su hermano durante tanto tiempo. ¿Era mi padre adicto a los opiáceos además de al alcohol? ¿Murió de una sobredosis de opiáceos?

El 3 de junio de 2018, recibimos el informe del médico forense enviado por el juez de paz. No hubo grandes sorpresas cuando empecé a leerlo, solo un recuento de lo que AUD le hace al cuerpo. La primera conclusión del forense fue que mi padre padecía cirrosis hepática y una enfermedad coronaria grave.

En cierto modo, me lo esperaba. Sus décadas de consumo excesivo de alcohol le causaron la cirrosis, aumentaron su riesgo de desarrollar aterosclerosis de las arterias coronarias e incrementaron su riesgo de infarto en un 40 %. Su tasa de alcoholemia en el momento de la autopsia rondaba el 0,1 %, justo por encima del límite legal para conducir en Texas.

Mi reacción inicialmente optimista ante la situación cambió de repente al leer la siguiente conclusión del forense: «Análisis de drogas en sangre de la aorta positivo para metanfetamina (ELISA), anfetamina

(ELISA), fentanilo (ELISA)». ELISA es un método de prueba, ensayo inmunoabsorbente ligado a enzimas, que utiliza anticuerpos para detectar la presencia de determinadas sustancias químicas en una muestra de sangre.

PIMIENTA, CERDO Y PIPERIDINA

Mi padre y mi abuela materna tenían mucho en común, aunque por supuesto no estaban emparentados biológicamente. Ambos eran personas cálidas por fuera, cuyos ojos verdes a juego y sonrisas tranquilas podían encandilar a cualquier persona.

Sus padres procedían de las islas británicas, y los antepasados de él también. Mi padre era su manitas. Era de fiar y estaba deseoso de complacer a su suegra, la matriarca; su dinámica era un modelo de cómo debían tratarse las personas entre sí. Le vi subir escaleras para cambiarle las bombillas, arreglarle la aspiradora estropeada y apretarle los tornillos de las sillas viejas, todo bajo su atenta mirada.

Su afecto mutuo se vio matizado por el entendimiento compartido de que cada uno necesitaba repetidas dosis de etanol antes de la cena: whisky con hielo para ella y cerveza fría, por supuesto, para él. Sus receptores $GABA_A$ se activaban mientras el alcohol hacía de las suyas, atenuando sus preocupaciones, adormeciendo su dolor y transformándolos en personas diferentes.

Quizá el rasgo más extraño que compartían era que ambos aromatizaban en exceso su comida con pimienta negra. Quiero decir *mucha*. Desde muy joven, tuve sentimientos encontrados sobre las cenas que preparaban. Mi inquietud no se debía a la comida en sí, que era deliciosa. Era la abundante pimienta negra que le echaban sin parar.

Para mi abuela, el vector de la pimienta negra solía ser un asado de cerdo sobre el que los adultos se deshacían en elogios. Para mi padre, era un estofado de carne que no empecé a apreciar hasta bien entrada la adolescencia.

Los granos de pimienta negra son producidos por la planta *Piper nigrum*. El oro negro, como se conocía, fue uno de los principales motores del comercio de especias y de todas las consecuencias geopolíticas que se derivaron de él. Esta especia produce un cosquilleo en la lengua debido al alcaloide piperina.

La piperina se une al TRPV1, el mismo receptor activado por la capsaicina, el eugenol, el gingerol y tantas otras sustancias químicas de las especias. Cuando se dispara, el receptor activa los nervios que detectan el dolor en la boca. A medida que aumentamos la dosis, el uso excesivo de piperina acaba por desensibilizar estos mismos nervios.

La sobreestimulación de receptores del dolor como el TRPV1 va seguida de una incapacidad para sentir dolor. Esta pérdida de percepción del dolor se deriva de la activación de los sistemas analgésicos dopaminérgico y opioide endógeno y del centro mesolímbico de recompensa. El uso excesivo de estas especias podría desencadenar un bucle de retroalimentación dolor-inhibición-dolor.

Como habrá adivinado, la piperina de la pimienta negra es una potente defensa contra el ataque de la mayoría de los herbívoros. Pero algunas especies de insectos están bien adaptadas a ella. El escarabajo de la polución es uno de ellos. Plaga autóctona de la India, sus larvas se alimentan de las bayas ricas en piperina que contienen los granos de pimienta negra.

El nombre técnico de la piperina es 1-peperoylpiperidina. La piperidina forma la columna vertebral de la piperina y puede sintetizarse artificialmente haciendo reaccionar la piperina con ácido nítrico. De este modo, la piperidina se convirtió en la base para la síntesis de la petidina en 1938. También conocida como meperidina, la petidina se vendería posteriormente como el analgésico de prescripción Demerol.

La petidina pronto eclipsó a la morfina como analgésico de prescripción preferido para el dolor agudo y crónico a mediados del siglo XX. Sin embargo, al igual que la morfina, la petidina tenía efectos secundarios indeseables: ninguno de los dos fármacos podía penetrar bien la barrera hematoencefálica. Un fármaco debe ser capaz de atravesar esta barrera para llegar al cerebro. El efecto terapéutico de la petidina tenía un inicio lento, y la diferencia entre dosis tóxicas y terapéuticas era estrecha.

Sin embargo, la estructura de la petidina era menos compleja que la de la morfina y más fácil de manipular en el laboratorio. Así que en

1953, Paul Janssen fundó la empresa belga Janssen Pharmaceutica y empezó a experimentar con la petidina como punto de partida para sintetizar opioides más eficaces y, esperaba, más seguros.

La hipótesis de Janssen era que la piperidina de la morfina y la petidina era lo que les permitía unirse a los receptores opioides en humanos. No le faltaba razón. Su primer éxito comercial fue la fenoperidina, sintetizada en 1957. A la fenoperidina le siguió el fentanilo en diciembre de 1960. En el corazón de la molécula de fentanilo de Janssen se encuentra un anillo de piperidina.

Los alcaloides piperidínicos, como se les conoce colectivamente, han aparecido varias veces en el libro. Se han mencionado en conversaciones sobre la pimienta negra, las agujas de pino blanco oriental de mi flor en el ojal y el informe del forense sobre la autopsia de mi padre. Y los alcaloides de piperidina también se encuentran en el corazón de la crisis del fentanilo.

El fentanilo, que se une a los receptores opioides del cerebro, es entre cien y trescientas veces más potente que la morfina. Cuando se modifica ligeramente para convertirse en el opioide carfentanilo, es diez mil veces más potente que la morfina. El fentanilo es uno de los tratamientos para aliviar el dolor más utilizados en el mundo. En Estados Unidos, se escribieron más de 1,4 millones de recetas de fentanilo en 2019.

En 2017, el año en que murió mi padre, los médicos estadounidenses recetaron casi 192 millones de opioides, 59 recetas por cada 100 personas. A pesar de lo elevado que pueda parecer, el número de recetas ha descendido desde el máximo alcanzado en 2010 (81,2 por cada 100 personas).

No obstante, la tasa en el condado de Texas donde vivía mi padre fue de 97,4 recetas por cada 100 personas en 2017, poco menos de una receta por persona. Muchas eran recetas legítimas para cirugías y tratamiento del dolor crónico. Muchas no lo eran. La cantidad de fentanilo ilícito disponible en Estados Unidos es asombrosa. Y el ca fentanilo, el nuevo opioide a base de piperidina mucho más potente, también está emergiendo como una amenaza.

Ha habido tres oleadas distintas de la epidemia de sobredosis de opiáceos. La primera comenzó con el consumo de opiáceos semisintéticos de venta con receta, como la hidrocodona y la oxicodona. Cuando se redujo su disponibilidad, comenzó la segunda oleada, cuando los consumidores se pasaron a la heroína. La tercera y actual es el consumo de fentanilo, y es poco probable que sea la última.

En 2021 se produjeron 80 926 muertes por opioides en Estados Unidos, la cifra más alta jamás registrada. En los últimos veinte años, los opioides se han cobrado más de 500 000 vidas. Uno de cada tres estadounidenses conoce a alguien que ha padecido un trastorno por consumo de opioides.

A pesar de estas cifras, me sorprendió que la prueba ELISA del informe del forense diera positivo en anfetaminas y fentanilo. Seguí leyendo, y el siguiente hallazgo me confundió aún más: «Sangre aorta (LC-MS) negativo para metanfetamina, anfetamina y fentanilo». La prueba LC-MS (espectroscopia de masas por cromatografía líquida) es mucho más precisa que la ELISA y es similar a la prueba realizada en los dientes del neandertal. El forense la utilizó para comprobar los resultados del ELISA. Me alegro de que lo hicieran.

Los resultados del ELISA fueron falsos positivos. Al final, no había ninguna relación entre los envases de pastillas de hidrocodona que encontró mi hermano, las tres drogas detectadas inicialmente y la muerte de mi padre. El forense no incluyó las drogas entre las causas de la muerte, porque en realidad no estaban allí, salvo el etanol.

La causa oficial de su muerte fue una cirrosis hepática y una enfermedad coronaria, causadas sin lugar a dudas por su AUD. Su hígado y su corazón acabaron fallando debido a las aproximadamente dos mil quinientas cervezas que consumió al año durante más de cincuenta años. Así pues, fueron las complicaciones de la EDA las que acabaron con él, no las anfetaminas ni los opiáceos. Fue un extraño alivio descubrir que fue el diablo que conocíamos, y no el que no conocíamos, el que le mató. Aún quería saber por qué consumía alcohol para aliviar el dolor y, al final, no podía dejar de consumirlo. La disfunción familiar, los abusos sexuales, el dolor físico y los antecedentes familiares de alcoholismo y drogadicción contribuyeron a su propensión. Pero como bióloga que soy, quería respuestas más concretas. Así que indagué. Mi curiosidad me llevó a comprender los importantes vínculos entre los opiáceos del cerebro —las endorfinas— y el consumo de drogas.

ENDORFINAS, HEROÍNA CASERA Y TRASTORNO POR CONSUMO DE ALCOHOL

Cuando las interacciones entre plantas e insectos empezaron a consumirme hacia el final de mi doctorado, el cambio de dirección respecto a mi enfoque original fue inquietante. Iba camino de convertirme en experto en aves y sus parásitos, no en plantas y herbívoros.

Sin embargo, cambiar de campo me resulta natural porque surge de obsesiones que simplemente no puedo controlar; el deseo de cambiar me invadió con una intensidad que parecía haber encendido todas las neuronas de mi cerebro. Esa era la sensación que me invadía cuando abría los ojos por la mañana y justo antes de cerrarlos por la noche, al igual que el resto de mis obsesiones derivadas de la naturaleza, que han ido aumentando y disminuyendo desde mi más tierna infancia. No podía detener mi ansia de saber más, aunque quería que ese deseo desapareciera. Cada obsesión era como una adicción a una droga diferente. Tenía que consumir toda la información posible, hasta altas horas de la madrugada, antes de caer rendido en la cama. La recopilación de información era mi droga preferida, y la recompensa era simplemente saber y compartir, a quien quisiera escucharme.

Al principio, mi pobre madre acarreaba a casa libro tras libro desde la biblioteca local y escuchaba atentamente cada entrada enciclopédica que necesitaba liberar de mi cerebro. Más tarde, de adolescente, acudí a la propia naturaleza, observándola y absorbiéndola directamente.

Mi vida como estudiante de doctorado se vio enriquecida por los mejores botánicos del mundo. Vivía en San Luis con mi primer novio, un botánico cuyo apartamento estaba a doscientos metros del Jardín Botánico de Misuri a un lado y el Centro de Investigación Monsanto, donde se reunían los estudiantes de posgrado, al otro.

Otras circunstancias también guiaban mi nuevo interés. El Donald Danforth Plant Sciences Research Center de San Luis acababa de abrir sus puertas, y la mayoría de mis mentores en la UMSL estudiaban plantas e insectos. Una gravedad de color verde empezó a atraerme. Pero yo no era consciente de lo que estaba ocurriendo en el centro Danforth justo cuando me empezaba a sumergir en la biología vegetal.

Unos años antes, en 1985, el fisiólogo Avram Goldstein publicó un estudio con un título extraño y potencialmente inquietante: «Morfina y otros opiáceos del cerebro y las glándulas suprarrenales de vacas». Ha leído bien: morfina en el cerebro y las glándulas suprarrenales de las vacas. Suena igual que las pequeñas cantidades de ácido salicílico casero, glucósidos cardíacos y DMT en nosotros, ¿verdad?

Ese mismo año se encontró morfina en la piel de sapos, ratas y conejos. Poco después, también se encontraron codeína y tebaína en el cerebro de algunos mamíferos. Entonces, los investigadores descubrieron que los hígados de los mamíferos podían convertir el precursor de la morfina, la reticulina, en el precursor de la morfina, la salutaridina, un paso crítico en la biosíntesis de la morfina que solo se conoce a partir de la adormidera.

Si fuera cierto que los seres humanos producen los mismos alcaloides morfinanos que la adormidera, se tambalearía nuestra comprensión básica de la biología de los opioides. Durante las tres décadas siguientes se suscitó una gran controversia. La morfina puede haber sido simplemente un artefacto, traído a través de la dieta de alguna fuente desconocida del alcaloide, y no realmente hecho por nuestros cuerpos. Si los mamíferos producían alcaloides morfinanos, desarrollaron la capacidad de hacerlo cientos de millones de años antes que la adormidera.

Los humanos podemos utilizar los alcaloides morfinanos como analgésicos porque estas moléculas se unen a los receptores que normalmente se unen a nuestras endorfinas. Sin embargo, los dos grupos de moléculas —opioides y endorfinas— no tienen ninguna relación química. Las endorfinas son péptidos formados por cadenas de aminoácidos, mientras que los opioides son alcaloides formados por moléculas de piperidina.

En 2004, cuando me encontraba en plena tesis doctoral, unos investigadores de Danforth dirigidos por el bioquímico Meinhart Zenk dieron a conocer los resultados de un experimento que confirmaba no solo que algunos mamíferos producen morfina, sino también que los humanos la producimos. Zenk y su equipo bañaron líneas celulares humanas en una atmósfera de isótopos de oxígeno. Como estos isótopos son ligeramente más pesados en masa atómica que los isótopos más comunes, los investigadores pudieron rastrear las reacciones bioquímicas a medida que las células utilizaban los isótopos para fabricar diversas sustancias químicas vitales. Luego bañaron las células en productos químicos precursores de morfinano diluidos etiquetados isotópicamente.

Estos dos experimentos de etiquetado isotópico permitieron al equipo de Zenk utilizar la espectrometría de masas de alta sensibilidad para probar si algún alcaloide morfinano podría ser producido por las células humanas. En el cuerpo humano, los microorganismos que componen nuestros microbiomas podrían producir morfinanos. Para descartar esta posibilidad, los investigadores mantuvieron las células humanas en un entorno libre de gérmenes durante su experimento.

Las células humanas produjeron morfina y otros alcaloides morfinanos. Seis años más tarde, se demostró que los ratones vivos y que respiraban, y no solo las líneas celulares, también producían morfina. Este descubrimiento coincidía con la constatación de que los ratones y los seres humanos segregan pequeñas cantidades de morfina en la orina. La investigación de Zenk también se sumó a los datos (aunque controvertidos) que se habían ido acumulando desde 1985 sobre la síntesis animal de alcaloides morfinanos.

Las líneas celulares humanas y los ratones son una cosa. La verdadera cuestión era saber si las personas producimos morfina y, en caso afirmativo, qué hace en nuestro organismo.

Acompáñenme a través de algunos detalles arcanos de cómo progresa la enfermedad de Parkinson. La comprensión de esta enfermedad nos llevará a una hipótesis sorprendente sobre la morfina casera en los seres humanos.

El primer gran indicio de que el cerebro humano produce morfina llegó indirectamente tras el revolucionario (aunque solo temporal) tratamiento de Oliver Sacks en 1969 para el parkinsonismo causado por la encefalitis letárgica. El tratamiento consistía en el fármaco levodopa (o l-DOPA), y Sacks escribió sobre esta enfermedad y el tratamiento en *Awakenings* (Despertares), la base de la película homónima.

En 1973, el mismo año en que se publicó *Awakenings*, unos investigadores descubrieron el alcaloide tetrahidropapaverolina (THP) en el cerebro de pacientes de Parkinson tratados con l-DOPA. Nótese la raíz de la palabra *papaver* en el nombre químico. Como ya se ha señalado, *Papaver* es el género de la adormidera, y la inclusión del nombre del género en el término químico de este alcaloide no es una coincidencia.

Posteriormente, se encontró THP en la orina de humanos y roedores, junto con morfina. A la luz de las pruebas disponibles, los científicos concluyeron que el cerebro humano produce THP a partir de dopamina y luego la utiliza para fabricar morfina.

La l-DOPA se administra a las personas con Parkinson para estimular la producción de dopamina, pero al parecer hay una consecuencia imprevista: nuestros cerebros también pueden fabricar THP a partir de la l-DOPA. Los pacientes a los que se administró l-DOPA tenían niveles elevados de THP, que puede sintetizarse a partir de l-DOPA, como alternativa a la dopamina.

La aparente capacidad del ser humano para fabricar THP es notable. Este alcaloide es también un precursor químico fabricado por la adormidera en la producción de los alcaloides morfinanos codeína, morfina, tebaína y otros.

Sorprendentemente, tanto los humanos como las adormideras pueden producir THP, y como sabemos ahora, ambos pueden producir también alcaloides morfinanos como la morfina. Lo que todo esto significa es que la vía metabólica —en otras palabras, la capacidad química— para producir alcaloides morfinanos evolucionó al menos dos veces de forma independiente, una en mamíferos como nosotros y otra en plantas como la adormidera.

Hay algo más en esta historia que una simple observación interesante del camino repetido que puede seguir la evolución. Se ha descubierto una relación entre los niveles de THP en el cerebro y el AUD. Los niveles de THP son elevados tras el consumo de etanol en ratas, y tanto en ratas como en monos a cuyos cerebros se infundió THP, bebieron voluntariamente etanol en cantidades excesivas hasta la intoxicación. Cuando se les retiró el alcohol, mostraron síntomas de abstinencia, como en los humanos con AUD, como mi padre.

Aunque la teoría dista mucho de estar confirmada, algunos científicos sugieren que la THP está asociada a los síntomas del AUD porque interfiere en el sistema mesolímbico de recompensa basado en la dopamina del cerebro, el mismo sistema que secuestran las anfetaminas, la cocaína y los opiáceos. El etanol puede generar un bucle de retroalimentación basado en la recompensa, que en parte está mediado por la producción de THP en el cerebro. Los niveles de THP son bajos en alcohólicos abstinentes, pero el cerebro produce más THP cuando detecta etanol.

Resumiendo todo esto, está claro que fabricamos morfina utilizando THP en pequeñas cantidades. Y en cantidades mayores, como nos muestran la l-DOPA y las ratas y monos experimentales, la THP es claramente tóxica y desencadena comportamientos consistentes con el AUD. Este patrón se observa cuando comparamos a personas con AUD que se abstienen de beber y que, por lo tanto, tienen niveles bajos de THP con personas con AUD que beben y que tienen niveles altos de THP.

Además de los péptidos endorfínicos endógenos, los mamíferos parecen fabricar alcaloides morfinanos como la codeína y la morfina. Los mamíferos evolucionaron más de cien millones de años antes que la adormidera. Esto significa que los mamíferos fabricaban morfina mucho antes de que las plantas desarrollaran la capacidad de hacerlo. La lista de sustancias químicas que son utilizadas como toxinas por algunos organismos y que también son producidas por nuestro cerebro es ya larga. Incluso cuando no hay una coincidencia exacta, las sustancias químicas defensivas de estos otros organismos suelen imitar a los mensajeros químicos que utiliza nuestro sistema nervioso o alterar su función (véase el apéndice en línea).

UN CEREBRO ES UN CEREBRO

Debido a su sabor amargo, parecido al de la quinina, la morfina es aversiva para los animales cuando se incluye en su dieta. Así que, desde el punto de vista de la adormidera, como primera capa de defensa, el desagrado de esta sustancia química funciona como defensa contra el ataque repetido de los herbívoros. Sí, la morfina también tiene efectos narcóticos en los animales si se consume suficiente, por lo que esto en sí mismo puede impulsar la disuasión. Cuando se hiere una cápsula de adormidera, parte de la morfina del látex se convierte en bismorfina. Esta molécula forma enlaces cruzados con la pectina, un componente de las paredes celulares de las plantas. La bismorfina reticulada refuerza la pectina, lo que puede dificultar el ataque de los enemigos a la planta. Sin embargo, esta función de la bismorfina no se ha demostrado. La morfina puede servir como defensa polivalente, como la psilocibina que se encuentra en las setas mágicas. Recordemos que la psilocibina está al acecho en la seta y, cuando se convierte en psilocina, altera directamente la mente de los animales. Pero también sirve de espina dorsal para las moléculas azules parecidas al tanino que producen estrés oxidativo en los cuerpos de los insectos atacantes que la ingieren. Un doble paso tóxico puede formar parte de la estrategia de defensa general que se encuentra tanto en la adormidera como en las setas mágicas.

En experimentos de laboratorio, las moscas de la fruta tienden a evitar las soluciones con morfina tanto como la cafeína. Si estos insectos vuelven a probar a pesar del sabor amargo, se desarrolla una aversión aún mayor a la morfina en el transcurso de un experimento. En cambio, si los mamíferos vuelven a tomar otro sorbo, puede desarrollarse una preferencia por la dieta aderezada con morfina.

Las ratas preferían la comida con morfina amarga a la comida con quinina amarga. Y al igual que los humanos, otros mamíferos, como las ratas, que están socialmente aislados o sufren otros tipos de estrés son propensos a aumentar sus preferencias por la morfina y su dosis. Esta aversión inicial seguida de refuerzo se denomina *paradoja de la recompensa de la droga*.

Estos patrones sugieren que, en lugar de tener un efecto reforzador como puede tener en los mamíferos, la morfina tiene el efecto contrario en los insectos, ahuyentándolos. La cocaína tiene un efecto repelente similar en los insectos, pero puede tener un efecto reforzador opuesto en nosotros. Otros experimentos sugieren que estas diferencias entre mamíferos e insectos pueden depender de las circunstancias. Del mismo modo que hay orugas de polilla especializadas que solo comen hojas de coca, algunos insectos se ven recompensados de algún modo por la morfina. Este hallazgo es curioso porque no se sabe que los insectos tengan receptores opioides. Pero cuando a las hormigas carpinteras se les ofreció inicialmente una solución azucarada con morfina, acabaron autoadministrándose la morfina incluso en ausencia de la recompensa azucarada.

Nadie sabe aún qué ocurre exactamente en los cerebros de estas hormigas, pero cuando se midieron los niveles de neurotransmisores en los cerebros de las hormigas alimentadas con morfina, los niveles de dopamina eran superiores a los de las hormigas de control. La capacidad de la morfina para aumentar la dopamina en el cerebro humano puede explicar en parte por qué la gente empieza tan fácilmente a abusar de esta sustancia. Así pues, incluso en los cerebros de las hormigas, vemos pistas notables sobre por qué los humanos pueden ser propensos a abusar de los opiáceos.

Otro indicio procede de experimentos en los que se inyectaba morfina a los insectos cuando se les hería intencionadamente. Cuando las mantis religiosas recibieron una descarga eléctrica y los grillos fueron colocados en una caja extremadamente caliente, las inyecciones de morfina aumentaron la tolerancia al dolor de ambos insectos. Pero cuando a continuación se les administró el bloqueante opioide naloxona, el fármaco revirtió el efecto de la morfina igual que lo hace en las personas. Curiosamente, aunque las pruebas actuales indican que los insectos carecen de los receptores opioides que tenemos los humanos, de algún modo los opioides produjeron lo que podría ser un efecto analgésico en los insectos. Aún no sabemos por qué.

Así, con entrenamiento, algunos insectos, como las hormigas, llegan a autoadministrarse morfina cuando no hay recompensa nutricional. Es más, los insectos tienen una mayor tolerancia al dolor cuando se les inyectan opioides, lo que concuerda con los comportamientos de los mamíferos, propensos a los trastornos por consumo de drogas.

Estas respuestas contradictorias de los insectos —evitación aprendida en la mosca de la fruta y preferencia aprendida y posiblemente dependiente de la dopamina en las hormigas— presentan una paradoja.

Pero podríamos resolverla si nos fijamos en su vida social. Las moscas de la fruta no son los animales más sociables, una característica que también se aplica a la mayoría de los insectos herbívoros. En consecuencia, sus cerebros podrían no ser tan vulnerables a los efectos de los opiáceos. Pero las hormigas se encuentran entre los insectos más sociales y, en aspectos clave, sus complejas sociedades, que requieren la cooperación entre individuos —mentes colmena literales— para funcionar, reflejan las nuestras en aspectos fundamentales. Por tanto, su aparente vulnerabilidad a los opiáceos está en consonancia con su naturaleza extremadamente social.

El refuerzo de las conductas de ayuda es importante tanto en las sociedades de hormigas como en las humanas; la cooperación entre individuos es el secreto de su éxito y del nuestro. Aunque las hormigas no parezcan tener receptores opioides como los nuestros, la administración de morfina, y no solo de solución salina, produce más dopamina, sustancia química gratificante, al igual que ocurre en nuestro cerebro.

Los niveles de dopamina son importantes porque drogas como las anfetaminas, la cafeína, el etanol, la nicotina, la cocaína y los opiáceos la elevan. Además, estas drogas suelen ser amargas, desagradables y tóxicas para los enemigos de las plantas, como los insectos herbívoros. Sin embargo, nosotros (y a veces los animales entrenados para ello en el laboratorio) volvemos a por más a pesar de la aversión inicial, gracias al aumento de dopamina en el lugar adecuado de nuestro cerebro: el sistema mesolímbico de recompensa.

La cuestión es por qué empezamos a utilizar estas toxinas adictivas. Podemos llegar a una respuesta general, observando de cerca a los animales que, como muchos insectos herbívoros, también han superado su aversión y luego incluso han evolucionado para cooptar las toxinas para sus propios dispositivos.

En ambos casos, tanto si se trata de un animal que ingiere la toxina para protegerse de ser comido como de una persona que la utiliza para evitar el dolor, el usuario camina por el filo de la navaja. Al final, no existe el almuerzo gratis. Para obtener el beneficio, hay que pagar el coste. En el caso de las mariposas monarca, por ejemplo, las más jóvenes —las orugas monarca neonatas— no pueden aguantar las toxinas de las plantas de algodoncillo tan bien como los adultos, y muchas de estas pequeñas orugas mueren. En el caso de los humanos, los jóvenes que han sufrido abusos, traumas y abandono en su infancia son especialmente vulnerables a las drogas de abuso.

En muchos aspectos, por supuesto, *somos* diferentes de estos animales, que desarrollaron comportamientos programados para especializarse en dietas tóxicas y buscarlas de forma innata. Por otro lado, cuando sufrimos estrés, dolor o una exposición repetida a una toxina, nuestros cuerpos responden a estas sustancias químicas de forma muy parecida a como lo hacen esos animales especializados.

Muchas toxinas presentan grandes paradojas. Por un lado, la cafeína, la cocaína, la efedrina, los morfinanos, la nicotina y el etanol protegen a las plantas y los hongos de los ataques. Por otro, estas sustancias químicas pueden reforzar nuestro consumo hasta el punto de que no podamos dejar de volver a por más. En lugar de mantenernos a raya, las toxinas pueden incitar a algunos de nosotros a hacer grandes esfuerzos y a no reparar en gastos para obtenerlas, una vez que se ha desarrollado una dependencia.

La existencia de las drogas se debe a que las plantas y los hongos también quieren vivir y utilizan sustancias químicas tóxicas y gratificantes para conseguirlo. Los trastornos por consumo de drogas pueden ser simplemente una consecuencia no intencionada de la forma en que está conectado nuestro cerebro.

Aunque podemos aprender sobre la susceptibilidad humana a las drogas de abuso estudiando cómo responden a ellas los animales, ningún animal salvaje es presa de trastornos por consumo de drogas. Para seguir resolviendo esta paradoja de la recompensa de las drogas, nos centraremos a continuación en la relación de los primeros humanos con las toxinas de la naturaleza. Casi todas las drogas de abuso, incluso las psicodélicas, fueron utilizadas por primera vez por los pueblos indígenas como alimento o medicina. En gran medida, somos lo que comemos.

10

EL DILEMA DEL HERBÍVORO

Dime lo que comes y te diré quién eres.

Jean Anthelme Brillat-Savarin,
La fisiología del gusto o Meditaciones
de gastronomía trascendental

Somos lo que comemos

Cada uno de nosotros se enfrenta a diario al dilema de qué meter en el cuerpo. Sin embargo, son las personas que forman parte de nuestras vidas, las culturas en las que estamos inmersos y el lugar del planeta en el que vivimos los que determinan en gran medida lo que consumimos. Nuestras elecciones también dependen de algunas diferencias biológicas básicas entre nosotros, como la edad, el estado de gestación, el sexo y si somos portadores de determinadas variantes genéticas en nuestro ADN. Estas circunstancias culturales, familiares, ambientales y biológicas actúan de forma independiente y conjunta para influir en lo que decidimos comer, beber, fumar, masticar, esnifar o inyectarnos.

Los más pequeños tienen muchas menos opciones. Obligados a rechazar o aceptar lo que se les ofrece, un bebé o un niño pequeño que aún no puede comunicarse bien no puede hacer peticiones especiales. Al final, para alimentarse, deben comer y beber de un subconjunto de lo que les damos. Este sistema tiene consecuencias de gran alcance. Para entenderlas, primero tenemos que centrarnos en cómo el consumo accidental de toxinas de la naturaleza por parte de bebés y niños pequeños determina de forma drástica tanto la calidad de su vida adulta como la trayectoria evolutiva de nuestra especie.

La antropóloga Fatimah Jackson ha desarrollado una interesante hipótesis al respecto: la relación entre el paludismo humano, la anemia de células falciformes y la raíz de mandioca. Pero antes de profundizar en su hipótesis, debemos comprender los aspectos evolutivos y genéticos de la malaria y la drepanocitosis.

El paludismo está causado por el parásito *Plasmodium falciparum* y es una de las principales causas de muerte de lactantes y niños pequeños en el África subsahariana. En 2020, alrededor de 600 000 de las 627 000 muertes mundiales por paludismo se produjeron en esta región. Trágicamente, los menores de cinco años representaron el 80 % de las muertes.

La anemia de células falciformes, por su parte, es una enfermedad humana hereditaria que resulta de un cambio genético en el gen de la hemoglobina. Nuestros glóbulos rojos utilizan la hemoglobina para transportar oxígeno desde los pulmones. Una única mutación en el gen de la hemoglobina se ha extendido en algunas poblaciones humanas en los últimos miles de años y provoca un cambio en un aminoácido de la molécula de hemoglobina. Este cambio tiene un gran impacto: los glóbulos rojos normales con forma de disco se convierten en glóbulos rojos rígidos con forma de media luna.

Cuando los glóbulos rojos tienen mayoritariamente forma de hoz, se produce la anemia de células falciformes. Sus víctimas sufren ataques de dolor, derrames cerebrales y una menor esperanza de vida. Sin embargo, hay una ventaja. Los parásitos de la malaria no se reproducen bien en los glóbulos rojos con forma de hoz, porque el parásito de la malaria no puede secuestrar el suministro de la célula huésped de una proteína llamada actina. Los parásitos de la malaria deben cooptar la actina para reproducirse en los glóbulos rojos del huésped. En circunstancias normales, la actina ayuda a mantener los glóbulos rojos en forma de disco. En las células falciformes, el suministro de actina se interrumpe, por lo que los parásitos de la malaria sufren. La contrapartida es que la forma falciforme de los glóbulos rojos causa sus propios problemas.

La drepanocitosis es una enfermedad genética recesiva. Las personas que heredan dos genes de hemoglobina falciforme, uno de cada progenitor, padecen anemia falciforme. Los que heredan solo un gen de la hemoglobina falciforme de uno de los progenitores y un gen normal del otro progenitor no desarrollan la enfermedad. Sin embargo, en las regiones donde el paludismo es endémico, los que tienen incluso una copia del gen de la hemoglobina falciforme sobreviven mejor a las infecciones palúdicas que los que tienen dos genes de hemoglobina normal.

Así pues, a las personas con uno de cada tipo de gen de la hemoglobina les ha tocado la lotería: evitan la anemia falciforme *y* pueden combatir las infecciones de malaria. Estos individuos heterocigotos tienen una mayor supervivencia que los que tienen hematíes normales. Las personas con dos genes de hemoglobina normal son más propensas a morir jóvenes de malaria, y las que tienen dos genes falciformes son más propensas a morir por complicaciones de la anemia falciforme. La evolución por selección natural llegó a un acuerdo entre la resistencia a la malaria, por un lado, y la susceptibilidad a la anemia falciforme, por otro.

La malaria es tan mortal en bebés y niños pequeños que el gen de la hemoglobina falciforme se ha extendido por selección natural muy rápidamente en África ecuatorial, partes del subcontinente indio y la península arábiga, donde la malaria es endémica. La proporción de personas portadoras de la variante del gen falciforme alcanza el 20 % en algunas de estas poblaciones.

La yuca produce glucósidos cianogénicos como los de las semillas de manzana. Cuando los herbívoros dañan un tubérculo de yuca o una semilla de manzana, ya sea con la mandíbula de un escarabajo o la muela de un humano, los glucósidos cianogénicos se convierten en cianatos tóxicos como el cianuro de hidrógeno en el tracto digestivo.

Debido a esta toxina, la gente elimina de la yuca todas las toxinas productoras de cianuro que puede remojando los tubérculos en agua o extendiéndolos al sol. Sin embargo, incluso la yuca altamente procesada contiene algunos glucósidos cianogénicos residuales, y aquí es donde las cosas se ponen interesantes.

La yuca fue introducida en África por colonos portugueses procedentes de Sudamérica en torno al año 1600 de nuestra era y se convirtió rápidamente en una fuente primaria de hidratos de carbono en la región ecuatorial del continente. Fatimah Jackson descubrió que en la parte noroccidental y occidental de Liberia, que investigó como caso de estudio, las personas que utilizan la yuca de forma estacional ingieren, de media, diecinueve miligramos de cianatos por persona y día. En el sudeste y el centro de Liberia, la yuca se utiliza todo el año, y la ingesta per cápita de cianatos se multiplica casi por cinco, hasta noventa y cinco miligramos diarios.

Los cianatos producen dos actividades en el organismo que pueden influir tanto en la resistencia a la malaria como en la gravedad de la drepanocitosis. En primer lugar, a niveles moderados, los cianatos pueden matar a los parásitos del paludismo o inhibir su crecimiento en la sangre. En segundo lugar, incluso a niveles relativamente bajos, las sustancias químicas pueden unirse a la proteína de la hemoglobina de las células falciformes y, al hacerlo, cambiar realmente la forma de esas células de nuevo a discos, es decir, los cianatos pueden «completar la luna», al menos en el laboratorio. Los científicos incluso han estudiado si los cianatos en el nivel adecuado podrían ser una forma de tratar la anemia falciforme. A la luz de estas dos observaciones, Jackson sostiene que los cianatos consumidos incidentalmente en la dieta pueden conferir cierta protección directa contra la malaria, por un lado, y aliviar los síntomas de la drepanocitosis, por otro.

Sumando dos y dos, Jackson propuso que en los aproximadamente cuatrocientos años transcurridos desde la introducción de la yuca en Liberia procedente de Sudamérica, la dependencia de esta planta amilácea y la ingesta accidental de cianatos han ayudado a los humanos en su guerra con la malaria. Este marco temporal —solo dieciocho generaciones humanas desde la llegada de la mandioca a lo que hoy es

Liberia— es aún más reciente que la aparición del gen de la drepanocitosis en respuesta a la presión evolutiva de la malaria.

Según Jackson, los niveles de cianatos en la dieta y la frecuencia de
la drepanocitosis en la población podrían reflejar un análisis coste-beneficio que depende de la prevalencia de la malaria. Su teoría defiende
que cabría esperar que un mayor índice de consumo de yuca condu-
jera a mayores niveles de cianatos en la sangre. A su vez, unos niveles
más altos de cianato en la sangre reducirían tanto la prevalencia de la
malaria como de la drepanocitosis. Los patrones observados por Jackson en Liberia coincidían en gran medida con esta predicción.

Para que la idea de Jackson explicara los patrones hallados, los cianatos tendrían que llegar al torrente sanguíneo de los lactantes, que
son los más vulnerables a la malaria porque son los que tienen más
probabilidades de fallecer por esta enfermedad. De hecho, los cianatos
pueden atravesar la placenta y llegan a encontrar en la leche humana.
En Liberia incluso se desteta a los bebés con yuca, y a los recién nacidos se les alimenta con yuca como rito de iniciación del clan. Los
cianatos, al parecer, pueden servir como profilácticos involuntarios
para los más vulnerables a la malaria en Liberia.

Sin embargo, los cianatos no evolucionaron para nuestro beneficio.
Prueba de ello es el konzo, o paraparesia espástica, una enfermedad
causada por la ingestión crónica de altos niveles de cianato de la yuca.
El konzo causa parálisis irreversible y se da en todas las comunidades
del África ecuatorial que comen yuca. La sequía aumenta los niveles
de glucósidos cianogénicos en la yuca a medida que los tubérculos
persisten en el suelo, y ciertas prácticas de cosecha, como la poda,
también pueden elevar inadvertidamente los niveles. Durante la guerra, como ha informado la periodista Amy Maxmen, la yuca insufi-
cientemente procesada y la recolección preferente de variedades dulces por parte de las milicias invasoras provocan un aumento de los
niveles de cianato en la planta y un incremento concomitante de la
incidencia del konzo.

Aunque es posible que los beneficios del consumo de cianato
cuando hay malaria no compensen totalmente los costes (el riesgo
de desarrollar konzo), la hipótesis de Jackson puede recapitularse
en el área de distribución nativa de la mandioca en Sudamérica. Los

tucanos del noroeste de la Amazonia dependen del cultivar de yuca con alto contenido de cianato (yuca amarga), a pesar de que disponen de un cultivar con bajo contenido de cianato (yuca dulce). Por qué los tucanos prefieren la variedad más cianogénica es un misterio. Sí, la yuca amarga puede ser más resistente a las plagas, pero las dos variedades no muestran diferencias de rendimiento, por lo que la productividad agrícola no explica la preferencia de los tucanos. La verdadera razón puede tener que ver también con la malaria, aunque esta idea es solo especulativa.

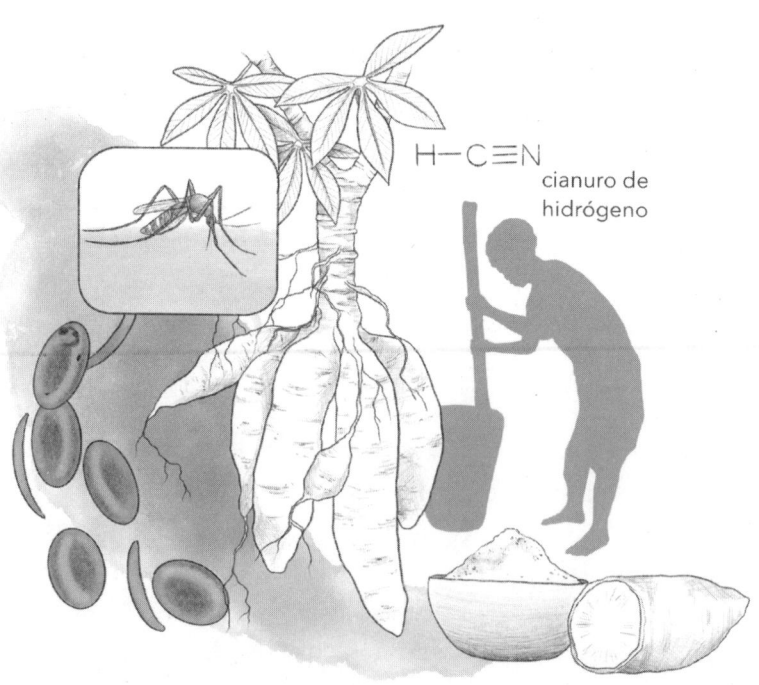

La malaria fue introducida en América por europeos y africanos esclavizados unos cien años antes de que la mandioca fuera trasladada en la otra dirección, de la Amazonia al África ecuatorial, en 1558. Como consecuencia, la malaria se hizo endémica en las comunidades indígenas de la Amazonia. Sin embargo, los indígenas amazónicos no son portadores de la variante del gen de la hemoglobina falciforme que protege de la malaria. En términos evolutivos, esta variante no fue útil para sus portadores, ya que estas poblaciones humanas evolucionaron aisladas de la enfermedad durante miles de años.

Según esta idea —que no es más que eso, una idea—, una vez introducida la malaria en la Amazonia en la época del contacto europeo, los altos niveles de cianato ingeridos a partir de la yuca amarga podrían haber proporcionado a los tucanos cierta protección contra la malaria. La lección es que los tucanos podrían haber sabido lo que hacían con la yuca amarga. Aunque esta posibilidad es una hipótesis, hemos aprendido que las culturas humanas evolucionan muchas veces de forma independiente para utilizar las mismas toxinas naturales presentes en los organismos que las rodean.

La idea de Jackson es que la triple interacción entre nuestros genes, la ingestión accidental de toxinas alimentarias y la elevada mortalidad causada por un parásito mortal cambió la trayectoria de la evolución humana. Como tantos otros problemas de salud pública que afectan al sur global, la convincente hipótesis de Jackson no ha recibido la atención que merece por parte de la comunidad científica.

Una interacción paralela, en este caso entre una toxina dietética diferente, nuestros genes y el riesgo de paludismo da más credibilidad a la hipótesis de Jackson sobre cómo las relaciones entre alimentos, toxinas y enfermedades infecciosas pueden afectar a la evolución humana. Justo antes de que se desatara la pandemia de COVID-19, Shane y yo volamos a Roma. Alquilamos una habitación en la impresionante Villa Médici del siglo XVI, actual Academia Francesa en Roma, para pasar unas noches antes de asistir a una conferencia. Digamos que era una habitación con vistas, ¡y no era cara! Aunque no queríamos salir de la villa en nuestras vacaciones romanas, teníamos que comer. A pocas manzanas había un bar de vinos donde paramos a tomar una copa de prosecco y algún plato de antipasto. Justo cuando nos sentamos, llegó a nuestra mesa un plato de aperitivos, incluidas unas habas.

Inspirados por lo mucho que disfrutamos del sabor mantecoso y a nuez de las habas, cuando volvimos a Oakland plantamos algunas en nuestro huerto como cultivo de invierno unos meses antes de que empezara la temporada de cultivo de tomates de verano. Las habas, como la soja y muchas otras legumbres, son fijadoras de nitrógeno: las bacterias simbióticas del suelo que albergan en sus nódulos radiculares liberan fertilizante amoniacal en el suelo.

Las bacterias que viven en los nódulos radiculares de muchas leguminosas, como las habas, necesitan un entorno con poco oxígeno para convertir el gas nitrógeno del aire en amoníaco. Para reducir los niveles de oxígeno en el nódulo radicular y ayudar a las bacterias, las plantas despliegan su propia hemoglobina, de color rojo sangre. La hemoglobina fabricada por las plantas se une al oxígeno y acaba reduciendo los niveles de oxígeno en el nódulo radicular. Piense en este nódulo como una pequeña cámara en la que las bacterias pueden fijar el nitrógeno. La planta crea este entorno seguro para las bacterias y, a cambio, la planta utiliza el amoníaco que estas producen como fertilizante. Por cierto, una hemoglobina similar a la de la soja confiere a algunas «carnes» vegetales su sabor a carne y su color rojo. El sabor a carne de la ternera se debe en parte al sabor de la hemoglobina.

Las habas que cosechamos más tarde estaban deliciosas salteadas con un poco de aceite de oliva. Entiendo por qué se han convertido en un alimento básico en tantas partes del mundo. Por suerte, ni Shane ni yo padecemos la enfermedad hereditaria conocida como favismo, la deficiencia enzimática innata más común en los seres humanos. Si la tuviéramos y hubiéramos padecido un caso grave, nos habríamos enterado en Roma, la primera vez que cualquiera de los dos hubiera comido habas, y probablemente no habríamos plantado las habas en nuestro jardín.

El favismo está causado por una o más mutaciones de origen natural en un gen del cromosoma X. Este gen codifica la enzima humana glucosa-6-fosfato deshidrogenasa (G6PD), necesaria para producir el antioxidante nicotinamida adenina dinucleótido fosfato (comúnmente conocido como NADPH). Este antioxidante protege los glóbulos rojos del daño oxidativo normal que sufren cuando recorren nuestro cuerpo transportando oxígeno.

El favismo se agrava al comer habas, que contienen los alcaloides vicina y convicina. Estos profármacos alcaloides se descomponen en el intestino en las toxinas divicina e isouramilo y desencadenan la muerte rápida de los glóbulos rojos en las personas portadoras de las copias mutadas del gen G6PD. La muerte súbita de los glóbulos rojos provoca ictericia, una pérdida aguda de glóbulos rojos a medida que el bazo retira las células muertas de la circulación, anemia y un conjunto de otros síntomas, como fiebre alta.

Paradójicamente, la proporción de personas con favismo es mayor en regiones del África subsahariana, el Mediterráneo, Oriente Próximo, el Cáucaso, Asia Central y el Sudeste Asiático, donde las habas son un alimento básico. Las personas de ascendencia judía sefardí o sarda tienen la mayor incidencia de favismo.

Paradójicamente, la incidencia del favismo es mayor allí donde el consumo de habas es elevado y donde prevalecen los genes G6PD causantes del favismo. Esta aparente contradicción puede resolverse si tenemos en cuenta que estas regiones tuvieron históricamente altos niveles de malaria.

Curiosamente, las enzimas G6PD mutantes que causan el favismo también crean un entorno tan oxidativo que a los parásitos de la malaria no les va bien en estos glóbulos rojos. Es más, el número total de glóbulos rojos (posibles hogares de los parásitos) se reduce porque el bazo los elimina rápidamente. Por tanto, los portadores de mutaciones de la G6PD están mejor protegidos contra la malaria, al igual que los portadores de las mutaciones de la hemoglobina que causan la anemia falciforme.

Pero surge una complicación cuando los glóbulos rojos se exponen a toxinas oxidativas como los alcaloides de vicina. Una teoría es que las personas con copias del gen protector de la malaria G6PD que causa el favismo pueden volverse aún más resistentes a la malaria después de comer habas. La combinación de genes y habas podría acudir al rescate en caso de paludismo porque los alcaloides de las habas, que se descomponen en toxinas generadoras de radicales libres, crean un entorno aún más inhóspito para los parásitos de la malaria que las mutaciones de la G6PD por sí solas. Cuando los alcaloides están presentes, los glóbulos rojos deficientes en G6PD no pueden neutralizar los radicales libres y el bazo elimina aún más glóbulos rojos. Esto significa que los parásitos del paludismo presentes en esas células también mueren en el proceso.

Pero el coste de este beneficio del favismo también es bastante elevado. La desventaja, por supuesto, es que los bebés con favismo tienen un mayor riesgo de enfermedad e incluso de muerte por este.

En el Libro 8 de *Lives and Opinions of Eminent Philosophers* (Vidas y opiniones de filósofos eminentes), el antiguo escritor griego Diógenes Laërtius cuenta la historia de la muerte de Pitágoras —sí, el Pitágoras de tu clase de geometría— en lo que hoy es la provincia de Crotona, en Italia. Aunque todos los miembros del culto que dirigía Pitágoras eran supuestamente vegetarianos, las habas estaban prohibidas. En general, los antiguos mediterráneos consideraban que las habas eran herederas de la muerte. Según cuenta Laërtius, después de que Pitágoras se negara a apoyar un plan de gobierno democrático, los lugareños lo echaron de la ciudad. En su huida, Pitágoras se topó con un campo de habas en plena floración y no quiso ir más allá. Pitágoras se tomó tan en serio el tabú de las habas que prefirió rendirse y morir antes que entrar en el campo y entrar en contacto con las habas. Aunque apócrifa, esta historia tiene algo de verdad.

El paludismo es más virulento en lactantes y niños pequeños y, como habrá adivinado, el favismo les afecta más que a los adultos. A mediados del siglo xx, las tasas de mortalidad de lactantes y niños pequeños con favismo oscilaban entre el 2 % y el 8 %, antes de que existieran las transfusiones de sangre.

Sin los beneficios antimaláricos conferidos por las mutaciones de la G6PD, la selección natural sin duda habría eliminado rápidamente el gen mutante de la G6PD de la población. En cambio, estas variantes genéticas nocivas y las causantes del rasgo falciforme se propagaron y se han mantenido en distintas poblaciones humanas durante los últimos diez mil años.

Como ocurre con los cianatos de la yuca, las madres que consumen habas pueden transmitir, y de hecho transmiten, los alcaloides de la vicina a sus hijos a través de la placenta y la leche materna. Esta transmisión desencadena a veces el favismo en los bebés. A largo plazo, las elecciones dietéticas y las frecuencias de determinadas variantes genéticas en las poblaciones humanas pueden explicarse, al menos en parte, por la evolución frente a la fuerte selección natural de las enfermedades infecciosas. Aunque los cianatos de la yuca y los alcaloides de vicina de las habas pueden ayudar incidentalmente a proteger a los bebés y niños pequeños de la malaria, algunas de las toxinas que evitamos de niños son sin duda utilizadas intencionadamente por los adultos para combatir nuestros propios demonios, ya sean físicos o mentales. Para comprender mejor cómo las diferencias biológicas básicas, ya sean de edad, sexo o estado de gestación, influyen en nuestra ingesta de toxinas, debemos comparar y contrastar las diversas dietas de especies de nuestra propia especie: los mamíferos.

ENTRE EL DIABLO Y EL PROFUNDO MAR AZUL

Una noche, cuando tenía unos cinco años, le pregunté a mi padre si podía probar su cerveza. Aceptó, pero solo si le daba un sorbito.

El etanol de la cerveza me quemó la boca y la garganta. Pero también noté el sabor amargo. El amargor procedía de la humulona fenólica (ácido alfa-lupúlico) de la planta del lúpulo. Con los labios curvados y el ceño fruncido, le pregunté: «¿Por qué te gusta?». Me contestó: «Es un gusto adquirido». Para mí era un anatema.

El lúpulo, que pertenece a las *Cannabaceae* (la misma familia a la que pertenece el género *Cannabis*), se utiliza para ayudar a conservar la cerveza. Algunos de nosotros llegamos a tolerar o incluso disfrutar la amargura del lúpulo por sí misma o porque está asociada con el efecto psicoactivo retardado del etanol, de la misma manera que la amargura del café y el té presagia la posterior excitación debida a la cafeína. Las humulonas fenólicas de la cerveza inhiben la contaminación de la cerveza por las pocas bacterias (como el *Lactobacillus)* capaces de invadir el etanol, la «despensa tóxica» que la levadura produce como alimento y fortaleza.

Mi aversión por el amargor de la cerveza y el amor de mi padre por ella requieren más explicación que un simple aprendizaje asociativo. La ciencia exige una teoría más general que pueda explicar la compleja y contradictoria relación de los humanos con los productos naturales tóxicos que ingieren como sustento, medicina, trascendencia y diversión. Para ello, adentrémonos en algunas características de los sistemas de detección de toxinas de los animales.

Todos los animales, desde la mosca de la fruta hasta el ser humano, pueden percibir sustancias potencialmente venenosas en la comida, la bebida y el aire. El sistema nervioso humano está repleto de receptores para ello. Los receptores recubren la nariz, la boca y los tractos digestivo y respiratorio, e incluso se encuentran en el propio cerebro. Este sistema de detección química utiliza un conjunto de receptores odorantes en la nariz y un conjunto de receptores gustativos de pH, amargo, salado, dulce y umami en la boca. La cavidad bucal también alberga receptores somatosensoriales igualmente importantes que pueden detectar tanto la variación de temperatura como la presencia de sustancias químicas como la capsaicina del pimiento rojo, el mentol de la menta y los isotiocianatos de la mostaza.

Un sistema de respaldo formado por algunos de estos mismos receptores gustativos y somatosensoriales recubre nuestros tractos digestivos, y este sistema se comunica con una región específica del cerebro llamada área postrema (AP). La AP se encuentra en el tronco encefálico, una parte evolutivamente antigua de nuestro cerebro. Cuando los receptores nerviosos del tracto gastrointestinal detectan toxinas, se comunican con esta parte del cerebro para estimular el vómito.

Nuestro cerebro está protegido de muchas toxinas por la barrera hematoencefálica, una capa de células especiales que separa el cerebro del resto del cuerpo. Impide la entrada de lo malo y deja entrar lo bueno, hasta cierto punto. Como la barrera hematoencefálica que rodea al AP es débil, esta puede desencadenar el vómito cuando detecta toxinas en la sangre y el líquido cefalorraquídeo. El sistema de alerta precoz del AP desencadena reflejos involuntarios que nos hacen dejar de comer o beber. La siguiente reacción involuntaria son las náuseas, seguidas de los vómitos, que vacían el estómago.

Entonces evitamos las toxinas que producen náuseas mediante la aversión condicionada al sabor: aprendemos a asociar un estímulo concreto, por ejemplo, un ingrediente de la comida o la bebida, con una experiencia física negativa. Gato escaldado, del agua fría huye, como dice el refrán.

Aunque casi todas las toxinas transmiten un sabor amargo, lo contrario no es cierto: la mayoría de las sustancias químicas de sabor amargo no son especialmente tóxicas. Si nuestra sensibilidad a las sustancias químicas amargas es demasiado alta, podemos acabar evitando alimentos nutritivos y no tóxicos, como frutas frescas, setas y verduras. Si no es lo bastante sensible, podríamos consumir cantidades perjudiciales de un veneno y enfermar o incluso no vivir para contarlo. Como todos los animales, equilibramos una sana aversión al riesgo con la necesidad de sustento. Somos capaces de hacerlo bastante bien, en la mayoría de los casos esquivando enfermedades o muertes no deseadas evitando las toxinas, aunque lo bien que lo hagamos depende de su disponibilidad en nuestro entorno, como demuestra la prevalencia del konzo en personas con exposición crónica al cianato por comer ciertos tipos de yuca.

El fisiólogo John Glendinning ha comparado los umbrales del gusto amargo y la tolerancia a las toxinas entre especies de mamíferos. Propone que somos capaces de hilar tan fino porque tanto nuestros umbrales del gusto amargo como nuestra capacidad para tolerar toxinas en la dieta han sido esculpidos por la evolución de manera exquisita, de modo que corresponden a la probabilidad de que encontremos alimentos o bebidas amargos o tóxicos. Llegó a esta conclusión al comparar diferentes especies de mamíferos que consumen cosas distintas.

No encontró pruebas de que nuestra percepción del amargor de una sustancia química sirva como un buen indicador de su toxicidad. Por el contrario, Glendinning no encontró ninguna correlación entre nuestra percepción del amargor de la cafeína, la quinina, la nicotina y la estricnina y sus respectivas toxicidades.

La nicotina, con diferencia la más tóxica de estas cuatro sustancias químicas cuando se ingiere, nos resulta menos amarga que la cafeína, la menos tóxica de las cuatro. No obstante, la cafeína se percibe como la más amarga por un amplio margen. Los roedores omnívoros, como los ratones, mostraron el mismo patrón, por lo que no hay nada exclusivamente humano en nuestra escasa capacidad para relacionar el amargor con la toxicidad en las pruebas gustativas. Las diferencias evolutivas en la tolerancia a las toxinas entre las especies de mamíferos influyen en la sensibilidad de un animal determinado —sea humano o no— a las sustancias químicas tóxicas de la dieta. Estas diferencias reflejan la interacción de las células nerviosas que comienzan en nuestras lenguas y terminan en nuestros cerebros, y son clave para entender cómo los humanos han aprovechado las herramientas tóxicas.

Aunque he centrado gran parte de mis debates anteriores en los insectos herbívoros, muchas especies de mamíferos, desde conejos a elefantes y desde pikas a ñus, también son herbívoros y fungívoros. Puesto que nosotros también somos mamíferos, entender cómo afrontan los distintos mamíferos las toxinas de la naturaleza puede arrojar luz sobre nuestra propia biología.

Glendinning llevó a cabo un amplio estudio entre especies de mamíferos que agrupó en cuatro categorías: carnívoros (por ejemplo, gatos); omnívoros (por ejemplo, humanos), y dos grupos de herbívoros: pastadores (por ejemplo, ovejas) que comen plantas herbáceas y ramoneadores (por ejemplo, ciervos) que prefieren las hojas de arbustos y árboles. De los cuatro, los carnívoros son los menos expuestos a tóxicos alimentarios, seguidos de los omnívoros y los herbívoros. Los herbívoros son los más expuestos a los tóxicos alimentarios.

Al medir la respuesta de cada grupo de mamíferos a la quinina en los alimentos como sustancia química amarga genérica, Glendinning descubrió que las especies carnívoras eran las más sensibles y tenían el umbral más bajo para rechazar los alimentos con quinina. En otras palabras, se necesitaba muy poca quinina para que los carnívoros ignoraran la comida tras probarla, pero se necesitaba mucha quinina para que los ramoneadores dejaran de comer alimentos con quinina.

La sensibilidad al amargor fue menor en los omnívoros, aún menor en los herbívoros y menor en los herbívoros. Así pues, los omnívoros tenían un umbral más alto de amargor que los carnívoros, los herbívoros toleraban aún más amargor y los herbívoros toleraban más amargor en general. Estas clasificaciones coinciden con la presencia conocida de toxinas vegetales y fúngicas en las dietas de cada grupo. Los carnívoros, por ejemplo, que rara vez comen plantas u hongos, suelen encontrar muchas menos toxinas en su dieta diaria que los herbívoros. Tal vez, por tanto, el bajo umbral de rechazo al amargor de los carnívoros evolucionó para protegerles de su escaso repertorio de desintoxicación: sus instintos reflejan su dieta diaria.

Teniendo en cuenta esta hipótesis, cabría esperar que los herbívoros tuvieran adaptaciones que les permitieran ignorar las mismas sustancias químicas que provocarían el rechazo de carnívoros y omnívoros. Esta premisa se ve confirmada por la observación, y su funcionamiento nos remite a las proteínas salivales que se unen a los taninos, de las que hablamos en el capítulo 2.

Por lo general, los niveles más altos de taninos se encuentran en arbustos y árboles, que son el objetivo de herbívoros como el ciervo. Los ramoneadores tienen más proteínas salivales fijadoras de taninos que los pastadores, omnívoros y carnívoros. Al unirse a los taninos de la dieta a medida que el animal come, estas proteínas salivales parecen secuestrar los taninos lejos de los receptores amargos, mejorando el sabor de las hojas y evitando al mismo tiempo que los taninos causen estragos en el interior del cuerpo como toxinas.

La habituación es otra forma en que los animales que se encuentran frecuentemente con toxinas superan el desagrado de los alimentos amargos. Los animales expuestos repetidamente a la misma toxina pueden, con el tiempo, volverse menos sensibles a ella. Hay pruebas de que los ramoneadores pueden habituarse más fácilmente que los pastadores. Por último, los animales con umbrales de amargor más elevados suelen estar mejor preparados para neutralizar las toxinas vegetales que los animales con umbrales de rechazo del amargor más bajos. Y al igual que la avispilla de las hojas del roble, que puede reclutar taninos de los robles para proteger sus larvas de los patógenos, las ovejas infectadas con gusanos comen más taninos que las ovejas no infectadas, y los taninos adicionales reducen la carga de gusanos. Así pues, la capacidad de percibir los compuestos amargos sigue siendo importante, incluso para animales altamente tolerantes, con fines de automedicación.

De acuerdo con todo esto, normalmente se necesita una dosis menor de una toxina determinada para incapacitar a un carnívoro que a un omnívoro o a un herbívoro. Los carnívoros suelen tener un conjunto de herramientas genéticas más escaso que los herbívoros para detectar y desintoxicar los venenos alimentarios.

Como sabe cualquier propietario de un perro o un gato, los hallazgos de Glendinning corroboran el hecho de que los perros y los gatos pueden intoxicarse con muchas plantas y hongos que no plantean ningún problema real para los humanos omnívoros o los animales domésticos herbívoros como los conejos. Por ejemplo, las uvas, las pasas y los tamarindos contienen altos niveles de ácido tartárico, que puede causar insuficiencia renal aguda en los perros cuando se ingiere. Otro ejemplo muy conocido es el de las plantas del género *Allium*, como cebollinos, ajos, puerros, cebollas, ajetes y chalotas. Estas plantas son muy tóxicas tanto para gatos como para perros debido a los disulfuros, que causan anemia, en parte reduciendo la actividad de la G6PD en un proceso similar al que ocurre en el favismo. Sin embargo, estas mismas plantas no son tóxicas para los seres humanos, los hámsters, los conejos o los caballos, todos ellos omnívoros o herbívoros.

Quizá se pregunte cómo se aplican a nosotros estas comparaciones entre animales y sus relaciones con las toxinas de la naturaleza. Si, en cambio, comparamos los umbrales de amargura y los repertorios de desintoxicación en las etapas de desarrollo de nuestra propia especie, surge un conjunto de patrones notablemente paralelos a los que Glendinning encontró en especies de mamíferos con dietas diferentes. Antes, debemos repasar brevemente nuestra propia historia evolutiva.

AZÚCAR Y ESPECIAS

A pocos niños les gusta comerse el brócoli. Para mí no era solo el brócoli, sino también las zanahorias y cualquier otra verdura fresca, incluidos el apio, la lechuga, la cebolla y los tomates. Los alimentos picantes entraban en la misma categoría: cosas a evitar. Si mi hermano y yo comíamos en la encimera de la cocina, mi objetivo era meter los palitos de zanahoria bajo un cable grapado debajo de la encimera. Una vez deshidratados, caían al suelo y se los comía el perro.

A los perros omnívoros les gusta comer frutas y verduras, pero los lobos carnívoros, antepasados de los perros, no suelen hacerlo. Sin embargo, se sabe que los lobos de Minesota se dan un festín estacional de arándanos en las épocas del año en que escasean las presas animales.

A medida que comenzaron a asociarse con nosotros, los perros evolucionaron rápidamente para producir muchas más enzimas amilasas salivales digestoras de almidón en sus bocas que sus ancestros lobos. El mismo aumento se produce en las poblaciones humanas que dependen en gran medida de los alimentos ricos en almidón, pero no en los grupos que no lo hacen: otro caso de evolución convergente. Nos hemos adaptado a los alimentos predominantes en nuestras sociedades, y los perros también se han adaptado a ellos.

A pesar de que compartimos la capacidad de predigerir los almidones, los perros son mucho más sensibles que nosotros a los efectos nocivos de las toxinas alimentarias. La Sociedad Americana para la Prevención de la Crueldad contra los Animales enumera más de cuatrocientas especies o variedades de plantas tóxicas para los perros. Esta diferencia entre perros y humanos puede existir en parte porque la gestión de las toxinas ingeridas es un proceso mucho más complejo que la simple predigestión del almidón en la boca. Los perros empezaron a divergir evolutivamente de los lobos carnívoros hace solo unos cuarenta mil años y podrían haber sido domesticados hace unos veinte mil años. A diferencia de nosotros, no evolucionaron a partir de antepasados herbívoros hace decenas de millones de años. Ha transcurrido muy poco tiempo evolutivo para que los perros hayan desarrollado nuevos sistemas de desintoxicación. Como ocurre con nuestro talón de Aquiles, la evolución utiliza lo que está disponible, no lo ideal, a medida que las poblaciones se adaptan a un entorno cambiante.

En cambio, nuestros propios mecanismos para hacer frente a las toxinas son superiores a los de nuestros perros, en parte porque nuestro linaje evolucionó a partir de antepasados que ya eran buenos neutralizando las toxinas de plantas y hongos. Aunque nuestros primeros antepasados primates surgieron de animales insectívoros parecidos a las musarañas que vivían en los árboles hace unos cincuenta y cinco millones de años, el linaje antropoide, el nuestro, surgió hace unos veinticinco millones de años, y estos antepasados probablemente eran herbívoros. Los científicos creen que nuestro antepasado común más reciente con los chimpancés (un antepasado que vivió hace entre cinco y diez millones de años) también era herbívoro y, en concreto, un especialista en frutas arbóreas.Nuestros cuerpos evolucionaron a partir de antepasados primates que fueron herbívoros durante decenas de millones de años. Gracias a ellos, al menos en parte, tenemos mejores sistemas de eliminación de toxinas alimentarias que los perros, que evolucionaron a partir de sus antepasados carnívoros mucho más recientemente.

Entonces ocurrió algo extraordinario hace unos 4,4 millones de años, según descubrieron los antropólogos Tim White, Gen Suwa y Berhane Asfaw. Un antepasado de todos los homínidos, el *Ardipithecus ramidus,* desarrolló la capacidad de columpiarse en los árboles y caminar erguido sobre el suelo utilizando las dos piernas. Nuestros primeros antepasados verdaderamente bípedos, los Australopitecinos, se descolgaron definitivamente de los árboles al suelo en África hace dos millones de años. Estas criaturas evolucionaron hasta convertirse en los primeros humanos, los *Homo erectus.*

Aunque el cerebro de *H. erectus* no era tan grande como el nuestro, esta especie tenía cerebros más grandes, dientes más pequeños y mandíbulas menos potentes que las de sus antepasados inmediatos. Estas diferencias apuntan a un cambio en la dieta.

El tamaño del cerebro del *H. erectus* aumentó rápidamente hasta hace unos cien mil años, cuando alcanzó el tamaño de nuestro cerebro. Si comparamos el cerebro humano moderno con el de nuestros parientes vivos más cercanos, los chimpancés, el nuestro es tres veces mayor en conjunto, nuestra corteza cerebral dos veces mayor y la necesidad de glucosa en el cerebro dos veces mayor. Aunque solo representa el 2 % de nuestro peso corporal, el cerebro utiliza el 20 % de la glucosa que consumimos. El culpable es la corteza cerebral, la arrugada capa externa de nuestro cerebro, la parte que realmente nos hace humanos. El pensamiento abstracto, el lenguaje, la memoria a largo plazo y el sentido del yo tienen su origen en la corteza cerebral.

Hay indicios de que, a medida que nuestro cerebro aumentaba de tamaño con la evolución, el tamaño de nuestros intestinos parecía reducirse paralelamente. Una posible explicación es la hipótesis del tejido costoso. Esta sostiene que la evolución del cuerpo humano cambió la inversión en tejido digestivo por la inversión en tejido cerebral. En apoyo de esta hipótesis, el primatólogo Richard Wrangham y sus colaboradores propusieron que nuestra capacidad única para cocinar utilizando fuego —esencialmente externalizando parte del trabajo de la digestión al proceso de cocción— permitió al cerebro humano alcanzar su tamaño actual. Según la teoría de Wrangham, «somos porque cocinamos», la cocina nos permitió acceder a las reservas de carbohidratos necesarias para alimentar las cortezas cerebrales más grandes de todas las especies animales: la nuestra. ¿Qué había para cenar (y desayunar y comer)? Posiblemente, los abundantes tubérculos ricos en almidón que, al igual que los ñames, son omnipresentes en la cuna de la evolución humana, África.

A medida que los cerebros de *H. erectus* evolucionaron para ser cada vez más grandes, la especie también evolucionó para reducir las diferencias de tamaño corporal entre sexos. Al mismo tiempo, evolucionaron estructuras sociales más grandes y complejas; surgió la división del trabajo y el solapamiento de generaciones, y se alargó la duración de la vida. En otras palabras, estos antepasados nuestros se fueron pareciendo cada vez más a nosotros. Wrangham y sus colaboradores sostienen que el cambio del consumo de alimentos vegetales crudos al de alimentos cocinados, y especialmente de tubérculos ricos en almidón, fue el catalizador de esta transformación.

Y lo que es más importante para los fines de este libro, nuestros (posiblemente) intestinos encogidos también pueden haber significado que los primeros seres humanos ya no podían sostener la dieta vegetal cruda rica en fibra de nuestros antepasados. Para extraer energía de toda esa fibra, los dilatados tiempos de tránsito intestinal y las superficies intestinales grandes son óptimos. También concuerda con la hipótesis de Wrangham el hecho de que la cocción es una de las muchas técnicas que seguimos utilizando para desactivar las toxinas de la dieta. Otras formas de eliminar toxinas son la fermentación, la adsorción con arcilla, el secado, el remojo, el procesamiento físico y el uso de cenizas u otros materiales cáusticos para cambiar la acidez de una sustancia.

Las extraordinarias necesidades energéticas del cerebro humano también ayudan a explicar por qué a los niños les gustan tanto las frutas y los dulces. Aunque son más pequeños que los adultos, la absorción de glucosa en el cerebro de los niños es el doble que en el de los adultos. A los niños también les gustan los dulces por otras razones, pero una de ellas es que sus cerebros necesitan un gran aporte de energía. Una vez establecida la asociación entre esa necesidad y el azúcar, sus sistemas mesolímbicos de recompensa, basados en la dopamina, les impulsan a buscarlo, a veces incesantemente.

Sin embargo, no todas las personas son iguales en su deseo de dulces. A algunos niños y adultos les gustan mucho, y a otros no. En estas diferencias intervienen factores culturales, aprendidos y hereditarios.

Aunque el deseo por los dulces varía mucho de una persona a otra, cada uno de nosotros puede clasificarse en una de las dos grandes categorías siguientes: a los que les gusta el dulce y a los que no. Para dilucidar estas diferencias, los científicos prueban la reacción de las personas ante una bebida muy azucarada con sacarosa. A los que les gusta el dulce, les encanta; a los que no, lo detestan. Al parecer, la predilección por una u otra bebida es innata, se detecta en los bebés poco después de nacer y es altamente hereditaria. Como podríamos esperar, hay una posible conexión entre tener debilidad por lo dulce, el riesgo de desarrollar un trastorno por consumo de alcohol (AUD) y el grado de anhelo en no bebedores con AUD.

Según un estudio, las personas con antecedentes familiares de AUD tienen 2,5 veces más probabilidades de pertenecer a la categoría de personas a las que les gusta el dulce que las que no tienen antecedentes familiares de este trastorno. En otro estudio se observó que las personas a las que les gusta el dulce y padecen un AUD tardaban diez veces más en abstenerse de beber etanol que las personas a las que no les gusta el dulce y padecen un AUD. Además de estos, muchos otros conjuntos de datos muestran una relación entre el riesgo de AUD y el gusto por lo dulce, pero algunos estudios no hallaron ninguna relación.

Un sistema opioide endógeno poco activo en el cerebro de los golosos puede ayudar a explicar una posible conexión con el consumo de alcohol. Dado que el etanol libera endorfinas, que activan los receptores opioides, las personas golosas pueden ser más propensas a tener una deficiencia de endorfinas o de receptores opioides y, si es así, están, por tanto, muy motivadas para estimular esa vía.

En apoyo de esta idea, en un pequeño estudio clínico se observó que los adictos al dulce con AUD respondían mejor al uso de naltrexona, un bloqueador de los receptores opiáceos. Este hallazgo sugiere que cuando se elimina la vía opioide de la ecuación con un «ataque quirúrgico» temporal mediante naltrexona, las personas se abstienen más fácilmente de beber, pero solo si les gusta el dulce. Estos resultados apuntan a una conexión entre unos niveles innatamente más bajos de endorfinas o de receptores opioides, la propensión a que les gusten los dulces y la susceptibilidad a padecer AUD u otros trastornos por consumo de drogas. Hay que tener en cuenta, sin embargo, que estos estudios son pequeños y preliminares.

Las personas que he conocido que luchaban contra la dependencia del alcohol eran golosas y, cuando se abstenían, controlaban los antojos con bebidas y alimentos azucarados. Probablemente, usted también conozca a personas así. Sin embargo, deberíamos poner en perspectiva los resultados de los estudios mencionados anteriormente. El hecho de que a alguien le gusten los dulces no significa que sea o vaya a ser dependiente de una droga de recompensa, y a muchas personas con trastornos por consumo de drogas les disgustan los dulces. Se trata de estudios correlacionales, y los trastornos por consumo de drogas tienen causas muy complejas.

Aun así, no cabe duda de que algunas personas utilizan toxinas naturales para modular sus actividades cerebrales y sentirse más «normales». En el próximo capítulo, exploraremos qué factores, además de ser golosos, pueden hacer que algunas personas resbalen por el filo de la navaja y se vuelvan dependientes de estas drogas. Pero de momento, en los siguientes apartados examinaremos por qué los alimentos amargos y picantes tienden a disgustarnos en determinados momentos de nuestra vida y a gustarnos en otros.

Superando la aversión

En busca de glucosa, de niño comía con avidez verduras *cocidas*, sobre todo zanahorias y patatas. Eran almidonadas o incluso dulces, y desde luego no amargas. Como la mayoría de la gente, acabé superando mi aversión a las verduras frescas.

Para entender por qué a los niños les pueden gustar los alimentos dulces, pero no los amargos, y por qué la mayoría de los adultos supera la aversión infantil a estos últimos, tenemos que examinar las diferencias entre los individuos en las distintas etapas de la vida. Al hacerlo, veremos cómo el riesgo de intoxicación parece regir las diferencias en la aversión y el consumo de tóxicos alimentarios entre niños y adultos, hombres y mujeres, embarazadas y no embarazadas.

Los antropólogos Edward Hagen, Roger Sullivan y sus colaboradores han utilizado estas diferencias para ayudar a desarrollar la hipótesis de la regulación de las neurotoxinas. Esta teoría ha cambiado mi forma de ver nuestra relación con las toxinas de la naturaleza. Se basa en parte en las Encuestas Mundiales de Salud Mental de la Organización Mundial de la Salud sobre el consumo humano de cuatro de las drogas psicoactivas más comunes derivadas de toxinas naturales: alcohol, tabaco, cannabis y cocaína.

Un total de 54 069 personas de diecisiete países participaron en entrevistas con las mismas preguntas. A todos se les preguntó si habían consumido alguna vez alguna de estas cuatro drogas psicoactivas y, en el caso de nueve de los países, cuándo fue la primera vez que lo hicieron. Entre los resultados: los hombres tenían más probabilidades de haber consumido que las mujeres, y mientras que el 74 % de los participantes estadounidenses declararon haber consumido tabaco, solo el 17 % de los nigerianos lo hicieron. Alrededor del 4 % de los colombianos declaró haber probado la cocaína, mientras que el 16 % de los participantes en la encuesta estadounidense lo hizo.

Un patrón sorprendente que se mantuvo en los diecisiete países fue la relación entre el consumo de drogas y la edad de inicio en el consumo de las cuatro drogas de abuso. La edad de inicio se refiere a la edad en años a la que los participantes consumieron la droga por primera vez, si es que lo hicieron. La edad media de inicio fue de 16 a 20 años para el alcohol, de 16 a 21 para el tabaco, de 18 a 22 para el cannabis y de 21 a 24 para la cocaína. En otras palabras, la mayoría de las personas que consumieron estas sustancias lo hicieron por primera vez a mediados o finales de la adolescencia en el caso de la mayoría de las drogas legales y a principios o mediados de la veintena en el caso de las drogas ilegales.

Quizá el hallazgo más destacado sea que, en general, los niños no consumen ninguna de estas drogas psicoactivas. Prácticamente, no hay constancia del consumo de ninguna de las cuatro antes de los diez años. Hagen y su equipo proponen que se activa un «interruptor del desarrollo» cuando pasamos a la adolescencia y empezamos a experimentar con drogas psicoactivas de recompensa.

La falta de consumo de drogas en la infancia no se basa solo en los datos de las encuestas, que pueden estar sesgados de muchas maneras. Afortunadamente, los niveles de cotinina en sangre, un metabolito de la nicotina, no sufren los mismos escollos que los datos de las encuestas. Los niveles de cotinina ni ocultan la verdad, ni recuerdan mal, ni olvidan. Los datos de un estudio realizado con 18 382 niños, adolescentes y adultos jóvenes entre 1999 y 2010 en Estados Unidos cuentan la misma historia. Aunque algunos de los niños dieron positivo en las pruebas de cotinina, los niveles de cotinina en sus cuerpos estaban todos dentro del rango producido por el humo inhalado de manera pasiva. Sencillamente, no existen pruebas fehacientes de que los niños menores de diez años consuman tabaco. Pero a la edad de once años, el número de niños con niveles de cotinina compatibles con los consumidores de tabaco y los fumadores en particular empezó a aumentar drásticamente.

Sé lo que probablemente esté pensando: los niños más pequeños no tienen el mismo tipo de acceso al tabaco que los adultos más jóvenes. Sin embargo, tampoco hay prácticamente consumo de café en niños de hasta catorce años, y el café está mucho más disponible.

La mejor explicación de este patrón es que, al igual que los animales carnívoros, los niños de hasta diez años son mucho más sensibles a las sustancias químicas amargas y, por tanto, más propensos que los adultos a rechazar alimentos o bebidas de sabor amargo. Los niños tienen una mayor densidad de papilas gustativas que los adultos y, hasta la adolescencia, los pequeños rechazan los alimentos nuevos a un ritmo mucho mayor que los adultos. La reticencia de un niño a probar un alimento nuevo forma parte de una sensibilidad llamada neofobia, o miedo a lo nuevo. A medida que los bebés alcanzan su primer año de vida y se van destetando de la leche, empiezan a comer alimentos que pueden contener toxinas naturales. En este momento de su vida, su capacidad para desintoxicarse de determinadas drogas se dispara y puede superar a la de los adultos. Esta evolución es coherente con una explicación que entrelaza factores culturales y biológicos: los sistemas de detección química y de desintoxicación de los niños en edad de crecimiento han sido ajustados por la evolución para proteger las células en rápida división en un grado que refleja el riesgo de exposición a toxinas alimentarias.

Curiosamente, los investigadores también han descubierto que las mujeres premenopáusicas tienen más aversión a los alimentos y bebidas de sabor amargo y son más capaces de desintoxicar la mayoría de las drogas que los hombres de la misma edad. En general, las mujeres tienen más papilas gustativas que los hombres y la expresión de los genes de desintoxicación es mayor que en ellos. De nuevo, observamos un patrón similar en los niños pequeños. Este patrón refleja el riesgo para el organismo en desarrollo, que pasa sus primeros nueve meses dentro del cuerpo de otro.

La gran mayoría de las embarazadas encuestadas declararon que no les gustaban ciertos alimentos y bebidas y que experimentaban náuseas y vómitos durante el embarazo. Muchas de las que han estado o están embarazadas probablemente hayan tenido sus propias experiencias con extrañas y sorprendentes aversiones alimentarias durante el embarazo. Algunas de las más comunes son la cafeína, el alcohol y el tabaco. Los productos químicos amargos de la dieta son los que menos se toleran durante el primer trimestre, y la capacidad del organismo para desintoxicarse también suele aumentar durante el embarazo.

Por ejemplo, como ya se ha comentado, las dosis bajas de cafeína parecen seguras para la mayoría de las personas. Pero las dosis altas consumidas en el primer y segundo trimestre del embarazo pueden aumentar el riesgo de aborto espontáneo, bajo peso al nacer y parto prematuro. Aunque la cafeína no sea un teratógeno estricto —una sustancia química que provoca anomalías en el desarrollo de los fetos—, puede plantear grandes problemas en dosis elevadas durante el embarazo.

La talidomida fue un infame teratógeno recetado en las décadas de 1950 y 1960 para —irónicamente— combatir las náuseas matutinas en las mujeres embarazadas. Este fármaco contra las náuseas y los vómitos prácticamente no provocaba efectos secundarios en las embarazadas y se consideraba un medicamento milagroso contra las náuseas matutinas. Desgraciadamente, cuando se utilizaba al principio del embarazo, sin que lo supieran los bienintencionados médicos y pacientes, la talidomida provocaba importantes anomalías en el desarrollo de los bebés nacidos, incluidas graves malformaciones de las extremidades. Esta triste situación demuestra por qué las toxinas que nos pueden parecer benignas a los adultos pueden ser tóxicas para los cuerpos humanos en desarrollo, ya sean toxinas naturales o sintéticas.

El etanol, la nicotina y muchas otras toxinas naturales son teratógenos. En casos graves, el síndrome alcohólico fetal provoca anomalías físicas en la cara y el cerebro. Del mismo modo, fumar y, a veces, incluso consumir tabaco sin humo aumenta el riesgo de parto prematuro, mortinatalidad, muerte perinatal y síndrome de muerte súbita del lactante, así como déficits motores, cognitivos y sensoriales en bebés y niños pequeños. Esto es solo la punta del iceberg; muchas otras toxinas que tienen efectos inocuos en los adultos son problemáticas en los seres humanos en desarrollo. Durante el desarrollo, ya sea antes o después del nacimiento, las células se dividen rápidamente. Es durante esta fase, desde la concepción hasta la pubertad, cuando las toxinas mutagénicas o teratogénicas causan mayores estragos.

Podemos deducir de estas observaciones que durante la infancia y el embarazo, los costes de consumir drogas psicoactivas superan a los beneficios. La relación beneficio-coste empieza a invertirse para algunas drogas una vez que nuestros cuerpos están completamente desarrollados, en algún momento de la adolescencia media o tardía o a principios de la veintena.

Hagen y sus colaboradores proponen que estas diferencias en la aversión a los alimentos amargos, la eficacia de la desintoxicación y los comportamientos en función del desarrollo humano, el sexo y el estado de gestación reflejan el hecho de que las toxinas alimentarias se ceban más en las células en rápida división de los fetos en desarrollo y los niños pequeños. En otras palabras, debido al mayor peligro que suponen algunas toxinas alimentarias, los niños y las personas que podrían quedarse embarazadas o que están embarazadas podrían beneficiarse de ser más sensibles y reacios a estas toxinas y de poder eliminarlas del organismo de forma más eficaz.

Ahora que tenemos al menos una hipótesis que explica por qué se nos pasa la aversión a muchas toxinas naturales que se vuelven de uso común en la edad adulta, queda el otro lado de la ecuación: por qué las buscamos de adultos y nos volvemos dependientes de ellas, a veces para bien, como con la cafeína, y otras veces para mal, como con la nicotina.

CRECER

Desde tiempos inmemoriales, los seres humanos han regulado cuidadosamente su ingesta natural de toxinas para hacer frente a las vicisitudes de la vida. El advenimiento y la amplia disponibilidad de drogas puras en el siglo XX han alterado este delicado equilibrio, tan imperfecto como ya era.

La «paradoja de la recompensa de las drogas», también acuñada por Sullivan y sus colegas, describe el fenómeno por el que los adultos pueden consumir e incluso volverse adictos a las mismas sustancias químicas que, como la cafeína, la cocaína, el etanol y la nicotina, evolucionaron para servir como toxinas a las plantas y otros organismos sésiles para mantener a raya a sus enemigos.

A primera vista, la resolución de esta paradoja podría parecer un mero ejercicio académico, poco reconfortante para quienes son adictos o han perdido a seres queridos a causa de la adicción. Pero todo lo que se ha tratado hasta ahora en este libro tiene que ver directamente con el problema de la adicción. Desentrañar la paradoja de la repulsión y la adicción no solo nos ayudará a comprender mejor por qué las personas acaban sufriendo trastornos por abuso de drogas, sino que también nos dará una nueva forma de ver los últimos quinientos años de la historia de la humanidad desde una perspectiva más clara.

No nos hacemos adictos a la aspirina, pero sí a la nicotina. Ambos fármacos son consumidos a diario por cientos de millones de personas en todo el mundo (véase el apéndice). Dependiendo de la dosis y del momento, la duración y el método de administración, ambas drogas pueden dañarnos o incluso matarnos. La nicotina es adictiva principalmente porque desencadena la acumulación de dopamina en el centro de recompensa de nuestro cerebro. La aspirina no. Aunque esta diferencia explica obviamente por qué nos volvemos adictos a la nicotina, pero no a la aspirina, la cuestión más destacada es qué nos motivó a consumir drogas de recompensa como la nicotina en primer lugar. Está claro que empezamos a utilizar la aspirina —desde el neandertal «Sid» hasta el reverendo Stone— para hacer frente a la fiebre, el dolor, el malestar y la incomodidad. En otras palabras, la aspirina ayuda a resolver un problema muy práctico. ¿Este propósito también es válido para las drogas que ahora consideramos en gran medida recreativas, como la nicotina?

Los seres humanos llevan miles de años consumiendo nicotina, además de arecolina (descrita más adelante), cafeína, catinona, cocaína, etanol, efedrina, morfina y THC. La mayoría de estas drogas imitan la estructura de un neurotransmisor o aumentan sus niveles en el cerebro por otros medios.

De esta lista, el alcaloide arecolina es nuevo en nuestra discusión, pero es uno de los más antiguos en términos de uso humano. Es más, sigue ocupando el cuarto lugar en la lista de las drogas adictivas más consumidas en el mundo, solo por detrás de la nicotina, el etanol y la cafeína (véase el apéndice). La arecolina se encuentra en la nuez de betel, las semillas de la palmera *Areca catechu* que se cultiva en el sur de Asia, muchas islas pequeñas del océano Índico, el sudeste asiático y Oceanía. La nuez de betel o nuez de areca se suele mezclar con cal o ceniza, como se hace con las hojas de coca en los Andes y partes de la Amazonia, y se enrolla en las hojas de una planta picante de la familia de la pimienta negra llamada *Piper betle*. La mezcla se mastica como un quid, al igual que la coca y el pituri. La arecolina, un vasodilatador y estimulante, produce una euforia similar a la causada por la nicotina, aunque se une a los receptores muscarínicos de la acetilcolina y no a los nicotínicos, por lo que las respuestas del organismo son fisiológicamente distintas.

La prueba fehaciente más antigua de la masticación de betel procede de un pozo funerario de la cueva de Duyong, en la isla filipina de Palawan. Los dientes de los individuos estaban teñidos de rojo por la nuez de betel que masticaban hace más de seis mil años, igual que los dientes escarlata de los masticadores de betel actuales. Sorprendentemente, también se encontraron seis conchas de almeja con los esqueletos. Se utilizaban como recipientes para contener cal, como se sigue haciendo hoy en día.

La nuez de betel, el té negro y el té verde, el cacao, el cannabis, el café, la coca, la efedra, el etanol, el guaraná, el té de guayusa, el khat, el opio, el tabaco, el té de yaupon y la yerba mate eran considerados históricamente tanto alimentos como bebidas, y se han convertido en *medicinas* cotidianas para quienes los consumimos. Todos los nuevos términos de esa lista, guaraná, té de guayusa y té de yaupón, son fuentes de cafeína (véase el apéndice).

Sin embargo, aunque todas las drogas que contienen estas sustancias son adictivas, para muchos de nosotros que hemos probado por primera vez una calada profunda, un sorbo grande o un bocado generoso, la experiencia inicial puede ser sencillamente repugnante, tanto por su sabor como por el efecto que produce en nuestro cuerpo. Como me decía mi padre, es un gusto adquirido. Esta expresión es muy reveladora porque reconoce lo desagradable o incluso dolorosa que puede ser la experiencia al principio.

Sin embargo, a veces volvemos a por más si se activan los circuitos de recompensa del cerebro; dicha activación puede superar las experiencias inicialmente repugnantes. Las drogas cambian nuestro estado de ánimo de un modo que solo se produciría sin ellas en raros momentos de euforia, excitación o miedo. Por ejemplo, muchos de nosotros aprendemos a asociar el sabor amargo del café con la recompensa de la cafeína e incluso llegamos a disfrutar de su sabor sin adulterar. Lo mismo ocurre con otras sustancias. Superamos ese regusto amargo o ardiente o nauseabundo porque sabemos que, si lo hacemos, acabaremos sintiendo una sensación que deseamos, una sensación que llegamos a necesitar.

Sorprendentemente, este proceso evolucionó incontables veces de forma independiente, en una cultura tras otra. Se necesita tiempo para asociar una experiencia inicialmente repugnante con una sensación gratificante, y también se necesita un conocimiento transmitido culturalmente del porqué y el cómo. También se necesita una fuente de la toxina, ya proceda de un vendedor, un traficante, un amigo, un padre, un chamán o la propia naturaleza.

La hipótesis de la regulación neurotóxica propone que las sustancias adictivas, como la mayoría de las toxinas naturales que tomamos, se utilizaron primero más para aliviar nuestro sufrimiento que para divertirnos, relajarnos, comulgar con los dioses o *hacer un viaje*. Si nuestros antepasados utilizaron primero las drogas de recompensa como medicinas en el sentido más amplio, esta práctica podría explicar nuestro comportamiento extraño, pero universalmente humano de buscar drogas psicoactivas a diario.

Como nos enseñaron «Sid» y los chimpancés masticadores de la médula de vernonia amarga (*Vernonia amygdalina*), la automedicación no es nada nuevo. Lo hacen los pájaros, las abejas y nosotros. Pero hay algo muy distinto, algo exclusivamente humano, en nuestra relación con estas sustancias químicas que nos diferencia de todos los demás animales. Tenemos que conciliar el hecho de que la mayoría de nosotros tomemos drogas psicoactivas con regularidad y que algunos las utilicemos como una forma de entrar en comunión con el reino espiritual.

Según la hipótesis de la regulación de las neurotoxinas, lo que es bueno para uno, es bueno para todos. Sostiene que tanto las sustancias químicas similares a la aspirina como la nicotina fueron utilizadas por nuestros antepasados como medicamentos, pero solo la nicotina resultó ser una droga psicoactiva. Curiosamente, a diferencia de la mayoría de las toxinas naturales que utilizamos como medicamentos, las drogas psicoactivas como la nicotina nos hacen muy conscientes de que las hemos tomado. Incluso nos damos cuenta de la cantidad que hemos tomado porque atraviesan la barrera hematoencefálica, creando efectos físicos y psicológicos distintos y dependientes de la dosis. Esta es la razón por la que nos sentimos mucho mejor tras una segunda taza de café que tras un segundo comprimido de aspirina.

La hipótesis de la regulación de las neurotoxinas —que sigue siendo eso, una hipótesis— puede rastrear sus orígenes hasta una idea notable sobre el origen del consumo de drogas psicoactivas en humanos. Los etnobotánicos Eloy Rodríguez y Jan Clymer Cavin estudiaron las prácticas de diversas comunidades de indígenas amazónicos, que utilizan plantas psicodélicas para curarse. En Iquitos (Perú), los chamanes *vegitalistas* utilizan plantas psicodélicas como «vegetales que enseñan», que imparten conocimientos curativos a los chamanes, quienes a menudo toman las drogas junto con el paciente. Una práctica similar existe hoy en día con el uso de la mescalina en los Andes y en México, y ha estado vigente durante miles de años.

El primer apunte de Rodríguez y Cavin estaba relacionado con un hallazgo del etnobotánico Richard Evans Schultes. Las plantas psicodélicas elegidas por los chamanes de todo el Amazonas solían tener la misma base química, indol (como la DMT) o isoquinolina (como la quinina), que producen respuestas psicoactivas y purgantes (vómitos o diarrea, o ambas cosas). Un brebaje muy utilizado para limpiar el organismo es la ayahuasca. La purificación y la purga son partes esenciales de la práctica del uso de plantas psicodélicas.

Rodríguez y Cavin señalaron que los chamanes no eligieron estas plantas por casualidad. La visión borrosa, la euforia y las alucinaciones, entre otros efectos secundarios neurológicos, se entrelazan con los efectos purgantes. Todos estos efectos ayudan a explicar por qué las plantas se utilizan como «vegetales que enseñan», ya que se cree que ayudan al chamán a diagnosticar la enfermedad, a limpiar el cuerpo del paciente mediante purgas y, tal vez, a dirigir los efectos tóxicos a cualquier parásito que haya en su interior, como curas reales.

Al menos algunas de las sustancias químicas utilizadas son también fármacos antiparasitarios eficaces. La emetina, que, como se ha descrito anteriormente, contribuyó a la muerte de Karen Carpenter, es un potente fármaco para la amebiasis que todavía se utiliza para tratar la disentería en casos extremos, y la quinina es un fármaco antipalúdico procedente de la corteza de la quina. Al menos en el laboratorio, los alcaloides harmina de la ayahuasca, que inhiben la actividad de las enzimas monoaminooxidasas, son tóxicos para el parásito que causa la enfermedad de Chagas.

Juntando todo esto, Rodríguez y Cavin llegaron a la conclusión de que diversos grupos de pueblos amazónicos, repartidos a lo largo de miles de kilómetros, desde los Andes hasta el Atlántico, han buscado repetidamente plantas que producen alcaloides psicodélicos indólicos e isoquinolínicos con fines medicinales. Aunque estos grupos se fijaban en los efectos neurológicos como forma de medir la dosis, también utilizaban estas toxinas con fines culturales y espirituales. Las plantas, para estos pueblos del Amazonas, son a la vez maestras y medicinas.

Algunas de estas toxinas naturales utilizadas por los chamanes *vegitalistas* son imitadores de los neurotransmisores y actúan también sobre las neuronas de las tenias y las lombrices. Como resultado, estas toxinas pueden servir como fármacos antiparasitarios. Nuestra herencia evolutiva compartida con los gusanos parásitos, por desagradable que sea, significa que son vulnerables a algunas de las mismas drogas psicoactivas que nosotros.

Medicamentos como la arecolina y la nicotina se han utilizado para tratar gusanos parásitos en animales domésticos. La nuez de betel es una medicina tradicional china para las infecciones por tenia, cuyo ingrediente activo es la arecolina. En un estudio, los investigadores analizaron el consumo de tabaco y cannabis por parte del pueblo aka de África Central para predecir el grado de infección por lombrices intestinales de un individuo. Tanto el tabaco como el cannabis eran plantas de cultivo relativamente nuevas en el África ecuatorial, por lo que la investigación constituyó un estudio sobre cómo podría funcionar la hipótesis de la regulación por neurotoxinas. En el estudio, una concentración elevada de nicotina o de un derivado del THC en la sangre se asoció con una reducción de la carga de lombrices. Los niveles más altos de estas drogas también redujeron las probabilidades de que la persona se reinfectara al año siguiente. Aunque preliminares, los resultados son intrigantes.

Al igual que con los psicodélicos y los IMAO utilizados por los *vegitalistas* de Iquitos, a largo plazo, el uso de arecolina, nicotina y THC, cannabidiol (CBD) y otros compuestos en el cannabis como drogas antiparasitarias podría haber aumentado las tasas de supervivencia de los usuarios en entornos ricos en parásitos. Este beneficio no intencionado podría haber promovido el uso de drogas psicoactivas, al igual que el consumo de yuca y habas en áreas endémicas de malaria podría haberlo hecho con los cianatos y alcaloides vicina no psicoactivos. El resultado final habría sido la incorporación de estas drogas en el ámbito de la cultura popular.

El secuestro del sistema de recompensa mesolímbico por las drogas que generan recompensa es también una parte esencial de por qué usamos y abusamos de ciertas drogas, pero es solo una parte de la historia. ¡Lo que se ha pasado por alto es que podría haber sido una cuestión de vida o muerte!

Por último, como ya se ha comentado, muchas sustancias químicas que utilizamos como drogas de recompensa, procedentes de plantas y otros organismos, imitan a los neurotransmisores o modifican los niveles de estos en el cerebro (véase el apéndice). Este comportamiento químico ha llevado a la hipótesis de que cuando la nutrición es deficiente, estas sustancias químicas alimentarias pueden aumentar el suministro de nuestros propios neurotransmisores directa o indirectamente. Muchas drogas de recompensa, como la cafeína, la cocaína, el etanol, la efedrina, la catinona, los opiáceos y la nicotina se utilizan para hacer frente al aburrimiento, el hambre, la fatiga y el estrés, y para mejorar el rendimiento de nuestro cerebro de diferentes maneras. Sin embargo, el diablo está en los detalles, y es difícil concebir cómo podría funcionar fisiológicamente dado el tiempo preciso necesario para la liberación de neurotransmisores endógenos en la hendidura sináptica seguida de su recaptación e inactivación en las neuronas.

Estas hipótesis sobre las razones evolutivas últimas por las que los humanos de todo el mundo recurren al uso diario o periódico de sustancias químicas de la naturaleza que alteran la mente siguen siendo controvertidas. No obstante, dado que miles de millones de personas utilizan cada día algunas de estas sustancias químicas, es fácil ver los beneficios que pueden aportar. En conjunto, nuestro uso deliberado de sustancias químicas tóxicas como medicación y recompensa psicológica apoya la hipótesis de las neurotoxinas.

Las toxinas psicoactivas y dietéticas son una cosa, pero la siguiente cuestión que nos plantearemos es si las sustancias químicas mucho más utilizadas que se encuentran en las especies podrían conferir beneficios más allá de realzar el sabor de nuestra comida y bebida. De ser así, estos beneficios podrían ayudar a explicar nuestra obsesión por ellas y cómo las especias cambiaron el mundo.

11
LA ESPECIA DE LA VIDA

Es bastante sorprendente que el uso de la
pimienta se haya puesto tanto de moda... la
pimienta no tiene nada que pueda recomendarla
como fruto o baya, su única cualidad
deseable es un cierto picor; ¡y, sin embargo, la
importamos desde la India solo por esto!

CAYO PLINIO SEGUNDO (PLINIO EL VIEJO),
Historia natural, libro 12, cap. 15, ca. 77-79 d. C.

SIENTE EL ARDOR

Mi abuela materna, Doris, preparaba a menudo rosbif para la cena del domingo. Cuando lo hacía, también ponía un bote de rábano picante en la mesa para mi padre. Yo observaba con incredulidad cómo se comía las rodajas picantes, con los ojos llorosos, la piel enrojecida y la frente sudorosa. No podía entender por qué se provocaba tanto dolor durante una comida tan agradable.

Pero Doris lo entendió y se ofreció a echar leña al fuego, paseándose por la mesa con su enorme molinillo de pimienta, blandiéndolo como una jefa. Con unos cuantos giros, sus copos de oro negro caían sobre el plato de quien quisiera.

Ahora me encuentro haciendo lo mismo que entonces me parecía tan inexplicable. No soy el único. También puede que busques un poco de los isotiocianatos que dan picor de nariz, hacen llorar los ojos, hormiguean en la lengua y enrojecen la piel, presentes en condimentos de mostaza o el wasabi, o los alcaloides piperidínicos intensos que se sienten en la garganta cuando usas pimienta negra molida.

Las plantas de la familia de la mostaza, *Brassicaceae*, son mucho más que un condimento picante. Son cultivos básicos, como la rúcula, el brécol, las coles de Bruselas, el repollo, la colza, la coliflor, la berza, el daikon, el gai lan, el rábano picante, la col rizada, el colinabo, la mizuna, las semillas de mostaza, el mastuerzo, los rábanos, el rapini, el romanesco, el rutabaga, los nabos, el wasabi, el berro y el berro de invierno. Entre los parientes cercanos del mismo linaje que producen aceites de mostaza se encuentran las alcaparras, la espuma de los prados, la moringa, la papaya y la capuchina. Las defensas tóxicas del aceite de mostaza podrían ser una de las razones del éxito de estas plantas: en todo el mundo hay más de cinco mil especies capaces de producir aceites de mostaza.

La función de los aceites de mostaza para las plantas se reveló en un experimento realizado por científicos del Departamento de Agricultura de los Estados Unidos (USDA) a principios de los años sesenta. Los investigadores trituraron raíces de nabo frescas que colocaron sobre papel de filtro en el fondo de varios tarros pequeños. A continuación, introdujeron pequeñas jaulas de moscas de la fruta en los tarros para exponerlas al vapor. Más del 90 % de las moscas murieron en tres horas. El agente tóxico era isotiocianato de 2-fenetilo, un aceite de mostaza.

Las moscas de la fruta muertas en esas «jaulas de tiburones» en miniatura no murieron por las mandíbulas de un superdepredador, sino por el vapor invisible de aceite de mostaza emitido por el nabo troceado. Los aceites de mostaza sirven como armas defensivas en la guerra química de la naturaleza. Como estas toxinas también son venenosas para las plantas que las producen, solo se forman cuando la planta ha sido «herida». Las protoxinas, llamadas glucosinolatos, se almacenan en las células de la planta como bombas con espoletas apagadas en un búnker. Las plantas de mostaza también producen enzimas glucosidasas, que se almacenan en diferentes células. Estas enzimas son como una caja de cerillas. Cuando el glucosinolato y la glucosidasa entran en contacto cuando un herbívoro empieza a masticar, la mecha se enciende y la bomba explota, transformando el glucosinolato en el tóxico aceite de mostaza. Por eso se tarda un poco en masticar la rúcula, el daikon o el berro frescos antes de que empiecen a tener un regusto picante o, como algunos los describen, a pimienta.

La mayoría de los preparados comerciales de wasabi son en realidad rábano picante con algas añadidas para que el brebaje se parezca al auténtico, y mucho más caro, rizoma verde de wasabi. En ambos preparados, así como en la mostaza como condimento, la mecha de la bomba ya se ha encendido al molerla o rallarla: el picante de condimentos como la mostaza amarilla, el wasabi o el rábano picante nos golpea en el instante en que llega a la lengua. El kimchi y el chucrut están en el mismo barco porque los *Lactobacillus* y otras bacterias que fermentan la col pueden descomponer algunos de los glucosinolatos en aceites de mostaza utilizando sus propias enzimas glucosidasas.

Sin embargo, cuando se cuecen las verduras de mostaza, el calor desactiva las enzimas glucosidasas de la planta. Por esta razón, la cocción es como echar agua sobre las cerillas. Los glucosinolatos pasan a nuestro tracto digestivo sin formar aceites de mostaza, al menos de momento. Nuestras bacterias intestinales tienen planes para los glucosinolatos. Después de que las bacterias intestinales conviertan los glucosinolatos en aceites de mostaza, las toxinas se descomponen en aminas y sulfuro de hidrógeno gaseoso. Las bacterias utilizan las aminas como nutrientes, pero las burbujas de gas con olor a azufre son residuos que salen por el otro extremo del tubo digestivo. Piense en su microbioma y en su intestino como en su fermentador personal de kimchi.

Los aceites de mostaza no solo no son tóxicos en los niveles en que los ingerimos, sino que incluso pueden ser beneficiosos para la salud. En dosis superiores a las que la mayoría de nosotros obtendríamos de nuestra dieta, tienen potencial como medicamentos. Los aceites de mostaza se están estudiando como quimioterapia contra el cáncer y como tratamiento de trastornos neurodegenerativos, trastornos del espectro autista y lesiones cerebrales traumáticas, entre otros trastornos.

Intento consumir algunos aceites de mostaza cada día. Pueden provenir de la ensalada de col rizada que pido habitualmente en el Free Speech Movement Café de la Universidad de California, Berkeley, de la aparentemente infinita cantidad de rábanos arcoíris en vinagre que Shane coge de nuestro huerto, del brócoli que me gusta asar o de la salsa de soja cargada de wasabi en la que mojo mi sushi.

Mi propio laboratorio tiene datos preliminares que muestran que cuando se añaden cantidades modestas de sulforafano, un aceite de mostaza del brócoli, al alimento de la mosca de la fruta, las moscas viven algo más que las alimentadas con comida normal. Por supuesto, estos resultados me entusiasman, pero no hay que exagerarlos. Los sujetos eran moscas de la fruta, no humanos, y nuestro estudio era bastante pequeño.

Otros estudios mostraron efectos similares del sulforafano en la prolongación de la vida, pero esta vez los sujetos eran escarabajos de la harina en lugar de moscas de la fruta. Los investigadores también determinaron que el efecto dependía de la activación de una importante proteína en nuestras células. Denominada Nrf2, esta proteína es un regulador maestro de nuestra respuesta general de desintoxicación. Cuando los aceites de mostaza y otras sustancias químicas similares activan la Nrf2, se activan las vías de desintoxicación y se eliminan las toxinas producidas por el metabolismo celular normal.

Otro indicio de por qué los aceites de mostaza pueden alargar la vida procede de un estudio que demostró que las moscas de la fruta alimentadas con rotenona sobrevivían más tiempo si antes se las alimentaba con sulforafano. La rotenona es una potente toxina que crea radicales libres de oxígeno dañinos al interferir con proteínas fundamentales para la respiración celular. El sulforafano puede activar la respuesta antioxidante natural de las moscas y hacerlas más capaces de tolerar la agresión oxidativa que sigue a la ingestión de rotenona.

La rotenona es una toxina isoflavonoide (¡no todos los flavonoides son buenos para la salud!) producida por plantas leguminosas tropicales, entre ellas uno de mis aperitivos vegetales favoritos, la jícama. Los tubérculos de la jícama son *totalmente* inocuos, pero las semillas de las vainas son increíblemente venenosas, sobre todo para los insectos y los peces. Los pueblos indígenas de todo el sur global han utilizado legumbres productoras de rotenona para aturdir y capturar peces, desde los ríos de la Amazonia hasta los arrecifes de coral del Pacífico Sur. Cuando los tejidos vegetales que contienen rotenona se liberan en el agua, la toxina penetra en las branquias e impide que los peces utilicen el oxígeno. Inmovilizados, flotan en la superficie, donde pueden capturarse fácilmente y comerse sin peligro (la rotenona no penetra en la carne). A día de hoy, la rotenona sigue utilizándose ampliamente como insecticida y veneno para peces.

La rotenona puede producir síntomas parecidos a los de la enfermedad de Parkinson en modelos animales y humanos debido al estrés oxidativo agudo que provoca en el cerebro. Algunos estudios muestran que el consumo previo de sulforafano puede proteger a los animales de laboratorio contra la progresión de estos síntomas parecidos a los de la enfermedad de Parkinson.

Los científicos han profundizado en los posibles efectos protectores de los aceites de mostaza contra la enfermedad de Parkinson desarrollando modelos animales de este trastorno. Uno de estos modelos refleja la enfermedad de Parkinson en personas portadoras de mutaciones innatas en el gen de la alfa-sinucleína y predispuestas a desarrollar una forma de la enfermedad llamada enfermedad de Parkinson familiar. En estas personas, las proteínas alfa-sinucleína se agrupan formando cuerpos de Lewy en el cerebro. Los cuerpos de Lewy también se forman en algunos casos espontáneos de enfermedad de Parkinson y en casos de demencia por cuerpos de Lewy, dolencia que afectó al fallecido Robin Williams. Los cuerpos de Lewy están asociados a la muerte de las células nerviosas productoras de dopamina del mesencéfalo y pueden causar daño oxidativo.

Para estudiar mejor la enfermedad de Parkinson en animales, los investigadores empalmaron el gen humano de la alfa-sinucleína en el genoma de la mosca de la fruta, que normalmente no tiene este gen. Cuando activaron el gen humano en el cerebro de la mosca, las moscas desarrollaron síntomas similares a los de la enfermedad de Parkinson, incluyendo temblores, que fueron causados por el mal funcionamiento de las células nerviosas productoras de dopamina en sus cerebros, al igual que en los seres humanos con la enfermedad. Las moscas son modelos útiles porque las células productoras de dopamina probablemente evolucionaron una vez en el cerebro de un ancestro común de humanos y moscas hace más de 500 millones de años. En muchos sentidos, un cerebro es un cerebro en los aspectos más fundamentales, ya pertenezca a una mosca o a un humano.

Cuando la dieta de las moscas se suplementó con sulforafano, la progresión de los síntomas del Parkinson se redujo en las moscas de la fruta mutantes. Lo que es más, se encontró lo mismo en modelos de ratón de la enfermedad. Los investigadores inyectaron una forma tóxica de dopamina en las mismas neuronas cerebrales de ratón que mueren en los cerebros de las personas con enfermedad de Parkinson. Cuando estos ratones fueron alimentados con una dieta suplementada con sulforafano, mostraron menos síntomas similares a los de la enfermedad y perdieron menos neuronas dopaminérgicas que los ratones de control, al igual que las moscas. Así, una dieta enriquecida con sulforafano previno o ralentizó la progresión de los síntomas en moscas de la fruta y ratones predispuestos a desarrollar la enfermedad de Parkinson a través de la activación de la proteína Nrf2 mencionada anteriormente.

Normalmente, la Nrf2 está unida a una proteína tachonada de sensores de toxinas en el citoplasma. Cuando el sulforafano entra en nuestras células, se une a los sensores de toxinas. La Nrf2 se libera y, como el Paul Revere de las proteínas, viaja hasta el núcleo de la célula para advertirle del peligro. Lo hace porque el núcleo es donde se guarda el ADN y donde se inicia la producción de proteínas.

En el núcleo, la Nrf2 se une a los factores de transcripción, que están unidos al ADN adyacente a los genes de desintoxicación. Una vez que la Nrf2 se une a los factores de transcripción, el dúo se libera del ADN. Es como encender un interruptor. El gen de al lado se enciende, induciendo a nuestras células a producir más cantidad de una molécula que elimina toxinas llamada glutatión (GSH) y más cantidad de una enzima llamada glutatión S-transferasa (GST). Todo esto empieza cuando se detecta una toxina en la célula, lo que hace que esta ponga en marcha su maquinaria de desintoxicación.

Si la GSH es como una esponja, las enzimas GST son como la mano que mueve la esponja hasta el vertido y la escurre para que la esponja pueda seguir fregando el desastre. Cuando las toxinas se unen al GSH —un antioxidante clave producido en las células de nuestro hígado— se desactivan y se eliminan por la orina.

Las personas que mueren por sobredosis de paracetamol o acetaminofeno sucumben porque una cantidad excesiva de GSH del hígado se une al fármaco. Entonces no hay suficiente GSH para tratar los subproductos tóxicos que nuestro propio cuerpo produce de forma natural por el mero hecho de vivir. La falta de GSH disponible es solo el primero de los dos golpes de la intoxicación aguda por paracetamol. A medida que el hígado desintoxica el paracetamol, se forma una toxina que se une a otras enzimas que el hígado necesita para neutralizar otras toxinas producidas por nuestro metabolismo.

Aunque el paracetamol es en realidad mucho más seguro que la aspirina en dosis normales, es la dosis la que hace el veneno. El tratamiento de la intoxicación por paracetamol es una dosis de un precursor de GSH, que estimula al hígado a producir más GSH, lo que permite la recuperación al prevenir el fallo hepático agudo.

La reacción del cuerpo al consumir sulforafano es aumentar la producción de enzimas GSH y GST para eliminar lo que detecta como una toxina. A los niveles consumidos en nuestra dieta, estos mecanismos de eliminación del sulforafano son suficientes para evitar que el sulforafano dañe realmente nuestras células.

Sin embargo, una vez que los niveles de enzimas GSH y GST se elevan gracias al sulforafano, los niveles más altos de enzimas GSH y GST eliminan *otras* toxinas, incluidas las producidas a través del metabolismo normal. Este beneficio indirecto del consumo de sulforafano, este aumento de las enzimas GSH y GST, es la principal forma en que el sulforafano ralentiza la progresión de los síntomas de la enfermedad de Parkinson en animales de laboratorio. Sé que esto ha sido muy detallado, pero el desencadenamiento de la respuesta de desintoxicación de nuestro cuerpo por algunas toxinas alimentarias como los aceites de mostaza ilustra un concepto importante, ya que se relaciona no solo con las especias, sino también con otras toxinas que ingerimos.

La *hormesis,* que procede de la palabra griega *horme,* «poner en movimiento», es un fenómeno poco conocido pero ampliamente observado. A través de este fenómeno, cantidades modestas de factores estresantes ambientales, como el choque frío (zambullida en un baño de hielo), el choque térmico (sauna) o los aceites de mostaza picantes, pueden protegernos de los daños celulares causados por factores estresantes tanto internos como externos que nuestro cuerpo encontrará en un futuro próximo.

La idea es que los estresores ambientales leves pueden desencadenar una respuesta fisiológica adaptativa que amortigüe pronto el efecto negativo del estresor. El concepto de hormesis es controvertido porque los mecanismos subyacentes pueden ser muy diferentes según el factor estresante, y sus efectos posteriores pueden o no ser importantes para nuestra salud y bienestar. La relación coste-beneficio a largo plazo de la hormesis como profilaxis o tratamiento de enfermedades no está clara y depende en gran medida del contexto.

Las proteínas del choque térmico se activan cuando nos sentamos en una sauna. Las proteínas del choque frío se activan cuando nos sumergimos en un baño de hielo. Las vías de desintoxicación se activan cuando ingerimos toxinas como el etanol. Al activar estas respuestas al estrés, podemos (o no) protegernos de otras agresiones como el daño oxidativo que nuestro cuerpo no puede evitar porque nuestro metabolismo normal también produce toxinas. A niveles elevados, estos tres factores estresantes —calor, frío y etanol— también pueden matarnos, ya sea por toxicosis aguda o, como le ocurrió a mi padre, de forma crónica e indirecta. La dosis es, por tanto, un concepto crítico a la hora de entender cómo puede funcionar la hormesis.

Las respuestas hormonales producen una curva en forma de U invertida, con el beneficio en el eje vertical y la dosis en el eje horizontal. Un buen ejemplo es el etanol y el riesgo de infarto en los adultos, sobre todo en los hombres. Por término medio, los abstemios, que no consumen alcohol, o las personas que consumen más de dos copas al día tienen un riesgo mayor que los que consumen una copa al día. De algún modo, una bebida puede proteger más contra el infarto que cero bebidas o más de dos bebidas al día. El problema es que incluso una bebida diaria también aumenta el riesgo de cáncer.

Este ejemplo demuestra que cada factor estresante debe estudiarse en sus propios términos, en profundidad y en términos de salud general, no solo en términos de una enfermedad.

Una estupenda explicación de la existencia de este fenómeno propone que se trata de una adaptación evolutiva en animales y hongos, cuya dieta se basa en gran medida en tejidos vivos o en descomposición de otros organismos, lo que incluye toxinas. La idea es que los animales y los hongos han desarrollado un sistema de vigilancia que puede aumentar la producción de vías de desintoxicación en *previsión* de un ataque químico en el horizonte.

Los biólogos celulares Konrad Howitz y David Sinclair acuñaron el término *xenohormesis* (*xeno* significa «extraño») para describir esta respuesta adaptativa relacionada con nuestra capacidad para percibir que nuestro cuerpo ha ingerido toxinas producidas por otros organismos. En cierto modo, la xenohormesis es similar a otras respuestas anticipatorias a futuros factores estresantes, ya sea la respuesta de bronceado observada en personas de piel clara expuestas a la luz ultravioleta o los ciclos reproductivos de los topillos impulsados por el 6-MBOA.

Un último hallazgo de los modelos de mosca de la fruta de la enfermedad de Parkinson ayudará a unir todo esto. El efecto protector del sulforafano contra la progresión de los síntomas de la enfermedad de Parkinson no se encontró en los mutantes de la mosca de la fruta que no podían producir suficientes enzimas GSH o GST para desintoxicar los aceites de mostaza. En otras palabras, el sulforafano no evita que las moscas progresen a través de síntomas similares a los de la enfermedad de Parkinson si los niveles de las enzimas GSH o GST son bajos. Por lo tanto, las enzimas GSH y GST son necesarias para el efecto protector del sulforafano en las moscas. Esto es importante porque, como descubrimos mi antiguo estudiante de doctorado Andrew Gloss, otros colaboradores del Instituto Max Planck de Ecología Química y yo, las moscas de la fruta y los humanos utilizan la misma vía basada en GSH y GST para desintoxicar los aceites dietéticos de mostaza. En los aspectos más fundamentales, los humanos no somos fisiológicamente tan distintos de muchos otros animales.

Todas estas observaciones sugieren una idea tentadora: que la suplementación dietética con sustancias químicas que se encuentran en los condimentos picantes —sulforafano y otros aceites de mostaza— podría mitigar la progresión de la enfermedad de Parkinson en animales y humanos. Se requieren ensayos clínicos para abordar la cuestión en los seres humanos, y no hay ninguna garantía de que el sulforafano muestre un efecto terapéutico en absoluto para esta o cualquier otra dolencia.

Pequeños ensayos clínicos han descubierto que las píldoras de sulforafano reducen los síntomas del trastorno del espectro autista. Este hallazgo es emocionante, pero, de nuevo, es muy preliminar. Ambos trastornos neurológicos podrían mejorar mediante mecanismos protectores similares que implican la elevación de las enzimas GSH y GST.

Ahora espero que entiendan por qué tengo tanta debilidad por las moscas de la fruta y, lo que es más importante, por qué la medicina moderna les debe tanto. Las moscas de la fruta nos ayudaron a entender por qué las plantas producen aceites de mostaza: para protegerse. Y cincuenta años después, estos insectos fueron los primeros organismos en demostrar por qué las mismas sustancias químicas ayudan al cuerpo a eliminar las toxinas del cerebro. A su vez, estos descubrimientos ayudaron a los científicos a prevenir la progresión de síntomas similares a los del Parkinson inducidos experimentalmente en la mosca de la fruta. Y es de esperar que estos nuevos conocimientos puedan aplicarse algún día a los seres humanos.

La verdad es que ninguno de nosotros piensa demasiado en los beneficios para la salud de especies como los aceites de mostaza cuando las utilizamos. Sin embargo, sus beneficios para nuestro organismo pueden ser algo que deberíamos tener en cuenta cuando buscamos en nuestra despensa o frigorífico.

¿POR QUÉ ESPECIAS?

La emocionante posibilidad de que una toxina vegetal presente en condimentos picantes, ensaladas y verduras cocidas proteja contra trastornos neurológicos apunta a una razón evolutiva última por la que los humanos usamos especias: mejoran nuestra salud y bienestar. Nuestra comida no es solo alimento, sino también medicina.

Antes de profundizar en la cuestión de por qué utilizamos las especies desde esta perspectiva, abordaré primero por qué gastamos tanta energía en eliminar las toxinas de las plantas y los hongos antes de consumirlos. El procesamiento de plantas y hongos antes de su consumo, ya sea pelándolos, remojándolos, encurtiéndolos, fermentándolos o, sobre todo, cocinándolos, define lo que significa ser humano. ¿Por qué los humanos no se limitan a criar plantas con niveles reducidos de toxinas? El antropólogo Solomon Katz propone una sencilla explicación doble. En primer lugar, es mucho más fácil preparar los alimentos de forma que se eliminen las toxinas que criar plantas con bajos niveles de veneno. Y en segundo lugar, al permitir que los cultivos sigan produciendo estos venenos, nos aseguramos de que las plantas y los hongos estén mejor protegidos de las plagas y, en consecuencia, aumentamos el rendimiento general de los cultivos.

Aunque los humanos utilizamos métodos elaborados para eliminar las toxinas de origen vegetal que pueden perjudicarnos, también gastamos recursos desmesurados para adquirir *otras* toxinas potenciales en forma de especies, que añadimos a nuestra comida y bebida. La implicación es que las especies no nos hacen daño y, de hecho, pueden mejorar nuestra salud y bienestar aunque contengan sustancias químicas que sabemos que disuadirán y castigarán a las plagas.

Otra faceta de esta idea de la comida como medicina es que nuestro uso de las especies podría tener su origen en su capacidad para prevenir y tratar enfermedades infecciosas en particular, como una extensión de la hipótesis de la regulación de las neurotoxinas. Ya me referí a esta posibilidad al principio del libro, cuando hablé de cómo los vegetarianos de algunas comunidades del sur de la India consumen grandes cantidades de especies que contienen altos niveles de salicilatos y de que estas dietas se asociaban a tasas más bajas de cáncer de colon.

Como probablemente ya sabrá, los estudios puntuales de este tipo no sirven de mucho salvo para confirmar nuestros propios prejuicios. Si resulta que la conexión entre especies y salud es un dato entre muchos que muestran relaciones similares entre el consumo de especies y la salud, hay potencial para que emerja un patrón más grande, como ocurre cuando nos alejamos de una pintura puntillista.

En 1999, los biólogos Paul Sherman y Jennifer Billing recopilaron un amplio conjunto de datos sobre el uso humano de las especias. Empezaron definiendo lo que es una especia: un producto vegetal seco que se utiliza como condimento en la preparación de alimentos o después de servirlos. A continuación catalogaron el uso de cuarenta y tres especias en noventa y tres libros de cocina tradicional de treinta y seis países. Los recetarios representaban a la mayoría de los principales grupos lingüísticos y a todos los continentes, excepto la Antártida.

Varios de sus hallazgos podrían explicar, en un sentido último y evolutivo, por qué utilizamos especias. En primer lugar, las especias evitan el deterioro, una de las principales causas de intoxicación alimentaria por bacterias. De hecho, casi todas las especias utilizadas en estas recetas a los niveles habituales en los alimentos inhiben la proliferación bacteriana. Las especias más eficaces para eliminar las bacterias eran también las más utilizadas en todos los países.

Curiosamente, en las recetas que incluyen especias que contienen sustancias químicas degradables por el calor, como las sustancias químicas del perejil y el cilantro, las especias se añadían *después* de la cocción y no antes. Las que no se degradaban con el calor se añadían durante la cocción. Así pues, la forma en que utilizamos las especias no es aleatoria, sino que depende de si las toxinas que contienen son resistentes al calor o se desactivan con él.

En segundo lugar, se recurre más a las especias en los trópicos que en las latitudes más altas y frías. Sherman y Billing hallaron además una relación positiva entre la temperatura anual y tanto la proporción de recetas con al menos una especia como el número de especias por receta. Las recetas de los trópicos requerían más especias, y más especias por receta, que las recetas de las regiones templadas.

A medida que sube la temperatura de la región geográfica, también lo hace el uso de anís, albahaca, laurel, cardamomo, apio, chiles, canela, clavo, cilantro, comino, ajo, jengibre, pimienta verde, hierba limón, menta, nuez moscada, cebolla, orégano, azafrán y cúrcuma. A medida que baja la temperatura, aumenta el uso de eneldo y perejil. El uso de especias altamente inhibidoras del crecimiento bacteriano también aumenta con la temperatura, y los platos elaborados en países más cálidos son más inhibidores de las bacterias que los de países más fríos.

Algunas de las pruebas que Sherman y Billings encontraron de la sinergia entre las especias en su potencial para matar microbios podrían explicar cómo las utilizamos en diversas mezclas. Por ejemplo, la intoxicación alimentaria por *Clostridium botulinum,* que es la fuente de Botox —sí, la misma toxina que se utiliza en la industria cosmética por un valor de más de siete millones de dosis anuales solo en los Estados Unidos tan recientemente como 2018— fue históricamente problemática en la producción de salchichas en Europa. Para evitar el crecimiento de *C. botulinum* y otras bacterias productoras de toxinas en las salchichas, la gente empezó a utilizar mezclas de especias. La pimienta negra, junto con el clavo, el jengibre y la nuez moscada, constituyen las *quatre épices* francesas ampliamente utilizadas para elaborar salchichas. Estas cuatro especias contienen toxinas antibacterianas. Es fácil ver cómo el uso tradicional de estas cuatro especias funcionaba sinérgicamente para evitar el crecimiento bacteriano mortal en las salchichas.

Por muy innovador que fuera el retrato de Sherman y Billings sobre nuestra relación con las especias, un estudio más reciente retomó la cuestión en 2021, examinando más de 33 750 recetas de setenta cocinas diferentes que utilizaban noventa y tres especias en total. Aunque la temperatura y el uso de especias seguían estando positivamente correlacionados desde el ecuador hasta los polos, el uso de especias también se correlacionaba con la incidencia de enfermedades transmitidas por los alimentos cuando se promediaba entre regiones. Los resultados sugieren que la gente utiliza más especias cuando el riesgo de enfermedades transmitidas por los alimentos es mayor. Estos problemas tienden a ser más frecuentes en los países más pobres y en los lugares más cálidos.

Ninguno de estos hallazgos es concluyente, dadas las complejidades que entrañan. Aun así, la hipótesis de la gastronomía darwiniana —que nuestro gusto por las especias evolucionó porque a veces estas evitan que las toxinas naturales nos hagan daño— encaja bien en el marco más amplio para explicar las razones últimas por las que usamos especias: son tanto alimentos como medicina.

Como puede deducirse de las observaciones del capítulo 10, los niños menores de diez años y las mujeres embarazadas tienden a evitar las especias del mismo modo que las drogas psicoactivas. Tanto las especias como las drogas psicoactivas contienen sustancias químicas teratógenas que perjudican el desarrollo humano.

Aunque hay razones a más largo plazo para evitar las especias y las drogas psicoactivas, como la prevención de problemas de desarrollo, hay razones a más corto plazo por las que la gente consume estas sustancias. Por ejemplo, una hipótesis poco respaldada es que la gente desarrolló el gusto por las especias para disimular el sabor de los alimentos en mal estado y facilitar la transpiración en climas cálidos.

Una de las hipótesis más sencillas es que utilizamos especias porque nos gustan: saben bien. Las especias introducen nuevas sensaciones que nos hacen sentir bien o, al menos, diferentes. Mejoran nuestra experiencia porque son ligeramente psicoactivas: cambian ligeramente nuestro estado de ánimo.

Como ya se comentó en un capítulo anterior, un informe sobre las propiedades psicoactivas de la nuez moscada en dosis elevadas fue el inicio de la carrera investigadora de Andrew Weil en medicina complementaria y alternativa. Un artículo más reciente sugiere que los médicos deben ser conscientes de que se abusa de las especias, aunque sea algo extremadamente infrecuente.

Un ejemplo interesante de abuso de especias lo protagonizó Malcolm X. Mientras estaba en la cárcel de Charleston, Carolina del Sur, en 1946, Malcolm X contó que sus compañeros de celda que trabajaban en la cocina le traían cajas de cerillas de un penique de nuez moscada robada que utilizaba para colocarse. Mezclada con agua, una sola caja de cerillas de nuez moscada «tenía el efecto de tres o cuatro porros». Dejando a un lado el interés histórico, estos casos nos enseñan algo importante sobre las especias y la psicología.

Tomemos el caso de D., un hombre de cincuenta años que llegó a un hospital de Hamilton, Ontario, en 2013 con síntomas de lo que parecía ser un trastorno bipolar grave. Había ingresado en el hospital dos veces en los últimos dos años, y el trastorno bipolar fue el diagnóstico en ambas ocasiones. Esta vez, sin embargo, D. reveló por primera vez que ingería regularmente nuez moscada en polvo, a veces una cucharada sopera (quince gramos) cada vez. La especia le producía todo tipo de problemas de salud mental, como disforia, alucinaciones, depresión y, lo más preocupante, ideas suicidas.

Al tercer día de hospitalización, todos los síntomas psiquiátricos de D. se resolvieron por completo, y a partir de entonces fue tratado sin ninguna intervención farmacológica. Su diagnóstico cambió a «trastorno del estado de ánimo inducido por sustancias con rasgos psicóticos». En otras palabras, su compulsión a consumir nuez moscada era la raíz de sus crisis de salud mental; el efecto de la nuez moscada en su estado mental era un síntoma y no la causa de su primer diagnóstico, trastorno bipolar. Al igual que el AUD y el trastorno por consumo de opiáceos, el trastorno por consumo de drogas de D. no era un fallo moral, sino una enfermedad diagnosticable.

El caso de D. es un ejemplo extremo. La inmensa mayoría de las personas que intentan colocarse con nuez moscada no se vuelven dependientes, ni siquiera pensarían en ella como una sustancia digna de abuso, dados los terribles efectos secundarios. Lo mismo ocurre con el resto de especias de tu despensa. Pero todas las especias contienen una o más toxinas psicoactivas, aunque en dosis bajas. ¿Podría el sutil, quizás incluso subconsciente, cambio de humor o perspectiva ser una causa próxima de nuestro consumo de especias? ¿Nos estamos microdosificando?

Aun así, me encanta abrir los tarros de hebras de azafrán de nuestro armario de especias e inhalar profundamente. Las hebras son los estigmas y estilos de ciertas flores de azafrán. El olor me arranca una sonrisa y enseguida olvido lo que me preocupaba. Una sensación de satisfacción aún mayor me invade cuando como el risotto de azafrán que me gusta preparar. El sabor perfumado y único me produce placer, pero puede que no sea solo el sabor el responsable de esta sensación.

El azafrán se utiliza ampliamente como remedio popular persa y medicina alternativa para tratar diversas enfermedades, entre ellas la depresión. Pequeños ensayos clínicos a doble ciego, aleatorizados y controlados con placebo demuestran que el azafrán puede ser tan eficaz para tratar la depresión como la forma genérica de fluoxetina (Prozac). Una serie de toxinas presentes en el azafrán, entre ellas el safranal, que confiere a la especia su particular olor, pueden explicar la eficacia potencial del azafrán como antidepresivo.

El estudio más interesante, para mi mente científica fanática de analizarlo todo, fue uno realizado en modelos de ratas de laboratorio del trastorno obsesivo-compulsivo. En este estudio, se indujo químicamente a las ratas a acicalarse obsesivamente. Cuando se les administraron glucósidos conocidos como crocinas, uno de los cuales se transforma en safranal, las ratas dejaron de comportarse de forma obsesivo-compulsiva. El safranal también tiene efectos anticonvulsivos en modelos de rata, posiblemente porque activa los receptores $GABA_A$ —los mismos a los que se unen el alfa-pineno, la betulina y el etanol—, produciendo un efecto hipnótico y calmante. El safranal es solo un ejemplo de las innumerables toxinas psicoactivas que se encuentran en la diversidad de las especias.

Existe otra posible explicación de por qué nos gustan algunas especias: causan malestar y, a veces, este malestar puede provocar placer. En la siguiente sección examinaremos la relación entre el dolor, el placer y las drogas de abuso.

DARLE UN TOQUE PICANTE A LAS COSAS

El alivio del dolor físico o de la angustia mental es gratificante en sí mismo. Por eso, cuando consumimos especias como el wasabi, el chile y la menta, llegamos a ese estado de alivio solo después de pasar por el malestar. El placer que asociamos al consumo de estas especias puede deberse en parte al alivio del dolor que provocan. Una razón tan próxima para el consumo de especias que causan dolor —a saber, que al final nos sentimos físicamente bien después de comerlas— podría ir de la mano de un beneficio evolutivo último, como la supresión de infecciones transmitidas por los alimentos o la mejora general de la salud y el bienestar. Al explorar cómo percibimos las especias y cómo respondemos a ellas, también aprenderemos sobre la conexión de las especias con la susceptibilidad humana a los trastornos por abuso de drogas.

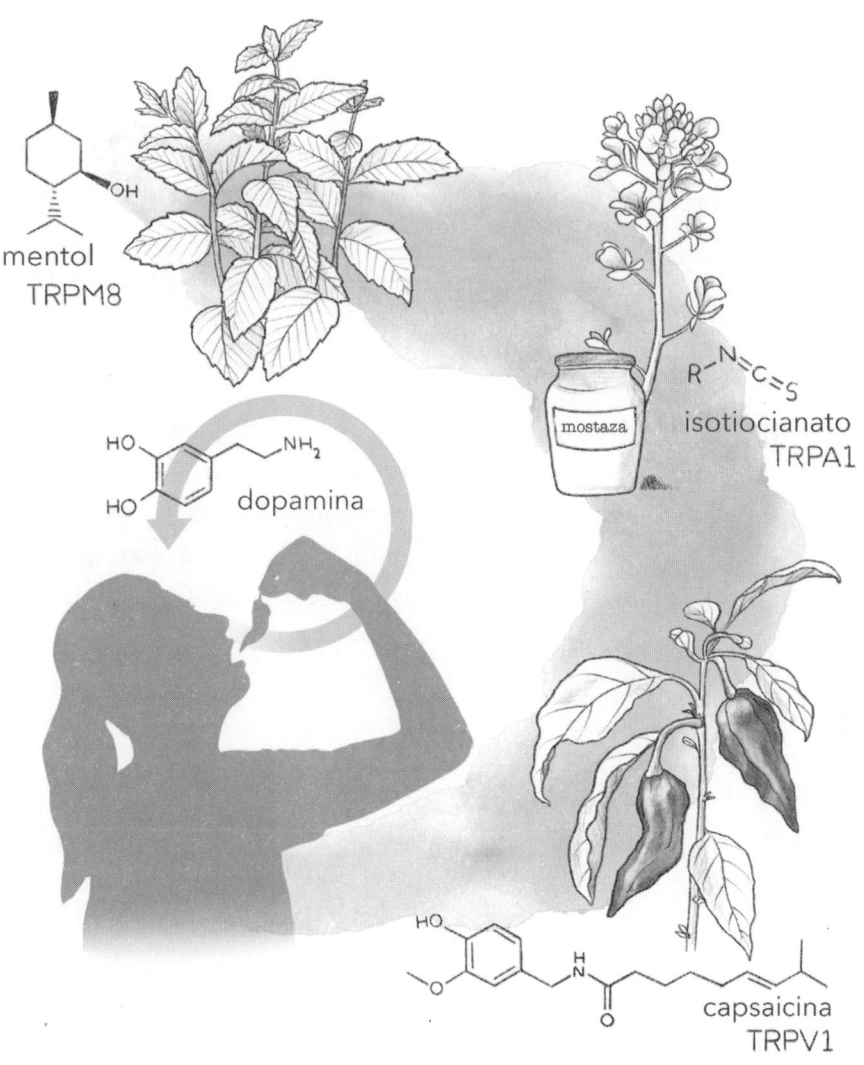

mentol
TRPM8

dopamina

mostaza

isotiocianato
TRPA1

capsaicina
TRPV1

Además de activar nuestros sentidos del olfato y el gusto, las especias también activan otro conjunto de receptores en nuestro sistema somatosensorial. Cuando se activan, los receptores somatosensoriales nos permiten sentir presión, dolor, entumecimiento, hormigueo, calor, frío y picor. Estos receptores se encuentran en las células nerviosas que recubren el interior de la boca y en células nerviosas situadas en el resto del cuerpo, desde la piel hasta los intestinos e incluso en el cerebro.

Ya he mencionado varios de estos receptores. El «receptor del wasabi» TRPA1 detecta los cambios de temperatura, pero también las sustancias químicas nocivas que percibimos como calientes o picantes, como los aceites de mostaza del wasabi. El «receptor de la capsaicina», o TRPV1, se encuentra en todos los animales con columna vertebral y, al igual que el TRPA1, también está implicado en la detección del calor térmico y el dolor físico, además de la capsaicina de los pimientos. Por último, el «receptor de mentol», o TRPM8, es responsable de las sensaciones de dolor que surgen de las temperaturas frías. El TRPM8 permite detectar el mentol de la menta y el salicilato de metilo del aceite de gaulteria.

En términos más generales, los receptores TRP, que se encuentran en una gran diversidad de animales, han sido blanco repetido de plantas, hongos e incluso otros animales como las hormigas, que buscan defenderse utilizando sustancias químicas. De hecho, todas las especies que se venden en los mercados de Khari Baoli de Delhi (India) contienen toxinas que activan al menos un receptor TRP.

La larga e incompleta lista de especias y otros ingredientes que activan el TRP incluye los siguientes:

pimienta de Jamaica	cilantro	nuez moscada
anís	comino	pimentón
asafétida	hoja de curry	semillas de amapola
asarona	eneldo	aceite de oliva
albahaca	alholva	orégano
laurel	galanga	perejil
pimienta negra	ajo	pimienta roja en
casia	jengibre	escamas
pimienta de cayena	rábano picante	salvia
semillas de apio	hierba limón	azafrán
perifollo	ralladura de limón	semillas de sésamo
chile	macis	estragón
cilantro	menta	tomillo
canela	mostaza	cúrcuma
clavo	cebolla	vainilla

Aunque estas especias y otros ingredientes activan uno o varios de los receptores TRP de nuestra boca (¡y de otros lugares!), también contienen sustancias químicas que activan nuestros receptores odorantes y gustativos de la nariz y la boca. En consecuencia, cada una de estas especias tiene un olor y un sabor característicos, pero cada una de ellas también nos hace sentir calor, frío, hormigueo o entumecimiento (de ahí lo de somatosensorial) en la lengua, la nariz y la garganta al activar los receptores TRP. Mediante la activación de más de una modalidad sensorial, las especias pueden llevarnos a un nuevo estado psicológico al aportarnos sensaciones novedosas e incluso distraernos con manifestaciones físicas como la sudoración. Suelen levantar el ánimo al cambiar nuestra perspectiva de las cosas y activar diferentes sentidos químicos simultáneamente. A menudo, el olor o el sabor placenteros también son inseparables del malestar, por lo que podemos aprender a asociar positivamente las sensaciones contrastadas, las placenteras y las no tan placenteras.

Lo mismo ocurre con las bebidas gaseosas, que también activan nuestros receptores TRPA1. Por eso los refrescos nos escuecen en la garganta cuando los bebemos y nos queman en la nariz cuando eructamos las burbujas de dióxido de carbono. Las células gustativas de la lengua detectan el dióxido de carbono cuando se convierte en iones de bicarbonato y protones en la boca. Los protones, que son ácidos, activan receptores agrios llamados PKD2L1 en nuestras papilas gustativas. Tanto el picor provocado por la activación de TRPA1 como la acidez provocada por la activación de PKD2L1 contribuyen al extraño atractivo de los refrescos. Es un ejemplo de cómo la sinergia entre nuestros sentidos puede influir en las preferencias alimentarias. Otra fuente del atractivo de los refrescos procede del azúcar y el sabor a cítricos o cola que se añade a muchas de estas bebidas. La mayoría de nosotros probamos por primera vez refrescos con estos atractivos aditivos. Entonces se activan nuestros receptores del sabor dulce y aprendemos a asociar una experiencia positiva con la incómoda sensación de las burbujas, del mismo modo que asociamos los efectos positivos de la cafeína del café con su sabor altamente amargo. Lo mismo ocurre con especias como la capsaicina y el wasabi, pero en el caso de estas especias tenemos que profundizar un poco más para entender lo que puede estar ocurriendo.

Entender por qué el cuerpo reacciona como lo hace al tocar una sartén caliente puede ayudarnos, paradójicamente, a comprender la atracción humana por estas especias, a veces dolorosas. El reflejo de retirada que aleja la mano de la amenaza se produce antes de que el cerebro sea consciente de ello. En una fracción de segundo, las terminaciones nerviosas de la piel que detectan el calor envían señales eléctricas llamadas potenciales de acción a lo que se denominan nervios de relevo en lo más profundo de la médula espinal.

El neurotransmisor glutamato y un péptido llamado sustancia P son dos de los mensajeros químicos que utilizan nuestras células nerviosas para transferir el mensaje de dolor de la mano a las neuronas de relevo de la médula espinal. Estas, a su vez, hacen sinapsis con las neuronas motoras, que disparan otra serie de potenciales de acción a cien kilómetros por hora a través de las células nerviosas motoras de vuelta a la mano desde la médula espinal. A continuación, las motoneuronas activan los músculos de la mano y el brazo para apartar involuntariamente la extremidad del calor. Todo esto ocurre tan deprisa que nos pilla totalmente por sorpresa. Ni siquiera nos damos cuenta de que está ocurriendo hasta que termina.

Entonces aparece el terrible y punzante dolor de la quemadura. Las señales de dolor e inflamación viajan por los nervios hasta la médula espinal y luego al cerebro. En respuesta, la glándula pituitaria anterior del cerebro, del tamaño de un guisante, libera endorfinas en el torrente sanguíneo.

Las endorfinas, nuestros opiáceos caseros más importantes, son péptidos que llegan a las células nerviosas de nuestra mano quemada y se unen a los receptores opiáceos que hay en ellas. Al hacerlo, las endorfinas impiden que se libere glutamato y sustancia P, que propagan el dolor. La cascada química que comenzó con una explosión de glutamato y sustancia P y que provocó el dolor agudo y luego el dolor sordo se ve amortiguada por las endorfinas.

Las endorfinas liberadas en lo más profundo de nuestro cerebro también se unen a receptores opioides en el propio cerebro, no solo en el lugar del dolor. Cuando esto ocurre, las células nerviosas de nuestro cerebro dejan de liberar el neurotransmisor GABA. El GABA, si recuerdas, es un neurotransmisor inhibidor que amortigua la actividad de nuestro cerebro uniéndose a los receptores GABA$_A$, ayudándonos a calmarnos y a conciliar el sueño. A medida que disminuyen los niveles de GABA, aumentan los niveles de dopamina liberada en las sinapsis del centro mesolímbico de recompensa de nuestro cerebro, todo ello gracias a la liberación inicial de endorfinas por parte de la glándula pituitaria. En cuestión de minutos, el dolor de nuestra mano y nuestra preocupación por él disminuyen, gracias a la liberación de endorfinas, seguida de un impulso de dopamina.

¿Qué tiene que ver el ejemplo de la sartén caliente con la sensación placentera asociada al consumo de chiles? Cuando comemos chiles, nuestra reacción *también* se desencadena primero por la activación del TRPV1. El dolor y la inflamación provocados por la unión de la capsaicina a este receptor desencadenan la liberación de endorfinas que bloquean la señal de dolor en la boca y hacen que las neuronas liberadoras de dopamina del sistema mesolímbico de recompensa se disparen y liberen dopamina.

Algunas personas liberamos más dopamina y endorfinas que otras. Además, el número de receptores de dopamina y opioides en el sistema mesolímbico de recompensa del cerebro varía de una persona a otra. Las personas con niveles más bajos de estos neurotransmisores y sus receptores pueden tener más riesgo de desarrollar trastornos por consumo de drogas. Estas personas tienen vías cerebrales menos reactivas mediadas por la dopamina y la endorfina, que desempeñan un papel fundamental a la hora de ayudar a una persona a hacer frente al estrés, el abandono, el miedo y el dolor. Es fácil entender por qué, más adelante en la vida, los supervivientes de traumas infantiles como mi padre son más propensos a consumir drogas de recompensa que activan estos sistemas solo para sentirse normales.

Existen razones complejas por las que algunas personas tienen niveles más bajos de dopamina y endorfina y menos receptores. Entran en juego tanto factores hereditarios como ambientales, y estos factores interactúan. Una pieza fundamental de este rompecabezas es la calidad del desarrollo en la primera infancia.

Gabor Maté, especialista en medicina de las adicciones, señala cuatro sistemas cerebrales afectados por la calidad de la crianza: el sistema de apego-recompensa basado en las endorfinas para formar vínculos afectivos, el sistema basado en la dopamina que motiva, el sistema de autorregulación del comportamiento basado en la corteza prefrontal y el sistema de respuesta al estrés. Cada sistema está controlado por un delicado equilibrio de endorfinas, dopamina, serotonina y norepinefrina. Cuando se rompe este equilibrio, solemos recurrir a estímulos externos o a drogas de abuso para compensar.

Una importante conexión con la evolución revela un talón de Aquiles en el desarrollo de nuestros cerebros. Los circuitos necesarios para desenvolverse en el mundo adulto se establecen pronto, tanto en los humanos como en otros primates. Sin embargo, somos únicos entre los primates porque la mayor parte del desarrollo del cerebro humano se produce después del nacimiento y no antes. Si la cabeza de un recién nacido contuviera un cerebro tan grande como el de un niño de dos años, la cabeza no podría haber atravesado la pelvis de la madre. Por esta razón, los humanos evolucionaron para desplazar el crecimiento del cerebro al periodo posterior al nacimiento. Así, mientras que el útero protege el cerebro de un chimpancé en desarrollo hasta que está bien desarrollado, gran parte de ese mismo proceso se desarrolla en los primeros años de vida de un bebé humano.

Los bebés y los niños pequeños criados por padres maltratadores, negligentes o estresados tienden a tener cerebros menos preparados para afrontar los retos de la vida adulta. La fragilidad de los cerebros jóvenes es una de las razones por las que los seres humanos son tan susceptibles a los trastornos por consumo de drogas.

Estos trastornos pueden parecer un tema sombrío o fuera de lugar para una sección sobre especias, pero el asunto tiene una conexión importante con los motivos por los que nos pueden gustar las especias, sobre todo las que desencadenan malestar a través de los receptores TRP. Nuestras respuestas emocionales al estrés, el dolor y la recompensa están relacionadas.

Una mutación concreta que algunas personas portan en el gen OPRM1 se asocia a una menor sensibilidad a la analgesia opioide. Esta mutación también disminuye la producción del receptor opioide mu 1 en el cerebro, embotando el sistema mesolímbico de recompensa. Debido a estos cambios, las personas con la mutación están predispuestas a buscar una mayor activación de esta vía mediante el consumo de opioides o etanol.

Un pequeño pero intrigante estudio proporciona una posible conexión entre esta observación sobre la mutación del gen OPRM1 y el consumo de picante. En el estudio, a los hombres con TCA les gustaban más los alimentos picantes que a los hombres sin TCA. Esta mayor preferencia por la comida picante se asoció a su vez con la mutación OPRM1 que se asocia con niveles más bajos de endorfinas y con menos receptores de endorfinas.

¿Explican estas asociaciones por qué mi padre y mi abuela materna —ambos con AUD— aplicaban tan generosamente a su comida especias que provocaban dolor? La respuesta, por supuesto, es imposible de saber. Dado que el consumo de alcohol nos desensibiliza al gusto en general, esta desensibilización puede explicar por qué las personas con AUD prefieren los alimentos más picantes. Aun así, los vínculos entre el uso de especias que desencadenan algún tipo de dolor, la anticipación y la sensación de recompensa, y el riesgo de trastorno por consumo de opiáceos y de AUD son tentadores.

Cómo entenderlo

El problema de buscar razones biológicas inmediatas y a largo plazo para el uso de las especias es que, al final, ninguna es totalmente satisfactoria. Como ha dicho el etnobotánico Gary Nabhan, nuestra dieta, nuestra cultura y nuestros genes actúan de forma independiente e interactiva para contribuir a nuestro uso de las especias. Esta combinación de factores culturales y biológicos ofrece la respuesta más completa a la pregunta de por qué usamos especias.

Paul Freedman, historiador de la alimentación, escribió que los europeos medievales sentían pasión por las especias debido a su «prestigio y versatilidad, sus connotaciones sociales y religiosas y sus orígenes misteriosos pero atractivos. La versatilidad es especialmente significativa porque [...] las especias no se utilizaban solo para cocinar. Se consideraban medicamentos y preventivos de enfermedades en una sociedad tan a menudo azotada por epidemias espantosas. [...] No solo eran medicinales, sino también lujosas y bellas».

Parte de la mística primitiva sobre las especias procedía de la creencia arraigada de que el Jardín del Edén, o paraíso, existía en Asia. La gente creía que las plantas que crecían en el Edén estaban dotadas de poderes curativos y espirituales especiales a los que Adán y Eva tuvieron acceso antes de ser desterrados del paraíso. Hoy pensamos en las especias sobre todo como ingredientes o condimentos, pero durante cientos de años significaron mucho más para nosotros. Envueltas en leyendas, se utilizaban en la alimentación, la medicina y la práctica espiritual, de forma parecida a muchos de los medicamentos que utilizamos ahora con los mismos fines.

Aunque parezca extraño que las especias se utilicen como medicamentos, una teoría predominante en la Europa medieval, transmitida por los antiguos filósofos griegos, sostenía que la enfermedad se manifestaba cuando los fluidos del cuerpo estaban desequilibrados. Las especias se utilizaban para reequilibrar los «humores». Además, la gente utilizaba especias de todo tipo para preparar la triaca, un brebaje utilizado como panacea en muchos lugares, incluida la Europa medieval, durante más de mil años. Las raíces de la triaca se remontan a Mitrídates VI Eupator, que nació alrededor del año 135 a. C... Temeroso de ser envenenado, tomó pequeñas cantidades de toxinas con el deseo de inmunizarse en caso de que alguien intentara el acto homicida.

De la paranoia de Mitrídates nació el antídoto contra el veneno Mitrídates. La receta contenía treinta y seis ingredientes, entre ellos adormidera y víbora. El mitridato fue adoptado por los romanos, que lo llamaron theriac. En el siglo I d. C., el médico griego Galeno popularizó una triaca que, según escribió, permitía a los pollos sobrevivir a las mordeduras de serpiente, según los experimentos que había realizado.

Aunque puede que no hiciera más que causar dependencia del opio, se creía que la triaca hacía mucho más. Su uso se extendió por toda Europa y formó parte de la farmacopea. Los tarros de triacas de porcelana pintada cobraron protagonismo en las boticas e incluso mostraban escenas de la antigüedad.

Más allá de su uso para evitar la peste, reequilibrar los humores y como ingredientes de panaceas, la comida de la Europa medieval se condimentaba hasta el absurdo. Por muchas razones, las especias asiáticas parecían hechizar la psique de la Europa medieval. Las consecuencias históricas globales de esta demanda de especias asiáticas son incalculables. Pero incluso después de que las especias siguieran su curso, hubo otras codiciadas toxinas naturales que también provocaron puntos de inflexión geopolíticos.

En el próximo capítulo, examinaremos cómo cada uno de los cuatro períodos belicosos de los últimos quinientos años giró en torno a la búsqueda de solo cuatro alcaloides: la miristicina de la nuez moscada, los morfinanos del opio, la cafeína del té y la quinina de la quina.

12
NUEZ MOSCADA, TÉ, OPIO Y QUINA

El angosto estrecho de la Sonda separa a
Sumatra de Java, y, situado a medio camino en
este vasto bastión de islas, con el contrafuerte del
atrevido promontorio verde que los navegantes
llaman cabo de Java, se parece no poco a la
puerta central abierta a un imperio con grandes
murallas. Y si se considera la inagotable riqueza de
especias, de sedas, joyas, oro y marfil con que se
enriquecen esas mil islas del mar oriental, parece
una previsión significativa de la naturaleza que
tales tesoros, por la misma disposición de la tierra,
tengan al menos el aspecto, aunque sin eficacia,
de estar guardados del rapaz mundo occidental.

HERMAN MELVILLE, *Moby-Dick*

RUTAS DE LA SEDA Y VIAJES DE LAS ESPECIAS

Las especias llegaron a la Europa medieval gracias, en gran parte, a los comerciantes árabes que navegaban desde el cuerno de África hasta el sur de Asia y volvían a traer sus mercancías desde los puertos del mar Rojo por tierra hasta Alejandría. Desde allí, las especias se transportaban por el Mediterráneo hasta los intermediarios de Génova, Venecia, Provenza y Cataluña.

La Ruta de la Seda también desempeñó un papel importante en el transporte de especias y otras importaciones asiáticas. Los comerciantes genoveses establecieron un puesto comercial en el puerto de Caffa (actual Feodosia), en la península de Crimea, en 1266, con la bendición del gobernante Batu Khan de la Horda de Oro. El acuerdo terminó cuando los mongoles sitiaron la ciudad en 1343. Pero entonces la *Yersinia pestis*, la bacteria que causa la peste bubónica, interrumpió sus planes: en 1346 el ejército mongol estaba infestado por la peste negra.

La peste ya había golpeado Europa antes, pero no con tanta fuerza. En los cuerpos de pulgas, ratas y, sobre todo, personas que habían escapado del asedio de Caffa, la enfermedad se trasladó a tierra en 1347, cuando navegaron hacia el puerto de Constantinopla. La peste negra golpeó entonces la Europa continental hacia 1348.

En solo tres años, la peste acabó con la mitad de la población de Constantinopla. La diezma desencadenó su caída en manos del Imperio otomano un siglo después, en 1453. La caída de la ciudad supuso la desaparición del Imperio romano, que duró 1 400 años.

Sin conocer la teoría de los gérmenes de la enfermedad, la gente pensaba que la causa era el «aire viciado». Al igual que los guantes perfumados de Catalina de Médici, se confiaba en los perfumes y pomanders de hierbas aromáticas, resinas y especias para mantener a raya la peste. Además de su uso como ingrediente en muchas concocciones de triaca, la nuez moscada se utilizaba como panacea y se convirtió en un ingrediente especialmente importante en los tratamientos contra la peste.

La demanda de especias asiáticas era elevada mientras se desarrollaba la peste negra, pero los otomanos se habían hecho con el control del territorio veneciano, desde el Adriático hasta Egipto y el Levante, y, con él, del comercio europeo de especias. ¿Podría esto explicar por qué los reinos medievales de Europa empezaron a buscar sus propias rutas marítimas hacia Asia?

Puede que fuera uno de los factores, pero los otomanos siguieron suministrando especias a Europa. No fue solo la caída de

Constantinopla en manos de los otomanos o cualquier otra crisis con el mundo musulmán *per se* lo que impulsó a los reinos europeos medievales a buscar sus propias rutas marítimas hacia Asia para acceder a las especias. Más bien, dice Freedman, el «descubrimiento de una ruta marítima a las Indias fue más una oportunidad que una necesidad».

La oportunidad nació en parte gracias a la acumulación de conocimientos geográficos, incluida la información obtenida de la expedición de Marco Polo a través de la Ruta de la Seda, unida a excursiones marítimas cada vez más atrevidas a lo largo de la costa africana. Los países situados más cerca de la costa occidental africana, Portugal y España, fueron los primeros en explorarla.

Cristóbal Colón convenció a Fernando e Isabel de España para que financiaran una expedición en busca de las Indias Orientales por una ruta occidental. Creyendo haber llegado a Asia, Colón desembarcó en lo que hoy son las Bahamas el 12 de octubre de 1492. Aunque él no lo sabía, el viaje fue mucho más impactante de lo que habría sido si hubiera desembarcado en las Indias Orientales como pretendía.

Colón navegó a un continente completamente desconocido para los europeos, salvo por las exploraciones y los efímeros asentamientos de los nórdicos. En el viaje de Colón no se encontró ninguna de las conocidas especias asiáticas. Colón y sus hombres capturaron a varios indígenas y regresaron con ellos a España en 1493, junto con animales y plantas: el inicio del intercambio colombino.

Mientras tanto, el *São Gabriel,* carruaje del explorador portugués Vasco da Gama, dobló el cabo de Buena Esperanza y navegó hacia la India, llegando a la costa de Malabar el 20 de mayo de 1498. Un hombre fue enviado a la costa en solitario como avanzadilla, y declaró que habían venido «en busca de cristianos y especias».

Poco después del viaje de da Gama, los portugueses llegaron a controlar gran parte de la costa de Malabar aprovechando las rivalidades entre sus ciudades portuarias. El virrey Francisco de Almeida construyó fábricas en el Estado de la India del rey Manuel en 1505. En 1506, el hijo de Almeida, Lourenço, dirigió una flota a Sri Lanka, la principal fuente de canela, y en 1518 los portugueses establecieron en Colombo una fábrica para procesar especias. Al igual que la bonanza de la pimienta negra y el jengibre que salían de las fábricas de la India, este desarrollo eliminó las restricciones a los envíos de canela a Europa.

En 1511, los portugueses llegaron sin ceremonias a las islas de las Especias, o Molucas, en la actual Indonesia. Aunque la llegada de los europeos a las Molucas no parecía un acontecimiento históricamente destacable, la temprana colonización se convirtió en un punto de inflexión geopolítico. Los árboles que producían las tres especias más codiciadas —clavo, macis y nuez moscada— solo se conocían en estas islas. Como los portugueses habían colonizado la mayor parte de ellas, Portugal controló el comercio temprano de especias durante casi cien años más.

Fue una carrera corta pero rentable. En 1579, los portugueses empezaron a perder su dominio. Ese año, el barco de Francis Drake, el *Golden Hind, se* dirigió a las Molucas. Drake negoció una alianza entre la reina Isabel I y el sultán de Ternate, pero los dos siguientes viajes bajo el mando de Isabel I fracasaron. Estos fracasos abrieron el camino para que los holandeses desafiaran a los portugueses por el control de las islas de las Especias. En 1595, los barcos de la Compagnie van Verre, precursora de la Compañía Holandesa de las Indias Orientales, zarparon con ese objetivo.

Mientras tanto, la Compañía Inglesa de las Indias Orientales fue contratada en 1600 para hacerse con un trozo del pastel de las especias. En 1603, cuatro barcos británicos regresaron a Londres con cerca de un millón de libras de pimienta negra. La sobreoferta provocó una caída del precio de la pimienta en Europa.

Los holandeses se centraron en hacerse con el control de la producción de clavo, macis y nuez moscada, que seguían siendo muy valiosas en Europa. En 1601, más de cincuenta navíos holandeses habían llegado al Lejano Oriente, y se instalaron fábricas en las Molucas para procesar las especias. Aún quedaban focos de resistencia, incluido un grupo en Run, una de las islas Banda que los británicos seguían reclamando.

En 1667, el Tratado de Breda estipulaba que Run, reclamada por los británicos, pasaría a ser territorio holandés, mientras que Nieuw Nederland (la región que va aproximadamente desde lo que hoy es

Delaware hasta Cabo Cod), reclamada por los holandeses, sería transferida a los británicos, entre otras concesiones. Por supuesto, Nueva Holanda incluía la isla de Manhattan. Decir que se cambió Run por Manhattan a causa de una guerra por la nuez moscada sería hiperbólico, pero no del todo infundado. Entre otras cosas, el control sobre la nuez moscada, una sustancia que en el siglo XVII había llegado a considerarse una panacea, incluso una cura para la peste, formaba parte de la ecuación.

La mística de la miristicina, el principal alcaloide de la nuez moscada, seguía teniendo mucho peso en los asuntos de Europa cuando el continente entró en la era moderna. Sin embargo, cuando la demanda de especias empezó a disminuir, otros dos alcaloides, la morfina y la cafeína, contribuyeron a fomentar la caída de la dinastía Qing y el auge de la China moderna.

TÉ POR OPIO Y CARRERA POR MANHATTAN

El Tratado de Breda —al igual que el control portugués sobre la pimienta negra y el jengibre, desencadenantes del TRPV1, y el «descubrimiento» de las propias islas de las Especias— fue un momento decisivo en la historia mundial. Tras la firma del tratado, los holandeses se centraron en Indonesia y las especias. Los británicos buscaron en India y China, incluido el comercio del opio. Utilizaron la India para cultivar amapolas y China para venderlas o, más exactamente, para pasarlas de contrabando.

En el siglo XVII, la cocina europea se alejó de los alimentos especiados, y la medicina se apartó de la teoría humoral antes mencionada, la creencia de que las enfermedades estaban causadas por un desequilibrio de los humores. Pero a medida que disminuía la demanda de especias, empezó a afianzarse la de otros productos vegetales más psicoactivos a través del intercambio colombino y de las rutas comerciales sobre el mar desde Asia. Los estimulantes incluían la nicotina del tabaco americano, así como la cafeína y los alcaloides metilxantina relacionados del chocolate sudamericano, el café africano y el té chino.

Como señala el historiador Stephen Platt, el primer británico que bebió una taza de té de las hojas del arbusto de hoja perenne *Camellia sinensis* fue probablemente el capitán John Weddell, que en 1637 comandaba un barco para el rey Carlos I, con el objetivo de comprar jengibre y azúcar a China. Aunque su viaje no salió según lo previsto, el té pronto desplazó al café como bebida caliente preferida en Europa. El té surgió como remedio y fuente de bienestar.

En la década de 1660, los médicos holandeses y británicos ensalzaban el té como panacea. Aunque los británicos importaban pequeñas cantidades de los holandeses, la bebida se hizo tan popular que la nación quiso un suministro directo. En 1717, se estableció el comercio directo con China cuando la Compañía de las Indias Orientales envió té de Cantón a Gran Bretaña por primera vez. El tonelaje importado por Gran Bretaña creció con cada año posterior, de aproximadamente 250 000 libras en 1725 a 24 millones de libras en 1805.

Al principio las cosas iban bien del lado británico. Los textiles británicos eran codiciados por los chinos. Pero en 1759, el emperador Qianlong prohibió a los británicos comerciar fuera de Cantón. De repente, británicos, franceses y estadounidenses se vieron limitados a hacer negocios en centros comerciales (fábricas) situados dentro de una parcela amurallada de tierra ganada al mar en Cantón. Estas restricciones resultaron ser un escollo a medida que crecía la codicia europea por los mercados chinos. Acorralados, los británicos empezaron a buscar otras formas de reequilibrar el déficit comercial creado por la demanda de té chino. Recurrieron al opio cultivado en la India y empezaron a introducirlo de contrabando en China para venderlo.

El análisis que hace Platt de las relaciones chino-europeas del siglo XVIII revela que el Imperio chino era el más próspero del planeta se mire por donde se mire, desde su nivel de vida hasta el tamaño de su población, que representaba un tercio de la humanidad de la época. Tanto los chinos como los europeos y los estadounidenses reconocían la superioridad de China. Y la política comercial imperial de China era una de las muchas prácticas diseñadas para proteger su estatus. Había una razón por la que el emperador prohibía a los extranjeros aprender chino.

Sin embargo, los efectos corrosivos de la corrupción política, las crecientes necesidades de una población de más de cuatrocientos millones de habitantes y el auge de una secta religiosa milenaria en el interior del país, llamada el Loto Blanco, convergieron para amenazar la estabilidad social y económica de la China de finales del siglo XVIII. La rebelión del Loto Blanco fue violenta e influyente, y los intentos del imperio por sofocarla resultaron económicamente ruinosos. Debilitado su poder, Qianlong abdicó del trono en 1796 y murió tres años después.

Aunque el opio estaba oficialmente prohibido en China a la muerte de Qianlong, su consumo estaba muy extendido y se consideraba un artículo de lujo cuando se fumaba en combinación con tabaco. El índice de miseria en China empezó a aumentar paralelamente al incremento del consumo de opio. Y, como hemos aprendido, es entre los vulnerables, los estresados y las víctimas donde es más probable que arraiguen los trastornos por consumo de drogas.

En 1828, la mitad del valor de los productos británicos vendidos en China correspondía al opio ilícito, superando incluso el valor de todo el té importado a Gran Bretaña ese año. El dominio de este comercio basado en las plantas fue otro punto de inflexión mundial, pero en lugar de estar causado por las especias, este dependía del valor de la morfina del opio y la cafeína del té. Como ya se ha mencionado, los británicos se centraron tanto en el opio porque los beneficios de las enormes cantidades introducidas de contrabando en China desde la India les permitían reequilibrar un déficit comercial cada vez más profundo por la insaciable demanda británica de té procedente de China.

La cafeína del té nunca iba a acabar con el Imperio británico, pero la morfina del opio podría haber acelerado la caída del debilitado emperador chino Qianlong. Aunque la prohibición de su importación y consumo estaba técnicamente en vigor, a mediados de la década de 1830 el opio era tan consumido en toda China que incluso el heredero de la dinastía, el príncipe Mianning, fumaba opio.

A pesar de considerar la legalización del opio en 1837, el Gobierno chino, a instancias del emperador, redobló la aplicación de la prohibición, reprimiendo formalmente a los consumidores individuales, a los traficantes y, finalmente, a la fuente del opio ilícito: los contrabandistas de Cantón. En 1839, se cerraron las fábricas y se encarceló a cientos de extranjeros con la exigencia de que todo el opio se entregara a las autoridades, que acabaron arrojando miles de cofres de la droga al río. Todo el comercio exterior con China se detuvo en la desembocadura del río de las Perlas, y el consumo de opio en China pasó a castigarse con la muerte.

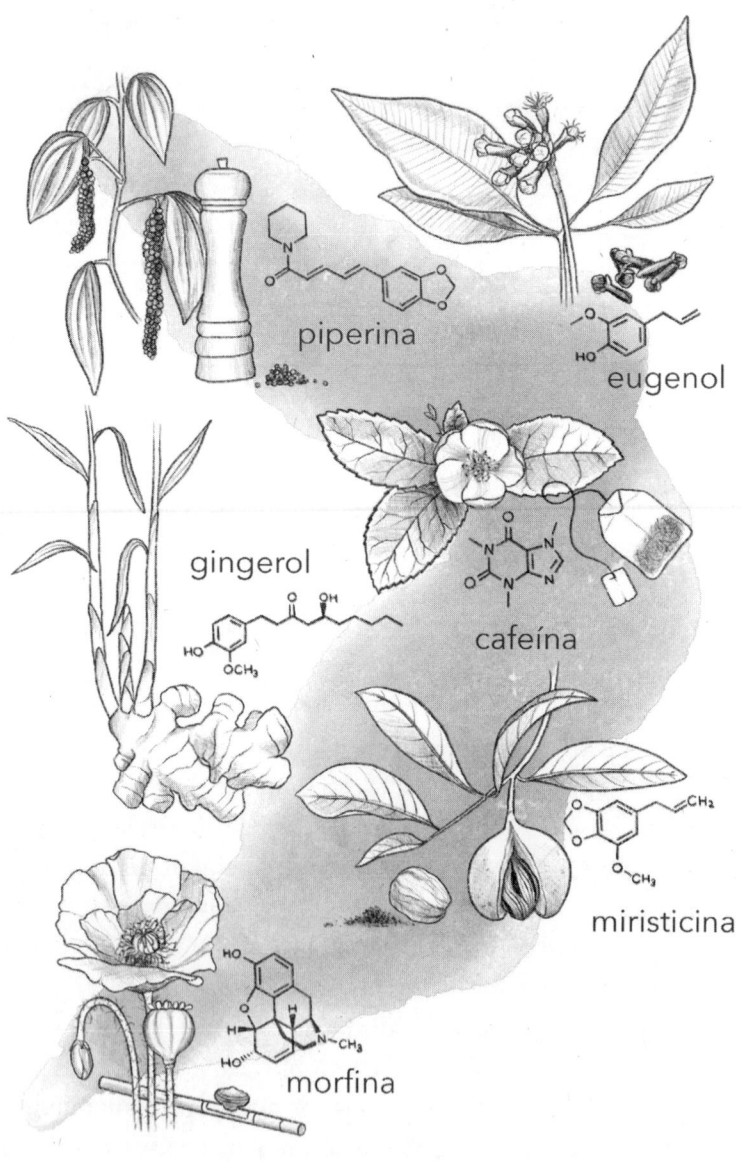

Por supuesto, los comerciantes de opio británicos seguían queriendo ser compensados por el opio que las autoridades chinas habían destruido. Para zanjar el asunto, los británicos enviaron una pequeña flota de buques de guerra para bloquear los puertos y obligar a China a rendirse. Pero antes de que llegaran, China prohibió a Macao abastecer a los barcos comerciales británicos, y en septiembre de 1839 estalló una escaramuza entre estos y los juncos de guerra chinos. Así comenzó la primera batalla de las guerras del Opio.

El parlamento británico autorizó entonces la guerra y, en el verano de 1840, una gran flota británica había tomado el control del río de las Perlas, de Cantón y de sus alrededores. En las negociaciones llevadas a cabo para mantener la paz, China accedió a pagar a Gran Bretaña tres veces el valor de todo el opio que se había vertido en el río de las Perlas y a designar Hong Kong como factoría, pero no se concedió a Gran Bretaña ningún nuevo puerto de escala.

Ninguno de los dos países firmó el tratado y la guerra del Opio continuó, con casi todas las batallas ganadas por los británicos. El conflicto terminó en agosto de 1842, cuando los británicos amenazaron con saquear Nanjing. El Tratado de Nanjing, firmado por la reina Victoria y el emperador Daoguang, era de lo más desigual que se podía imaginar. Los chinos pagarían a Gran Bretaña diez veces el coste del opio vertido, Hong Kong se convertiría en territorio británico permanente y otras ciudades, incluida Shanghai, se abrirían al comercio. Así comenzó el «siglo de humillación» chino.

La dependencia del opio pudo haber atrapado a más del 30 % de la población china a finales del siglo XIX. Y cuando la dinastía Qing cayó tras la Revolución Xinhai en 1912, el país entró en un periodo de guerra civil, invasiones, revoluciones y otros disturbios. El consumo de opio siguió estando muy extendido hasta que Mao Zedong lo prohibió en 1949 y obligó a diez millones de personas sospechosas de padecer lo que hoy llamamos trastorno por consumo de opiáceos a ingresar en centros de tratamiento.

Aunque las luchas internas asociadas a la rebelión del Loto Blanco y la corrupción generalizada habían debilitado internamente al Imperio chino incluso antes de la batalla inicial de la guerra del Opio, los historiadores coinciden en que el opio barato que llegaba de la India controlada por los británicos contribuyó a su declive. Una perspectiva es que el deseo rapaz de beneficio económico y hegemonía del Imperio británico condujo a la caída de las civilizaciones más avanzadas que el mundo había conocido.

En la segunda mitad del siglo xx, las gélidas relaciones con Occidente habían empezado a descongelarse y, en 1997, el Reino Unido devolvió Hong Kong a China. El reascenso de China continuó mientras la crisis de opioides se desplegaba en Estados Unidos. Tras un devastador «siglo de humillación», China reclamó su preeminencia en la escena mundial.

Las consecuencias de todo esto se siguen expandiendo. Mientras la esperanza media de vida en China aumenta año tras año, ha empezado a disminuir en Estados Unidos. Una de las causas es la epidemia estadounidense de opioides, incluida una ola originada por el fentanilo ilícito.

En un giro irónico de los acontecimientos, China ha sido la principal fuente de tráfico de fentanilo en Estados Unidos. Bajo una presión cada vez mayor, las autoridades chinas restringieron el uso de precursores químicos para fabricar la droga. La piperidina es la base de dos de esos precursores y, como se ha descrito anteriormente, también es el componente básico de muchos otros alcaloides.

Tras las restricciones impuestas en China, la producción de precursores, fentanilo ilícito y pastillas que lo contienen ha empezado a trasladarse a India y México. Parece que la cadena de suministro simplemente se ha diversificado. Así como el opio británico, que estaba ampliamente disponible y inundó el mercado en China, no explica completamente la caída del Imperio chino a principios del siglo xix, los opioides semisintéticos y sintéticos que inundaron los Estados Unidos, tanto legal como ilegalmente, no fueron una causa singular de los conflictos políticos y socioeconómicos en el país. Sin embargo, al mismo tiempo, el opio en China y los opioides en Estados Unidos acompañaron a la agitación social y al cambio político y, en cierto modo, los catalizaron.

Mientras Donald Trump hacía campaña para la presidencia de Estados Unidos en 2016, prometió acabar con la crisis de los opioides si salía elegido. Esta estrategia de centrarse en los votantes más pobres, blancos y rurales incluía el apelativo de «la gente olvidada de América». Este grupo demográfico estaba muy afectado por la epidemia de opioides, y el mensaje de la campaña era que las élites de Washington D. C. simplemente no se preocupaban por ellos, como demostraba la galopante crisis.

Aunque la administración Trump tomó medidas significativas para hacer frente a la epidemia de opioides en 2018, la ejecución de esas medidas estuvo plagada de errores de liderazgo. Tras un pequeño descenso de las muertes en 2018, las muertes por sobredosis de opioides en Estados Unidos volvieron a aumentar y lo han hecho cada año desde entonces.

Un estudio histórico realizado en 2015 reveló que, entre 1999 y 2013, las tasas de mortalidad por intoxicación por drogas (sobredosis), suicidio y cirrosis hepática crónica de los «estadounidenses blancos no hispanos» aumentaron en cada cohorte quinquenal de 30 a 64 años. Tan fuerte fue el impacto de estos factores que la esperanza de vida descendió en el intervalo de quince años para el grupo demográfico de 45 a 54 años. El impacto fue mayor en el sur y el oeste y entre quienes carecían de titulación universitaria. Estos resultados concordaban con la comercialización más intensiva de opiáceos de venta con receta en las zonas más blancas, rurales y pobres de Estados Unidos. Sin embargo, a partir de 2013, cuando el fentanilo tomó el relevo, se observaron tasas más elevadas de muertes por sobredosis de opioides entre la población negra, latina e indígena estadounidense.

Después de 2010, la esperanza de vida en Estados Unidos se ha estancado en general, en gran parte debido a un estancamiento del riesgo de enfermedades cardiovasculares. Entre todas las causas de muerte, las enfermedades cardiovasculares desempeñan un papel mucho más importante que cualquiera de las muertes relacionadas con las drogas. No obstante, las muertes relacionadas con las enfermedades cardiovasculares pueden estar relacionadas de hecho con las muertes relacionadas con las drogas. El riesgo cardiovascular aumenta considerablemente con el trastorno por consumo de opiáceos o AUD. Las llamadas muertes por desesperación incluyen a muchas personas que han sucumbido a las interacciones de estas variables.

Un estudio de caso es el de mi padre, que murió en 2017 de arterio-patía coronaria aterosclerótica y cirrosis hepática, ambas manifesta-ciones físicas crónicas de su AUD. Las fichas de dominó que cayeron por el camino incluyeron la pérdida de gran parte del valor de sus ya escasos fondos de jubilación 401(k)[2] tras la Gran Recesión, la pérdida de su efímera sobriedad, la pérdida del empleo, la pérdida de su ma-trimonio, la pérdida de la atención médica primaria, la pérdida de los lazos familiares inmediatos, la pérdida de su hermano (y principal sis-tema de apoyo) y la pérdida de la función cognitiva. Mi padre es solo un dato en una tendencia descendente de la esperanza de vida que refleja las desigualdades estructurales del tejido social y económico estadounidense. Estados Unidos está solo entre las naciones «desa-rrolladas» en el descenso de la esperanza de vida general, lo que revela que el problema es de su propia cosecha, incluidas las numerosas olea-das de la crisis de los opiáceos.

El alcance ruinoso del comercio de especias y de la era moderna temprana se extiende a lo largo de los últimos quinientos años, desde la desaparición de un imperio de dos milenios hasta una crisis de sa-lud pública actual en Estados Unidos. El ansia por las especias, luego por la cafeína y después por los opiáceos —sustancias que se forjaron en la guerra de la naturaleza como escudos defensivos— fue funda-mental en cada uno de estos puntos de inflexión, sociales y personales.

La otra cara de la moneda es que toxinas naturales como la mor-fina también han hecho más por mitigar el sufrimiento humano y enriquecer nuestras vidas que quizá cualquier otro conjunto de he-rramientas a nuestra disposición. Otra historia con dos caras es la del fármaco antipalúdico quinina, un alcaloide de la corteza de la quina. Como veremos en la próxima sección, aunque la quinina cambió las tornas del teatro de operaciones del Pacífico en la Segunda Guerra Mundial, una consecuencia infravalorada fue el realineamiento de los

---

[2] Un plan de jubilación 401(k) es un tipo de cuenta de ahorro para la jubilación ofrecida por los empleadores en Estados Unidos. Permite a los empleados ahorrar una parte de su salario antes de impuestos en una cuenta de inversión, lo que puede ayudar a acumular fondos para la jubilación (N. de la E.).

lazos económicos y políticos de América Central y del Sur desde Europa hacia Estados Unidos.

Quinina, guerra y paz

Al igual que los polímeros de isopreno del caucho, el alcaloide quinina de la corteza de la quina, o árbol de la fiebre (*Cinchona officinalis*), fue un factor decisivo en el resultado de la Segunda Guerra Mundial. Las dos plantas que produjeron el caucho comercial y la quinina, una de la familia de los tártagos y otra de la familia del café, eran originarias de Sudamérica. En primer lugar, los españoles importaron a Europa quinina en corteza de quina. Como ya se ha dicho, la quinina curaba la malaria, enfermedad muy extendida en Europa en la época de la conquista de América. En el siglo XVII, la Corona española controló el monopolio de la corteza de quina en Latinoamérica durante casi cuarenta años. Aunque solo se extrajeron 350 000 libras en aquella época, fue suficiente para ayudar a los españoles a mantener a raya la malaria tanto en casa como en el extranjero, y ayudó a España a alcanzar sus restantes objetivos imperialistas en el Nuevo Mundo. El árbol nacional de Perú, *C. officinalis*, aparece incluso en el escudo de armas del país, gracias a Simón Bolívar, y la quinina y otros alcaloides afines de su corteza se utilizan para elaborar el amargo de angostura, ingrediente de la bebida nacional, el pisco sour.

Aunque los españoles introdujeron tanto la quinina como los productos del caucho en Europa, fueron los británicos y los holandeses quienes llevaron los árboles del caucho y la quina original a sus colonias del sudeste asiático. El objetivo era controlar el flujo de cada recurso a través de monopolios globales para apoyar las actividades coloniales de cada país del Sur global. Algunos historiadores han interpretado la eliminación encubierta de estos dos árboles de Sudamérica como actos secretos de biopiratería.

Después de que Japón invadiera las Indias Orientales Holandesas en 1942, se hizo con el control de estas plantaciones de quina. Estos árboles de la fiebre, que eran nativos de los bosques nubosos andinos, pero que ahora se cultivaban al otro lado del planeta, en Java, suministraban más del 95 % de la quinina mundial de la época. Para empeorar las cosas para los Aliados, en 1940 los alemanes se habían hecho con el control de las mayores reservas de quinina refinada en Ámsterdam (importada de Java). El monopolio holandés de la quinina se había convertido de repente en un monopolio del Eje sobre la quinina. Los Aliados simplemente no habían previsto tal confluencia de acontecimientos: una cadena de suministro de quinina interrumpida y la mayor necesidad de este fármaco en el periodo más crítico de la guerra.

Solo en 1942, más de 8500 soldados aliados enfermaron de malaria en el frente del Pacífico en la Segunda Guerra Mundial, muchos más de los que habían sido heridos por los japoneses en combate. A primera vista, los casos de paludismo no deberían haber sido un problema, dada la disponibilidad de Atabrine (quinacrina o mepacrina), el antipalúdico recién sintetizado basado en la estructura molecular de la quinina. El nuevo medicamento funcionaba para curar la malaria, pero debido a sus terribles efectos secundarios y al rumor de que causaba impotencia, los soldados aliados generalmente lo rechazaban.

Los Aliados necesitaban más quinina para ganar la guerra. Se trató de encontrar nuevas fuentes en las áreas de distribución nativas de la quina en América Central y del Sur. Uno de los objetivos era crear nuevas plantaciones controladas por Estados Unidos y sus aliados. Un grupo de botánicos de la Universidad de Michigan propuso una expedición botánica a la Junta de Guerra Económica de Estados Unidos. La Junta lo aprobó y pidió asesoramiento al Departamento de Agricultura y al Arboreto Nacional.

Mediante los Acuerdos de la Cinchona, los botánicos estadounidenses de la Misión de la Cinchona buscarían, adquirirían y exportarían corteza y extracto de quinina de Bolivia, Colombia, Ecuador, Perú y Venezuela. Las partes también esperaban aumentar el plan de la empresa farmacéutica Merck, que llevaba una década creando plantaciones en Guatemala, y extender esos esfuerzos a Costa Rica.

De 1941 a 1945, Estados Unidos importó la asombrosa cantidad de treinta y cuatro millones de libras de corteza de quina y alrededor de cuarenta y cuatro mil libras de alcaloides de quina de Sudamérica. El alijo de corteza importada aumentó a más de dieciocho mil toneladas en 1947. La quinina obtenida de las misiones de quina permitió a los Aliados ganar la guerra en el frente del Pacífico.

Tal vez de forma más críptica, pero posiblemente igual de importante, las misiones también cambiaron las lealtades latinoamericanas, que se alejaron de Europa y se acercaron a Estados Unidos. Este reajuste de intereses ha tenido importantes consecuencias económicas, medioambientales, políticas y sociales.

Pero a principios del siglo XX, la lealtad de América Latina hacia su gran vecino del norte no era tan fuerte. Espoleado por el subtexto imperial de la Doctrina Monroe, Estados Unidos invadió Cuba, Haití, la República Dominicana, México (varias veces), Nicaragua y Panamá en el intervalo de cuatro años comprendido entre 1914 y 1918. Estas excursiones terminaron en 1933, cuando Franklin Delano Roosevelt anunció su Política del Buen Vecino, que se mantuvo hasta el final de la Segunda Guerra Mundial y el comienzo de la Guerra Fría en 1945. La política adoptó un enfoque no intervencionista basado en el principio del respeto mutuo. Su objetivo era reforzar los lazos sociales y económicos entre Estados Unidos y América Latina.

La Política del Buen Vecino tenía como objetivo promover el desarrollo de América Latina y, al hacerlo, obtener las materias primas que Estados Unidos necesitaba, como la quinina, el caucho y la madera. Desde la perspectiva estadounidense, las Misiones de la Cinchona formaban parte de esta Política del Buen Vecino: Estados Unidos necesitaba quinina, y la nación podía ofrecer incentivos a cambio. Las ofertas hechas a cambio de estas materias primas —desde préstamos hasta conocimientos científicos— tenían condiciones que coincidían con el estilo de agricultura estadounidense: monocultivos a gran escala. Al final, los consejos de Estados Unidos sustituyeron a los conocimientos locales. Desgraciadamente, el enfoque adoptado por Estados Unidos implicaba prácticas agrícolas y forestales cuestionables, como la introducción de cultivos innecesarios y la subyugación de los pueblos indígenas. Estas prácticas continúan hoy en día y han acelerado la destrucción de la mayor selva tropical del mundo, entre otros efectos negativos. Y lo que es más importante, muchas de las especies de *Cinchona* de corteza gris que quedan en los bosques nubosos andinos están ahora amenazadas, debido a siglos de explotación seguidos de deforestación y degradación del hábitat.

Las Misiones de la Cinchona fueron una pequeña parte de una política exterior estadounidense más amplia para asegurar el dominio sobre los asuntos económicos, sociales y políticos de América Latina. A medida que avanzaba la Guerra Fría, Estados Unidos veía los movimientos de izquierda en América Latina como una amenaza existencial. Tras haber extraído decenas de miles de toneladas de corteza de quina de Sudamérica para resolver uno de sus problemas, Estados Unidos decidió que la amenaza del comunismo allí era en realidad el origen de otro problema.

La historia de la nuez moscada, el té, el opio y la quina revela cómo nuestra búsqueda de toxinas naturales alteró profundamente el curso de la historia de la humanidad. Esta historia es ahora nuestra realidad. Dos de las consecuencias imprevistas de la obsesión y la necesidad de toxinas naturales son la crisis mundial de la biodiversidad y la crisis mundial del clima. Estos problemas gemelos amenazan no solo nuestra supervivencia como especie, sino también la de la propia biosfera. El «rapaz mundo occidental», que todo lo acecha, como decía Ishmael en *Moby-Dick* pronto podría estar aferrándose a un clavo ardiendo si las tendencias continúan. Hay esperanza de redención, pero para ello es necesario empoderar a las comunidades indígenas y locales que viven en las tierras más afectadas por la pérdida de biodiversidad y el cambio climático.

13

LA FARMACOPEA DEL FUTURO

Hay grandeza en esta visión de la vida,
con sus diversos poderes, habiendo sido
originalmente insuflada en unas pocas formas
o en una sola; y que, mientras este planeta ha
ido pedaleando de acuerdo con la ley fija de la
gravedad, a partir de un principio tan simple
se han desarrollado, y se están desarrollando,
infinitas formas de las más bellas y maravillosas.

CHARLES DARWIN, *El origen de las especies*

JARDINES ENVENENADOS

La tesis principal de este libro es que la farmacopea de la naturaleza no evolucionó para nuestro beneficio. Por el contrario, muchas de las sustancias químicas de las que dependemos para muchos de nuestros medicamentos, alimentos, bebidas y prácticas recreativas y espirituales proceden de organismos que produjeron estas sustancias químicas a través de la evolución para el propio beneficio del organismo, ya fuera protector o reproductivo. Diversos grupos de animales y todas las culturas humanas han tenido contacto con estas sustancias químicas, en gran parte procedentes de plantas y hongos. Al hacerlo, nuestras trayectorias evolutivas y culturales han cambiado como especie, y el destino de cada una de nuestras vidas depende de estas sustancias químicas, para bien y para mal.

Para prosperar, los humanos siempre han necesitado acceder a las toxinas de la naturaleza, y nuestros descendientes también las necesitarán. La mayoría de estas toxinas naturales se encuentran en los trópicos. A estas alturas, no debería sorprenderle por qué las latitudes tropicales producen tantas de estas sustancias químicas. Hay más especies apretujadas en las tierras y mares poco profundos entre el trópico de Cáncer y el trópico de Capricornio que las que viven en todas las demás latitudes juntas. En medio de este clima cálido y relativamente estable, se libran innumerables batallas entre especies durante todo el año. Los productos químicos producidos en estos campos de batalla son los más diversos y abundantes de cualquier región del mundo.

Los científicos han demostrado que los ecosistemas primarios de selva tropical (sin antecedentes conocidos de tala) albergan más especies de plantas y, por tanto, una mayor diversidad de toxinas naturales que cualquier otro hábitat tropical. Sin embargo, las plantas más familiares para los humanos son las que crecen en nuestro entorno más cercano, aquellas que desbrozamos, escardamos, plantamos y cuidamos en nuestros jardines.

Si usted o un ser querido ha padecido cáncer, quizá conozca la vincapervinca de Madagascar o vincapervinca rosada, una planta con flores endémica de las selvas tropicales malgaches que produce los alcaloides vincristina y vinblastina. La quimioterapia con vincristina se dirige a los glóbulos blancos y ha aumentado del 10 % al 95 % las probabilidades de sobrevivir a la leucemia linfoblástica aguda infantil y al linfoma no Hodgkin. Igualmente valiosa, la quimioterapia con vinblastina mata todas las células que se dividen rápidamente y ahora se utiliza para tratar diversos tipos de cáncer, como el de mama, los melanomas, los cánceres de pulmón no microcíticos y los cánceres testiculares.

Sorprendentemente, solo tenemos acceso a estas importantes medicinas porque el bígaro de Madagascar ya había sido utilizado durante mucho tiempo en la medicina tradicional por los pueblos indígenas malgaches y las poblaciones locales de todo el mundo. Muy probablemente debido a sus propiedades medicinales, la planta fue trasladada por todo el planeta a lo largo de los últimos miles de años. Las enfermedades que supuestamente trataba eran muchas e incluían el cáncer y la diabetes.

Gordon Svoboda, investigador de Eli Lilly, incluyó la vincapervinca de Madagascar en un estudio destinado a identificar fármacos prometedores a partir de plantas para tratar la diabetes porque había oído que esta planta se utilizaba en Filipinas con ese fin. Independientemente, Robert Noble y sus colegas de la Universidad de Ontario Occidental también estaban examinando plantas utilizadas en la medicina tradicional en busca de fármacos para la diabetes. El equipo de Noble se centró en un informe de Jamaica que describía un «arbusto de las Indias Occidentales» del que se hacía un té que se utilizaba localmente para tratar la diabetes. Los dos equipos conocieron el trabajo del otro en una conferencia y colaboraron. Por desgracia, los extractos de la planta no consiguieron reducir la glucemia en modelos animales.

Mientras Noble y su equipo seguían estudiando las ratas a las que habían inyectado extracto de vincapervinca de Madagascar, descubrieron por casualidad que los ratones habían muerto de infecciones causadas por un recuento muy bajo de glóbulos blancos. El extracto de esta planta mataba los glóbulos blancos. Así, estudiando en detalle las propiedades farmacológicas de una planta tropical utilizada en la medicina tradicional, los investigadores habían descubierto nuevos y potentes fármacos para tratar los cánceres causados por la proliferación de glóbulos blancos.

La vincapervinca de Madagascar, a menudo utilizada como ejemplo para la conservación de las selvas tropicales vírgenes, es una de estas especies de malas hierbas que se encuentra en todos los trópicos del mundo, aunque ahora está en peligro de extinción en su Madagascar natal. Es probable que haya visto especies afines de *Vinca* cultivadas como ornamentales; puede que incluso haya arrancado estas viníferas pero bonitas malas hierbas de su propio jardín, como he hecho yo. Sí, es una planta tropical, pero es una mala hierba que se ha extendido por todo el planeta. Los humanos conocieron la planta porque vivían cerca de ella y empezaron a utilizarla, y luego este conocimiento se extendió a varios continentes mucho antes de que la vincapervinca de Madagascar entrara en la literatura médica moderna.

Muchos medicamentos importantes proceden de especies de malas hierbas que prosperan en hábitats tropicales alterados, incluidos los creados por los agricultores de subsistencia. El origen innoble de estas plantas no devalúa el valor inherente o práctico de las selvas tropicales primarias intactas. Pero la variedad de hábitats —tanto donde ha llegado la mano del hombre como donde no— que producen plantas importantes para nosotros revela una realidad más compleja.

El origen de nuestra farmacopea moderna no puede entenderse sin una apreciación de las dinámicas prácticas de uso de la tierra de los pueblos indígenas y locales que han vivido en estos ecosistemas durante milenios. En todos los biomas tropicales del mundo, los humanos han estado presentes y han aumentado el paisaje durante cientos o decenas de miles de años. Las ruinas mayas, por ejemplo, que se alzan en lo que ahora es una densa selva en México, dan testimonio de esta larga herencia de cultivo. Lo mismo ocurre con los once asentamientos humanos de 1 500 años de antigüedad descubiertos recientemente bajo una selva tropical en la Amazonia boliviana. La idea de que estas regiones son prístinas es inexacta y está arraigada en los mismos tópicos que motivaron la conquista colonial e imperial durante siglos. La selva tropical primaria de hoy puede haber sido un pueblo en algún momento lejano del pasado. En mayor o menor medida, los ecosistemas tropicales han sufrido el impacto del hombre desde que este vive en ellos. Los ecosistemas más diversos no son cápsulas del tiempo prehistóricas.

Tanto la mística de los trópicos como el valor de sus productos naturales impulsaron la cadena de acontecimientos que condujo a nuestro orden geopolítico moderno. Muchos aspectos de nuestro modo de vida industrializado —los neumáticos de nuestros coches, los medicamentos que nos salvan la vida, las especies que molemos cada día— dependen de los productos de las interacciones ecológicas entre las especies de los trópicos. Muchos de estos productos naturales que damos por sentados fueron explotados por primera vez por los pueblos indígenas, en gran parte en los trópicos, a partir de especies que viven tanto en la selva tropical primaria como en sus bordes, en jardines. Sin embargo, los conocimientos y las tierras soberanas de los pueblos indígenas encierran mucho más que el futuro de la farmacopea.

Las consecuencias de nuestras acciones pasadas ya están aquí. Las crisis entrelazadas de nuestra era —la crisis de la biodiversidad y la crisis climática— amenazan ahora la supervivencia de las culturas indígenas y los biomas más diversos del planeta.

El Repartidor

Cuando aterrizamos en el aeropuerto de Gatwick, el rugido de los cuatro grandes motores del 747 dando marcha atrás quedó ahogado por los latidos de mi corazón. Por fin, a la edad de quince años, había escapado de la gravedad de Minesota, al menos temporalmente, y hacerlo era emocionante.

Nunca había estado en otro país, ni siquiera en Canadá. La euforia de llegar a la ciudad de Londres fue incomparable. Fue el primer pasito en mi huida de las fauces de una vida rural y encerrada que no quería.

También fue el comienzo de una larga despedida de mi tierra natal. Sabía que echaría de menos los grandes búhos grises y sus ojos de yema de huevo, la sensación helada de pimienta en la nariz del aire impregnado de alfa-pineno del abeto balsámico y el aullido de los lobos de los bosques a través del aire gélido. Todas estas cosas salvajes quedarían para que otros las vieran, olieran y oyeran.

Mientras recorríamos museos, catedrales y castillos, me fascinaban los tapices que colgaban de las paredes. El tapiz que más me intrigó estaba colgado en una sala poco iluminada del Victoria and Albert Museum de Kensington. De origen flamenco, fue tejido entre 1510 y 1520, justo cuando Europa iniciaba su brutal conquista imperial del planeta en busca de especias y poder. El tapiz representa el Triunfo de la Muerte sobre la Castidad, un soneto de un poema toscano del siglo XIV de Petrarca. Tres diosas hermanas —las tres Parcas— se yerguen sobre una mujer cuyo cuerpo sin vida está encadenado.

La escena está enmarcada en un diseño *millefleur* de coloridas plantas en flor y animales en un prado. Reconocí algunas de las especies. Tabaco, fresa y un largo lirio blanco cortado desde su base, junto a la Castidad caída, que representa a la Virgen María.

Las tres Parcas, o tres Moiras, del antiguo panteón griego eran las tejedoras del destino humano, las repartidoras de la vida. Cuando un recién nacido respiraba por primera vez, Cloto, la hermana menor, hilaba con su rueca las fibras crudas hasta formar el hilo de la vida. El hilo pasaba a Láquesis, la repartidora, cuya vara tomaba la medida de la vida. Por último, la hermana mayor, Átropos, la inexorable, cortaba el hilo en el momento prescrito de la muerte. *Atropa belladonna* (belladona) recibió su nombre.

Me pregunté por qué el mito de las tres Parcas de la Antigüedad merecía un tapiz tan ornamentado. Me quedó claro que, como tantas grandes obras de arte, el tapiz ilustra cómo la muerte nos visita a todos. El tejedor captó esta verdad. El ojo tejido del conejo de la esquina me seguía por el pasillo, con sus hilos de seda reflejando la luz de una vela apagada hacía tiempo. Pensé en mi propia vida, hacia dónde podría ir y cuándo podría terminar.

Aunque este tapiz causó en mí el efecto que pretendía, también sentí, y sigo sintiendo hoy, que nuestra sociedad, nuestra especie, es la que reparte. Pero en lugar del hilo de cada vida humana, está en juego toda la vida del planeta tal como la conocemos. Ahora tenemos poderes inimaginables hace quinientos años. Tenemos el poder de autodestruirnos, de cortar el hilo de toda la vida y repartir con él nuestro propio destino.

No soy un pesimista. Tengo esperanza y fe en una redención verde que eleve a todos por igual. Somos la única especie que sabe que es capaz de tener una conciencia trascendente, una capacidad que nos permitió abandonar el planeta y aterrizar en la Luna. También estamos solos en nuestra capacidad de utilizar nuestros grandes cerebros para trabajar juntos y solucionar los dos problemas medioambientales globales más importantes que hemos causado: la crisis de la biodiversidad y la crisis climática.

Una vez que perdemos una especie, desaparece para siempre. Sí, la vida resurge del cementerio de la extinción masiva. Las antiguas funciones ecológicas acaban reponiéndose a medida que las pocas ramas supervivientes crecen y se dividen evolutivamente. Pero se necesitan decenas de millones de años para acercarse a la rica complejidad que precedió a las cinco extinciones masivas cataclísmicas del pasado. Si provocamos otra extinción masiva, puede que algún día vuelva la biodiversidad, pero no estaremos aquí para ver crecer el nuevo jardín.

Los trópicos albergan la mayor parte de la biodiversidad del planeta y son enormes sumideros de carbono. Aunque los pueblos indígenas representan el 5 % de la población humana mundial, el 80 % de la biodiversidad del planeta se encuentra en sus tierras. Gran parte de sus bosques, arrecifes de coral, turberas, sabanas y praderas rebosan vida y capturan una enorme cantidad del dióxido de carbono mundial. Por ejemplo, casi la mitad (45 %) de los bosques intactos de la cuenca del Amazonas son tierras indígenas. Son cuatro millones de kilómetros cuadrados. Por lo tanto, que sus descendientes habiten un planeta que sigue rebosante de «las formas infinitas más bellas y maravillosas» y que sigue proporcionando el aire que respiramos, los alimentos que comemos y las toxinas que utilizamos depende del apoyo y la protección de los derechos y la soberanía indígenas en todas partes.

No hay un Planeta B para nosotros, al menos por ahora, y todavía estamos en lo que deberían ser los primeros años de nuestra vida como especie. El *Homo erectus* existió dos millones de años antes de que evolucionáramos, y nosotros solo llevamos doscientos mil. Que nos extingamos como especie y nos llevemos por delante gran parte de la biodiversidad mundial está en nuestras manos.

En *Braiding Sweetgrass,* Robin Wall Kimmerer, científica medioambiental, escritora y miembro de la Nación Ciudadana Potawatomi, escribe sobre los Shkitagen, el Pueblo del Séptimo Fuego. Una profecía anishinaabe sostiene que tras una generación de ruina, nacerá otra que deberá «reavivar las llamas del fuego sagrado, para comenzar el renacimiento de una nación». Esperemos que ahora estén entre nosotros.

AGRADECIMIENTOS

Es casi imposible dar las gracias a todas las personas que han contribuido a hacer realidad este libro. Sin embargo, hay algunos que sobresalen. Tengo una deuda de gratitud con mi marido, Shane Downing. Él ha sido mi roca y mi hogar. Shane estuvo ahí al principio, al final y en el medio. Estaba allí la mañana en que me enteré de que me habían concedido una beca Guggenheim para escribir este libro, y estaba allí a altas horas de la noche cuando entregué el borrador final más de dos años después. El anillo que me puso en el dedo en medio de todo esto estaba lleno de toxinas naturales. Con él marcó un nuevo capítulo en el libro y en mi vida.

Mi madre, Layne Whiteman, y mi hermano, Seth Whiteman, me dieron su bendición para compartir con ustedes algunos de los aspectos más difíciles de nuestras vidas. Apoyaron mi idea de que escribir nuestra historia podía servir al bien común. La misma gratitud se aplica a mi extensa familia. Mis primas Kelly Johnson, Paige Mellinger y Rebecca Levenson me proporcionaron un apoyo fundamental.

Agradezco sinceramente a mi agente, Russell Weinberger, y a los editores Tracy Behar e Ian Straus. Me ayudaron a orientar mis ideas, a esculpir la historia y, lo que es más importante, me controlaron. Su compromiso con la forma en que yo creía que debía contarse la historia de las toxinas de la naturaleza fue inquebrantable. La correctora

Patricia Boyd me ayudó a perfeccionar el texto de forma reflexiva y experta.

Julie Johnson, de Life Science Studios, la talentosa ilustradora del libro, fue una verdadera colaboradora creativa mientras lo escribía. El estilo de cuaderno de campo de sus dibujos captó perfectamente la esencia de cómo veo la naturaleza y la dialéctica entre las toxinas, los organismos y nosotros. Una imagen vale más que mil palabras, y el trabajo de Julie ciertamente lo es, con sus dibujos sencillos para comunicar conceptos complejos. El químico ecológico Christophe Duplais comprobó generosamente la exactitud de las estructuras químicas de estos dibujos.

Agradezco a Karin Fyhrie su ayuda en la conceptualización de la portada original del libro.

Las innumerables conversaciones mantenidas a lo largo de los años con colegas, mentores y amigos han contribuido a la elaboración del libro. Jim Poff, Bob Sites y Patty Parker me ayudaron a despegar, y les estoy muy agradecido. Hace muchos años, Naomi Pierce y yo escribimos un artículo que llevaba por título «veneno delicioso». Tanto su tutoría como la de Fred Ausubel me encaminaron como postdoctorado hacia el estudio de las interacciones entre plantas e insectos. El apoyo de Anurag Agrawal y Jennifer Thaler también fue decisivo para mi trayectoria investigadora y para la redacción del libro. May Berenbaum, Ian Billick, Mike Botchan, Lynne Cadigan, Nicole King, Kailen Mooney, Corrie Moreau, Michael Nachman, Peter y Cindy Reinthal, John Rahm, Neil Shubin, Cassie Stoddard y Peter Raven me animaron desde el principio. Agradezco a Joy Bergelson, Erica (Bree) Rosenblum, Nancy Moran, Kevin Padian y Michael Silver sus comentarios expertos sobre el manuscrito. Elizabeth (Liz) Bernays me hizo comentarios detallados, línea por línea, sobre cada capítulo. Como gran colaboradora en el campo de la ecología química y la evolución entre plantas y animales, Liz me dio consejos que mejoraron el libro con creces.

Doy las gracias a la John Simon Guggenheim Memorial Foundation por concederme una beca y creer en la historia de las toxinas de la naturaleza. El Centro Whiteley de los Laboratorios Friday Harbor de la Universidad de Washington y el Laboratorio Biológico de las

Montañas Rocosas me acogieron durante fases clave del proceso de redacción. Los Institutos Nacionales de Salud apoyaron mi investigación básica, de la que hablo en el libro: interacciones planta-animal mediadas por toxinas importantes para la salud humana. Mis magníficos colegas de la Universidad de California, Berkeley, me han apoyado increíblemente a lo largo de este proyecto. En este sentido, doy las gracias a todos los estudiantes universitarios, de posgrado, posdoctorales y especialistas en investigación con los que he tenido la suerte de trabajar y de los que he sido mentor, de los que he aprendido tanto y en los que tengo una gran fe.

Las notas finales a la edición original y referencias bibliográficas pueden consultarse en:

https://www.mostdeliciouspoison.com/notes.html

APÉNDICE
TOXINAS VEGETALES UTILIZADAS HABITUALMENTE COMO ESTIMULANTE

Toxina vegetal (número de usuarios a nivel global)	Nombre común de la fuente (nombre latino), familia de plantas; origen geográfico
Arecolina (600 millones)	Nuez de palmera areca o nuez de betel (*Areca catechu*), *Arecaceae*; Asia y Oceana.
Cafeína y metilxantinas relacionadas como la teobromina y la teofilina (>4 000 millones).	• Cacao en grano (*Theobroma cacao*), *Malvaceae*; Sudamérica. • Grano de café (*Coffeaarabica* y *C. canephora*), *Rubiaceae*; África. • Nuez de cola o nuez de cola (*Cola nitida* y *C. acuminata*), *Malvaceae*; África. • Guayusa hoja (*Ilexguayusa*), *Aquifoliaceae*; Sudamérica. • Guarana semilla (*Paulliniacupana*), *Sapindaceae*; Sudamérica. • Tea hoja (Camelliasinensis), *Theaceae*; Asia. • Yaupon hoja (*Ilexvomitoria*), *Aquifoliaceae*; Norteamérica. • Yerba maté hoja (*Ilexparaguariensis*), *Aquifoliaceae*; Sudamérica.
Catinona (20 millones)	Hoja de khat (*Catha edulis*), *Celastraceae*; África.

* El paan y el betel quid combinan nuez de areca con hoja de betle, lima apagada, especias y edulcorantes.

Neurotransmisor simulado, receptor objetivo o enzima neurotransmisora inhibida	Drogas farmacéuticas o recreativas derivadas o modeladas a partir de la estructura del producto natural
Un imitador de la acetilcolina que se une a los receptores muscarínicos como agonistas parciales.	Arecolina inyectable para los síntomas de la enfermedad de Alzheimer; la arecolina tiene propiedades cancerígenas.
Un imitador de la adenosina que se une a los receptores de adenosina como antagonista e inhibe independientemente las fosfodiesterasas.	<ul><li>Citrato de cafeína (Cafcit) para el tratamiento de la apnea en lactantes</li><li>Cafeína (por ejemplo, NoDoz, Vivarin).</li><li>Cafeína en combinación con aspirina y paracetamol (Excedrin Migraine).</li><li>El antiemético dimenhidrinato (Dramamine) contiene el antihistamínico difenhidramina (p. ej., Benadryl, Compoz) y el análogo de la cafeína 8-cloroteofilina, un estimulante que contrarresta los efectos sedantes de la difenhidramina (p. ej., Benadryl, Compoz).</li></ul>
Se une directamente a los transportadores de dopamina, noradrenalina y serotonina e inhibe su función, aumentando los niveles de los neurotransmisores correspondientes.	Metilendioxipirovalerona (nombres comunes: sales de baño, polvo de mono) 4-metilmetcatinona (metedrona, nombres comunes: Drone, Meow, White Magic, M-cat).

Toxina vegetal (número de usuarios a nivel global)	Nombre común de la fuente (nombre latino), familia de plantas; origen geográfico
Cocaína (>5millones)	Ephedra, ma huang (*Ephedra spp.*), *Ephedraceae*; Asia y Norteamérica.

---

* La cocaína tiene otros objetivos en el sistema nervioso, además del transportador de la recaptación de dopamina, como los canales de sodio activados por voltaje y los canales de calcio, que bloquea. Se cree que este bloqueo de los dos tipos de canales subyace a la utilidad del fármaco.

Neurotransmisor simulado, receptor objetivo o enzima neurotransmisora inhibida	Drogas farmacéuticas o recreativas derivadas o modeladas a partir de la estructura del producto natural
Imitador de la norepinefrina (noradrenalina) que se une a los receptores adrenérgicos como agonista*.	• Sulfato de anfetamina en inhalador (Benzedrina). • Dextroanfetamina (D-anfetamina) en comprimidos (Dexedrina). • D-anfetamina y levoanfetamina (L-anfetamina) en comprimidos (Adderall; nombres de venta en la calle: Greenies, Beans). • Sulfato de efedrina en inyección • Fenfluramina y fentermina en comprimidos (Fen-Phen). • 3,4-metilendioximetanfetamina (MDMA; nombres callejeros éxtasis, E, Molly). • 3-metoxi-4,5-metilendioxianfetamina (MMDA). • Metanfetamina en comprimidos, fumada o inyectable (Desoxyn, primeras formulaciones de Obitrol; nombres callejeros Bennies, PepPills, Crystal Meth, Speed). • Metilfenidato en comprimidos (Ritalin), y lisdexanfetaminedimesilato en comprimidos (Vyvanse). • Pseudoefedrina en comprimidos de clorhidrato (e. g., Sudafed) solos o en combinación con otros fármacos (p. ej., Allegra D, Zyrtec-D, Advil Cold and Sinus).

Toxina vegetal (número de usuarios a nivel global)	Nombre común de la fuente (nombre latino), familia de plantas; origen geográfico
Nicotina (>3 000 millones)	• Hoja de tabaco (*Nicotianatabacum* y *N. rustica*), *Solanaceae*; América del Norte y del Sur. • Hoja de Pituri (Duboisiahopwoodii y varias especies de Nicotiana), *Solanaceae*; Australia.

Neurotransmisor simulado, receptor objetivo o enzima neurotransmisora inhibida	Drogas farmacéuticas o recreativas derivadas o modeladas a partir de la estructura del producto natural
Un imitador de la acetilcolina que se une al receptor nicotínico de la acetilcolina como agonista (y, lo que es menos importante, como antagonista), aumentando los niveles de dopamina en el cerebro.	• Tabaco para mascar, fumar y rapé • Nicotina pura y aditivos aromatizantes en productos de vapeo. • Polacrílico de nicotina en chicles y pastillas (p. ej., Nicorette) y parches cutáneos de nicotina de liberación lenta (p. ej., NicoDerm) para la terapia de sustitución de nicotina. • Bupropión (Wellbutrin) y vareniclina (Chantix), que bloquean la unión de la nicotina a los receptores de acetilcolina para dejar de fumar.

Este libro terminó de imprimirse en el mes de octubre de 2024
en Industria Gráfica Anzos, S.L.U. (Madrid).